U0656259

数控线切割加工技术

周章添　邱建忠　戴乃昌　编著

机械工业出版社

本书着重从实际应用的需求出发，以线切割加工观摩（任务1）入手，再通过线切割简单正方形（任务2）、线切割圆形（任务3），让初学者全面了解整个线切割的加工过程，掌握手工编程和线切割机床操作的基本技巧和方法。任务4～任务9则通过各种典型加工工实例，使读者在深入学习自动编程方式加工全过程的基础上，掌握轨迹跳步程序的编制和跳步切割的具体操作方法，同时进一步加强了对线切割工艺参数的理解；并且深入讲解了冲压模具的基本计算技巧和线切割加工方法、位图矢量化的处理功能等。为了方便广大读者，附录中收集了CAXA线切割软件的快捷键，数控线切割操作工的国家职业技能标准，以及有助于参加国家职业技能等级考试的相关应知、应会考核题库和部分参考答案。

本书适合线切割初学者，易于尽快掌握线切割编程和操作技术。

图书在版编目（CIP）数据

数控线切割加工技术/周章添，邱建忠，戴乃昌编著 . —北京：机械工业出版社，2012.6（2025.1重印）
ISBN 978-7-111-32924-4

Ⅰ.①数…　Ⅱ.①周…②邱…③戴…　Ⅲ.①模具—数控线切割
Ⅳ.①TG76　②TG481

中国版本图书馆 CIP 数据核字（2012）第 138895 号

机械工业出版社（北京市百万庄大街22号　邮政编码100037）
策划编辑：曲彩云　责任编辑：曲彩云　庞　晖
版式设计：纪　敬　责任校对：佟瑞鑫
封面设计：鞠　杨　责任印制：单爱军
北京虎彩文化传播有限公司印刷
2025 年 1 月第 1 版·第 7 次印刷
184mm×260mm·12.25 印张·300 千字
标准书号：ISBN 978-7-111-32924-4
定价：49.00 元

电话服务　　　　　　　　网络服务
客服电话：010-88361066　机　工　官　网：www.cmpbook.com
　　　　　010-88379833　机　工　官　博：weibo.com/cmp1952
　　　　　010-68326294　金　书　网：www.golden-book.com
封底无防伪标均为盗版　机工教育服务网：www.cmpedu.com

《数控线切割加工技术》课题组名单

（按姓氏笔画排序）

吴奇峰　汪荣青　陈丹湖　陈海鑫　杜海清
邱建忠　周章添　周忠勇　赵　婵　崔丽荣
谢传正　戴乃昌　董军勇

前　言

　　本书是根据高技能人才培养课题的研究成果，并结合数控线切割设备在操作过程中的一般认知规律和实践教学中常用的"项目教学"方法而编写的。

　　本书的目的是帮助线切割初学者能够尽快地掌握线切割编程和操作技术，以便独立地完成线切割加工工作。为此本书着重从实际应用的需求出发，以线切割加工观摩（任务1）入手，再通过线切割简单正方形（任务2）、线切割圆形（任务3），让初学者全面了解整个线切割的加工过程，掌握手工编程和线切割机床操作的基本技巧和方法。任务4则是通过绘制角度样板的任务来开展对我国自主研发的"CAXA线切割软件"CAD部分的学习。具备了CAD绘图能力后，任务5开始对角度样板进行实物切割，在此过程中渗入了"CAXA线切割"软件CAM部分的内容，让读者深入学习自动编程方式加工的全过程。任务6通过对奔驰标志的切割，让读者在完成任务的过程中掌握轨迹跳步程序的编制和跳步切割的具体操作方法，同时进一步加强了对线切割工艺参数的理解。线切割加工技术在冲压模具的制造中应用十分广泛，所以在任务7中以加工一副冲压模具为例，深入讲解了冲压模具的基本计算技巧和线切割加工方法。任务8是为了解决一些复杂图像的线切割加工问题，让读者通过对"马"图像线切割加工来深入学习位图矢量化处理功能。随着线切割加工机床功能的多样化，上、下异形加工、第四轴加工等技术的应用也越来越普及，编者在任务9中安排了锥度零件的线切割加工。为了方便广大读者，附录中收集了CAXA线切割软件的快捷键，数控线切割操作工的国家职业技能标准，以及有助于参加国家职业技能等级考试的相关应知、应会考核题库和部分参考答案。

　　全书任务的内容由任务书、完成任务的知识摘要、任务工艺分析及上机操作等组成。这样的做法可以让初学者在掌握了必需的知识内容后，就可以进行任务操作，提高了学习兴趣与学习成就感。同时在循序渐进的任务中逐步插入电火花线切割加工工艺、加工参数等内容，让读者在任务实践中不断掌握和提高线切割加工技巧和水平。期望读者学完本书后能顺利适应数控线切割工作。

　　本书任务3、任务5、任务6、任务7由浙江工贸职业技术学院周章添编写；任务1、任务2、任务9由浙江工贸职业技术学院戴乃昌编写；任务4、任务8由温州机电技师学院邱建忠编写。

　　本书在编写过程中承蒙许多专家和同行提供的宝贵的意见和建议，特别感谢赵婵和崔丽荣同志编写了计算机与线切割控制器之间的通信接口技术内容，编者在此表示衷心感谢。

　　由于编者水平有限，书中难免存在一些缺点和不足，恳请广大读者批评指正。联系方式：E-mail：qjzqjz@163. com。

编　者

目　　录

前言

任务1　数控线切割机床现场认知与加工
**　　　观摩** ……………………………………… 1

学习指南 ………………………………………… 1

1.1　现场观摩任务书 ……………………………… 2

1.2　知识摘要 ……………………………………… 3

　　1.2.1　认识数控电火花线切割
　　　　　机床 ……………………………… 3

　　1.2.2　电火花线切割加工的原理、
　　　　　特点及应用范围 ……………… 13

　　1.2.3　电火花线切割技术的发展
　　　　　趋势 ……………………………… 14

　　1.2.4　线切割实训安全文明生产
　　　　　教育 ……………………………… 15

1.3　现场观摩与操作 …………………………… 17

巩固练习 ……………………………………… 18

任务2　线切割正方形零件实验 ……………… 19

学习指南 ………………………………………… 19

2.1　正方形零件加工任务书 …………………… 20

2.2　知识摘要 …………………………………… 21

　　2.2.1　线切割编程简介 ……………… 21

　　2.2.2　3B 直线编程 …………………… 21

　　2.2.3　电火花加工的基本规律 …… 23

2.3　切割轨迹设计与关键点坐标计算 … 25

2.4　参考程序 …………………………………… 25

2.5　上机操作 …………………………………… 26

巩固练习 ……………………………………… 29

任务3　线切割圆形零件实验 ………………… 30

学习指南 ………………………………………… 30

3.1　圆形零件加工任务书 ……………………… 31

3.2　知识摘要 …………………………………… 32

　　3.2.1　3B 圆弧编程 …………………… 32

　　3.2.2　线切割加工工艺指标 …… 34

3.3　切割轨迹设计与关键点坐标计算 … 35

3.4　参考程序 …………………………………… 35

3.5　上机操作 …………………………………… 35

巩固练习 ……………………………………… 39

任务4　CAXA 线切割 XP 绘图模块
**　　　训练** ……………………………………… 41

学习指南 ………………………………………… 41

4.1　角度样板绘制任务书 ……………………… 42

4.2　知识摘要 …………………………………… 42

　　4.2.1　CAD/CAM 简介 …………… 42

　　4.2.2　CAXA 线切割 XP 的基本
　　　　　操作 ……………………………… 43

　　4.2.3　绘制直线 ………………………… 47

　　4.2.4　绘制圆弧 ………………………… 52

　　4.2.5　绘制圆 …………………………… 56

　　4.2.6　绘制矩形 ………………………… 57

　　4.2.7　绘制中心线 …………………… 58

　　4.2.8　绘制样条曲线 ………………… 59

　　4.2.9　绘制轮廓线 …………………… 60

　　4.2.10　绘制等距线 …………………… 62

4.3　上机操作 …………………………………… 63

巩固练习 ……………………………………… 68

任务5　对刀角度样板切割 …………………… 70

学习指南 ………………………………………… 70

5.1　角度样板加工任务书 ……………………… 71

5.2　知识摘要 …………………………………… 72

　　5.2.1　概述 ……………………………… 72

　　5.2.2　轨迹生成 ………………………… 73

　　5.2.3　代码生成 ………………………… 86

5.3　上机操作 …………………………………… 92

巩固练习 ……………………………………… 96

任务6　奔驰标志轨迹跳步切割 ……………… 97

学习指南 ………………………………………… 97

6.1　奔驰标志加工任务书 ……………………… 98

6.2　知识摘要 …………………………………… 99

6.2.1　轨迹跳步 …………… 99
6.2.2　取消跳步 …………… 99
6.2.3　代码传输…………… 100
6.2.4　影响切割速度的主要
因素 …………… 103
6.2.5　线切割的加工路径 …… 105
6.3　上机操作 …………… 109
巩固练习…………… 115
任务7　线切割冲压模具…………… 117
学习指南…………… 117
7.1　冲压模具加工任务书 …… 118
7.2　知识摘要 …………… 119
7.2.1　冲裁工艺及冲裁模具
简介 …………… 119
7.2.2　冲裁工艺路线及线切割
加工顺序…………… 123
7.2.3　冲压模具线切割加工
要求 …………… 124
7.2.4　影响加工表面质量的
主要因素…………… 126
7.3　上机操作 …………… 127
巩固练习…………… 134
任务8　线切割"马"图像 …………… 136

学习指南…………… 136
8.1　"马"图像矢量化加工任务书 …… 137
8.2　知识摘要 …………… 137
8.2.1　位图矢量化 …………… 137
8.2.2　断丝的主要原因和排除
方法 …………… 142
8.3　上机操作 …………… 143
巩固练习…………… 148
任务9　锥度零件的线切割 …………… 150
学习指南…………… 150
9.1　锥度零件加工任务书 …… 151
9.2　知识摘要 …………… 151
9.2.1　锥度线切割加工要点 …… 151
9.2.2　锥度线切割加工原理 …… 152
9.2.3　锥度线切割加工工艺分析 … 152
9.3　上机操作 …………… 154
巩固练习…………… 158
附录 …………… 159
附录A　CAXA线切割快捷键 … 159
附录B　数控线切割操作工应知、应会
习题库和参考答案 …………… 161
参考文献 …………… 189

任务1 数控线切割机床现场认知与加工观摩

学习指南

1. 深刻认知安全文明生产的重要性，牢记安全文明生产操作规程及注意事项。
2. 掌握数控线切割机床的基本结构及其功能与基本常识。
3. 认知数控线切割机床各大组成部分。
4. 观摩数控线切割机床的加工过程与加工参数。
5. 掌握数控线切割机床的开关机操作。

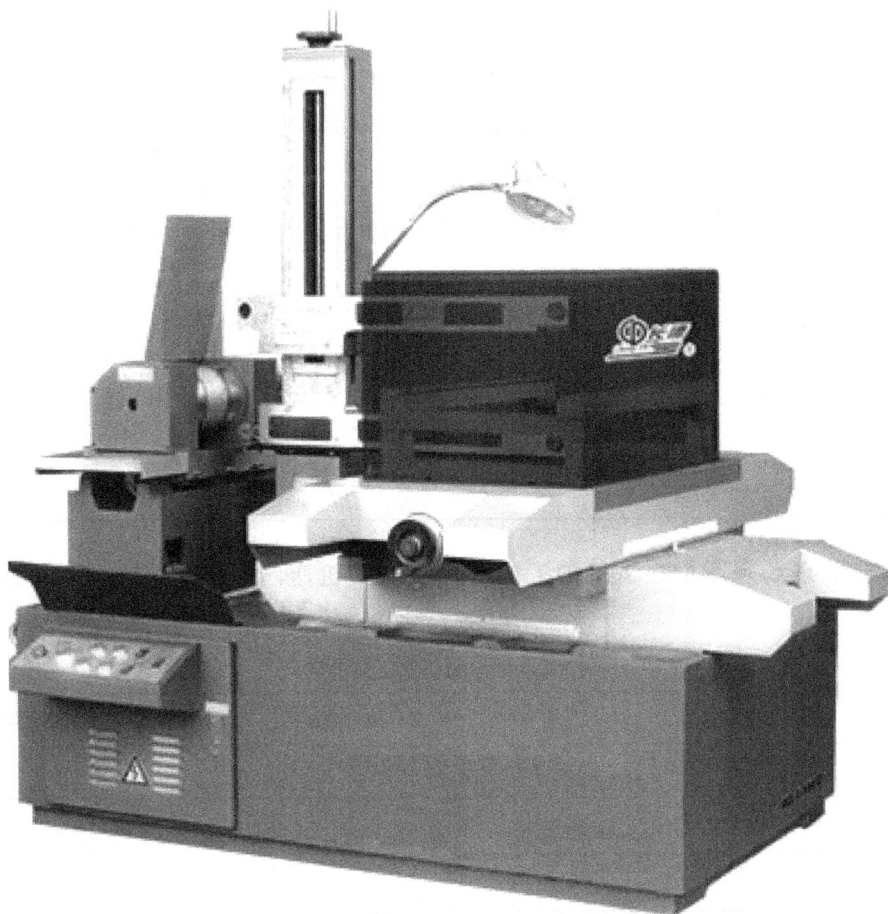

1.1　现场观摩任务书

子任务 1. 数控线切割机床的组成部分：_____

_____

子任务 2. 数控线切割机床编号一般由字母_____与数字组成，你现场看到的线切割机床的编号是_____，其含义：

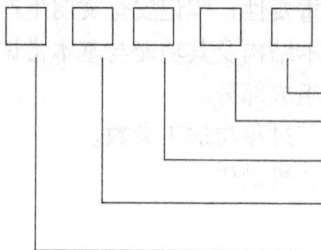

填写数控线切割机床的参数表（表 1-1）。

表 1-1　现场数控线切割机床参数　　　　　　　　　　（单位：mm）

工作台	横向行程		工件尺寸	最大宽度	
	纵向行程			最大长度	
	最大承载重量/kg			最大切割厚度	
最大切割锥度					
应用范围					

子任务 3. 现场观摩正在进行加工的数控线切割机床，填写数控线切割机床参数表（表 1-2）。

表 1-2　数控线切割机床参数

工件厚度/mm	加工电压/V	加工电流/A	脉冲宽度/mm	脉冲间隔/μs	脉冲幅度/μs

1.2　知识摘要

1.2.1　认知数控电火花线切割机床

电火花加工又称放电加工（Electrical Discharge Machining 简称 EDM），是在加工过程中，使工具和工件之间不断产生脉冲性的火花放电，靠放电时局部、瞬时产生的高温将金属蚀除。它是现代制造业中一种比较成熟的工艺，在工业、国防、科学研究中，特别是模具制造部门已得到广泛应用。

1.2.1.1　电火花线切割机床的名称及型号

电火花线切割机床是电火花加工机床中的一种，它是以一根沿本身轴线移动的细金属丝作为工具电极（常称为线电极），沿着给定的轨迹加工出相对应几何图形的工件。按电极丝运动的速度分两类，分别为高速走丝（快走丝）和低速走丝（慢走丝）。国内现有的线切割机床绝大多数为高速走丝线切割机床，下面讲述高速走丝线切割机床。根据之前颁布的相关部标《金属切削机床型号编制方法》，我国机床型号由汉语拼音字母和阿拉伯数字组成，表示出机床的类别、特性和基本参数见表 1-3 和表 1-4，目前在行业中仍在用。

表 1-3　机床的类别代号

类　别	车床	钻床	铣床	刨床插床	镗床	拉床	磨床	齿轮加工机床	螺纹加工机床	电加工机床	切断机床	其他机床
代号	C	Z	X	B	T	L	M	Y	S	D	G	Q
参考读音	车	钻	铣	刨	镗	拉	磨	牙	丝	电	割	其

表 1-4　机床的特性代号

特　性	高精度	精密	自动	半自动	数控	仿形	加重型	轻型	简易	自动换刀
代　号	G	M	Z	B	K	F	G	Q	J	H
参考读音	高	密	自	半	控	仿	重	轻	简	换

例：DK7725 表示工作台横向行程为 250mm 的电火花数控线切割机床，型号中字母及数字含义为

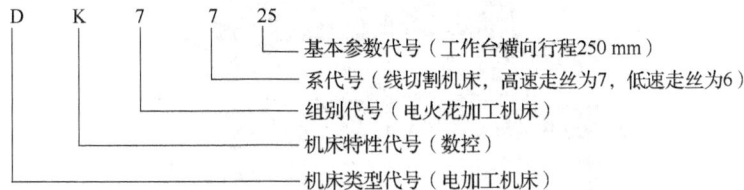

```
D  K  7  7  25
            └── 基本参数代号（工作台横向行程250 mm）
         └───── 系代号（线切割机床，高速走丝为7，低速走丝为6）
      └──────── 组别代号（电火花加工机床）
   └─────────── 机床特性代号（数控）
└────────────── 机床类型代号（电加工机床）
```

第 1 位字母表示机床的类型代号，用汉语拼音的第 1 个大写字母表示；D 表示电加工机床，其参考读音为"电"。

第 2 位字母表示机床的特性代号，分为通用特性和结构特性。K 为通用特性代号，表示数字程序控制机床。

　　第 3、4 位数字为机床的组系代号，前一位数字为机床的组代号，后一位数字为机床的系代号。77 表示第 7 组、第 7 系的机床，即电火花线切割快走丝机床（第 6 系为慢走丝机床）。

　　第 5、6 位数字为主参数代号，表示机床的主要特性及加工范围的参数。25 为主参数代号，表示工作台横向行程为 250mm 。

　　第 7 位字母表示该组线切割机床经过了重新改进，如 B 表明经过了第 2 次的改进。

　　线切割机床的性能包括机床加工范围、工件大小、所用电极丝、脉冲电源的参数、数控系统的功能以及机床加工的指标等。根据生产实际的需要，国家已颁布了《电火花线切割机床参数》，现行版本为 GB/T 7925—2005，见表 1-5。

表 1-5　电火花线切割机（往复走丝型）参数

Y 轴行程/mm	100		125		160		200		250		320		400		500		630		800		1000		1250	
X 轴行程/mm	125	160	160	200	200	250	250	320	320	400	400	500	500	630	630	800	800	1000	1000	1250	1250	1600	1600	2000
最大工件质量/kg	10		20		40		60		120		200		320		500		1000		1600		2000		2500	
Z 轴行程/mm	80、100、125、160、200、250、320、400、500、630、800、1000																							
最大切割厚度 H/mm	50、60、80、100、120、140、160、180、200、250、300、350、400、450、500、550、600、700、800、900、1000																							
最大切割锥度	0°、3°、6°、9°、12°、15°、18°（18°以上按 6°一挡间隔增加）																							

　　注：机床设计中，需要选用大于或小于表中规定的参数值时，应按 GB/T 321—1980 中 R′10 数系（公比为 1.25）向两端延伸。

1.2.1.2　数控线切割机床的基本组成

　　数控线切割机床一般由主机、脉冲电源和控制系统三大部分组成。

　　（1）主机　数控线切割机床主机结构如图 1-1 所示，由床身、坐标工作台、运丝装置、丝架、工作液箱、机床电器、夹具、保护罩及机床附件等部分组成。

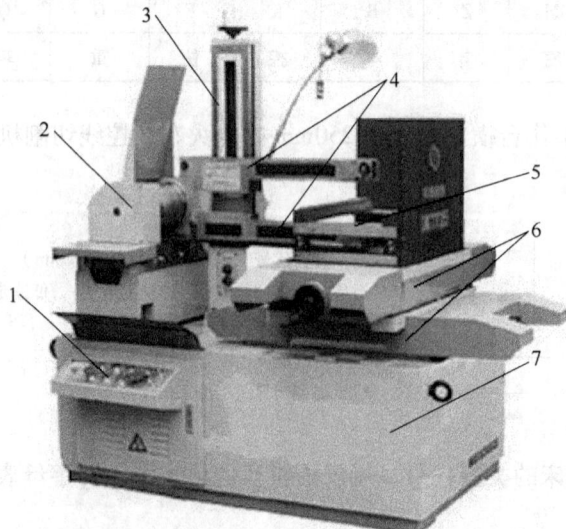

图 1-1　数控线切割机床主机结构
1—控制面板　2—运丝机构　3—立柱　4—上、下丝架　5—工作台面　6—工作台（X、Y 轴拖板）　7—床身

1）床身。线切割加工机床床身一般为箱形树脂砂铸件，其上安置坐标工作台、运丝机构、丝架组件、照明、防护等部件。机床电气部分常固定安装在床身内部，机床结构紧凑，占地面积小。为减小电源发热和工作液泵运行时振动的影响，有些机床将电源和工作液箱置于床身外侧。床身主要有铸造结构和焊接结构两种形式。

2）坐标工作台。线切割加工最终都是通过工作台与电极丝间的相对运动实现对工件的切割。为保证切割加工精度，对机床导轨的精度、刚度和耐磨性均有较高的要求。结构上一般采用"十"字形滑板、滚动导轨和丝杠传动副，将电动机的旋转运动转变为工作台的直线移动，通过两个坐标方向进给运动的合成获得各种平面图形轨迹。坐标工作台的传动通常采用高精度丝杠螺母副；为保证定位精度和灵敏度，传动丝杠与螺母之间必须消除间隙。图1-2为DK77系列机床坐标工作台结构图。

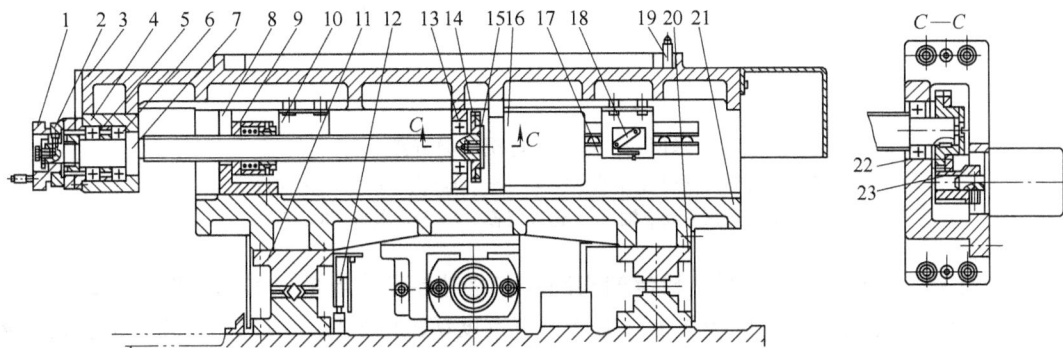

图1-2 DK77系列机床坐标工作台结构图

1—手轮 2—刻度盘 3—上拖板 4—轴承座 5—内、外隔板 6—轴承 7—丝杠 8—螺母座 9—调整螺母
10—限位开关挡块 11—V形轨道 12—限位开关 13—轴承 14—精密双齿轮 15—端盖 16—步进电动机
17—上V形导轨 18—限位开关 19—接线柱 20—平导轨 21—下拖板 22—电动机座 23—小齿轮

3）运丝装置。运丝装置可分为高速运丝装置和低速运丝装置。

高速运丝装置的电极丝作高速往复运动，一般走丝速度为8～10m/s。走丝机构主要由储丝筒溜板、走丝电动机、变速机构、滑动丝杠副、轴承座及底座组成。图1-3为走丝机构

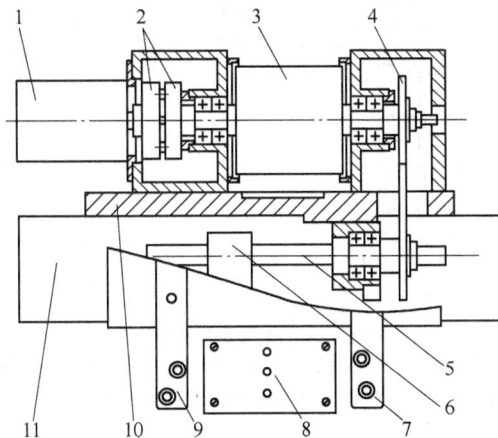

图1-3 高速走丝机构原理图

1—走丝电动机 2—联轴器 3—储丝筒 4—同步带 5—丝杠 6—螺母 7—右挡块
8—行程开关 9—左挡块 10—储丝筒溜板 11—床身

结构简图。储丝筒通过联轴器与走丝电动机相连，为实现电极丝的重复往复使用，走丝电动机由专门的换向装置控制作正反向交替运转。

低速走丝机构的电极丝作低速单向运动，一般走丝速度低于 0.2m/s。其原理如图 1-4 所示。电动机带动卷丝筒转动，电极丝就缓缓地从未使用的金属丝筒经过一系列轮组走向卷丝筒。

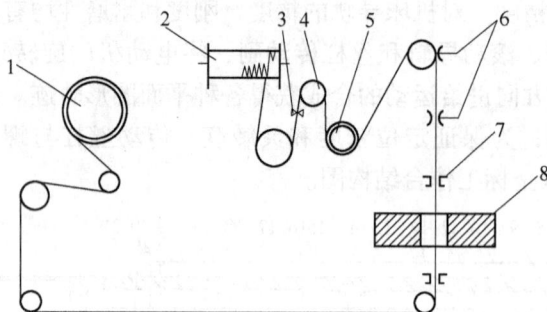

图 1-4　低速走丝机构原理图

1—卷丝轮　2—未使用的电极丝　3—拉丝模　4—张力电动机
5—电极丝张力调节轴　6—退火装置　7—导向装置　8—工件

4）丝架。丝架是用来支承电极丝的构件，它通过导轮将电极丝引到工作台上，通过导电块将高频脉冲电源连接到电极丝上。对于具有锥度切割的机床，线架上还装有锥度切割装置。线切割机床的线架，根据功能不同可分为固定式和活动升降式。

① 固定式丝架如图 1-5 所示。

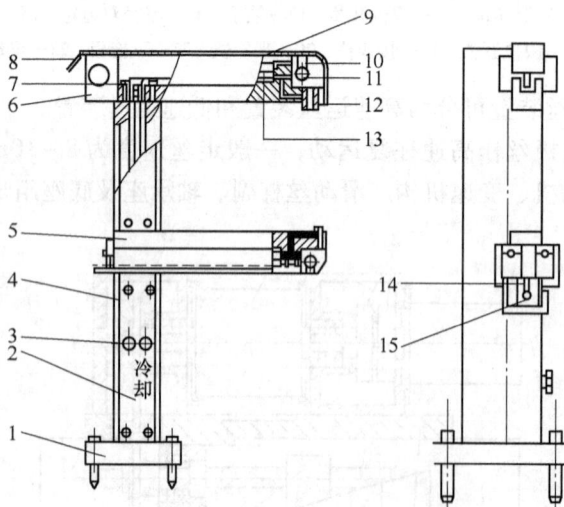

图 1-5　固定式丝架原理图

1—地座　2—标牌　3—手柄　4—立柱　5—下丝臂　6—上丝臂　7—锁紧螺钉　8—上盖板
9—接地线　10—导电块　11—导轮　12—喷水嘴　13—出水管　14—电极丝　15—挡丝棒

此类结构的丝架上、下丝臂固定连接，不可调节，刚性好，加工稳定性高。

② 活动升降式丝架如图 1-6 所示。

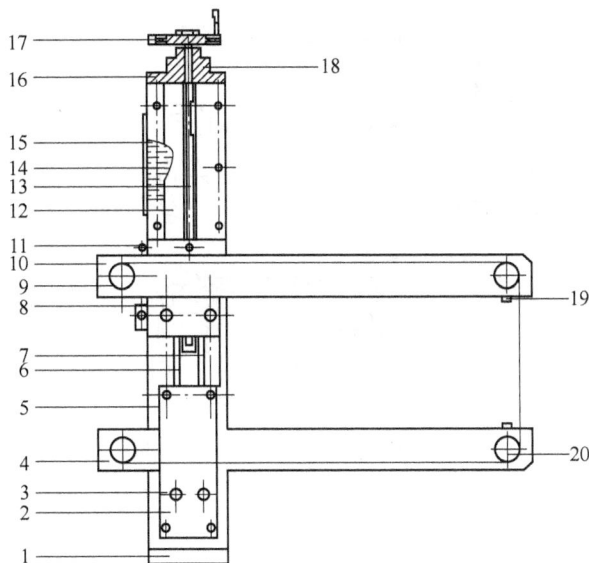

图 1-6 活动升降式丝架

1—垫板 2—标牌 3—手柄 4—下丝臂 5—立柱 6—进电线 7—上水管 8—滑板
9—电极丝 10—上丝臂 11—固定螺钉 12—导轨 13—丝杠副 14—防尘罩
15—标尺 16—架板 17—手轮 18—轴承座 19—喷水嘴 20—导轮

此类机构的丝架可适应不同厚度的工件加工，加工范围大。在调整高度时，应松开固定螺钉，用摇手柄的方法旋动升降丝杠，使上丝臂沿立体上下移动，来适应不同加工零件的厚度需要。调整完毕后应重新锁紧固定螺钉。

5）工作液系统。电火花线切割加工必须在工作液中进行，其方式可以将被加工工件沉浸在工作液中，也可以采用电极丝冲液的方式。一般而言，工作液应具有以下几个方面的要求：

① 应有一定的绝缘性。绝缘能力过高，介质击穿所耗能量过大，会降低蚀除量；绝缘能力过低，工作液成了导电体，则不能产生火花放电。

② 有较好的冷却性能。电火花放电的局部瞬时温度极高，为防止产生过热现象，必须使切削部位充分冷却，以带走火花放电时产生的大量热量。

③ 有较好的洗涤性能，利于排屑。

④ 有较好的防锈性能，利于机床维护和工件防锈。

⑤ 对人体应无害，工作时不放出有害气体。

不同的工艺条件需要不同的工作液，一般在低速走丝线切割加工中采用去离子水和煤油作为工作液；高速走丝线切割加工中采用专用乳化液作为工作液。加工时，工件的厚度、表面粗糙度要求不同，选用的工作液型号也不同。另外，工作液的配比对加工的效果也会有很大影响，比如在低速走丝线切割加工中，对不同要求的零件应选择不同电导率的离子水；在高速走丝机床上，新配的工作液加工效果并非最好，往往要经过一段时间切割后，加工效果才达到最佳，但工作液不能太脏，否则容易引起电弧放电，烧坏电极。

线切割机床中的工作液循环装置一般由工作液泵、工作液箱、过滤器、流量控制阀及上下喷嘴组成。图 1-7 是工作液循环装置的工作示意图。

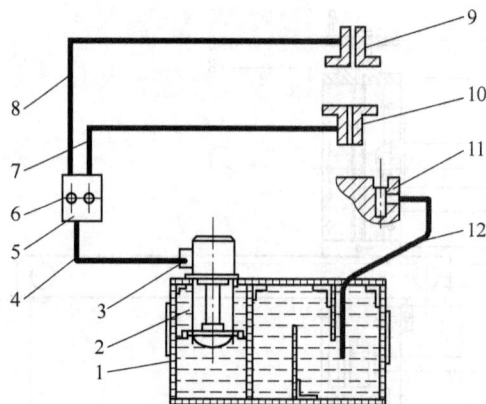

图1-7　工作液循环装置的工作示意图
1—供液箱　2—工作液　3—供液泵　4—主上水管　5—分流阀　6—调节手柄　7—下丝臂供液管
8—上丝臂供液管　9—上丝臂水嘴　10—下丝臂水嘴　11—工作台面　12—回水管

（2）脉冲电源　电火花线切割脉冲电源又称高频电源（见图1-8），是数控线切割机床的三大组成部分之一，它的性能优劣直接影响到线切割加工的工艺指标。

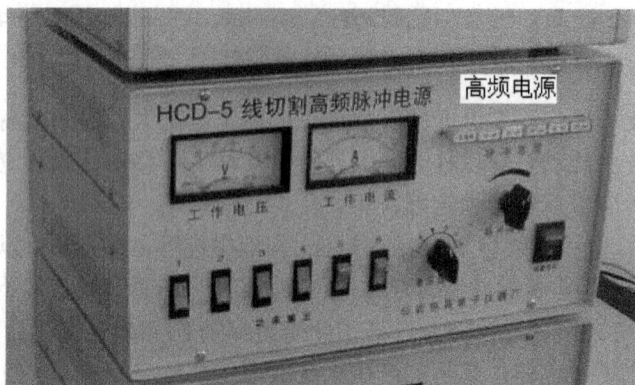

图1-8　脉冲电源

目前，社会上使用的线切割脉冲电源品种很多。选用脉冲电源的一般原则是在保持一定表面粗糙度的条件下，尽可能提高切割速度。

1）脉冲电源的基本功能。为了获得良好的工艺效果，要求脉冲电源具有如下功能：

① 脉冲电源必须能输出足够的脉冲放电能量，否则金属只能发热而不能瞬时熔化和汽化。由于在电火花线切割加工实践中，不同的切割条件需要不同的脉冲放电能量，所以还要求脉冲放电能量可以在一定的范围内进行调节。

② 所产生的脉冲应该是单向脉冲，以便充分利用电火花加工的极性效应，提高生产率和减少工具电极损耗。

③ 脉冲主要参数（脉冲电流幅值、脉冲宽度、脉冲停歇时间等）应能在一个较宽的范围以内调节，以满足粗、半精、精加工需要。

④ 在粗、半精、精加工下都有一定的加工速度和较低的电极损耗。

⑤ 脉冲电压波形的前沿要陡，后沿也不能延续太长，以利于稳定单脉冲放电能量和提高脉冲放电频率。

⑥ 性能稳定可靠，操作简单，维修方便。

数值化脉冲电源与数控系统密切相关，但有其相对的独立性，它一般由微处理器、外围接口、脉冲形成、功率放大、加工状态检测和自适应控制装置，以及自诊断和保护电路等部分组成。此外，数控脉冲电源还与计算机的储存、调用等功能相结合，在大量工艺试验以及其参数优化组合的基础上，建立工艺数据库及人工智能系统，提高自动化程度。

2）脉冲电源的分类方法有四种，即按构成脉冲电源的主要元件分类，按输出脉冲电源波形分类，按受间隙状态影响分类和按工作回路数目分类。

① 按主要元件分类包括弛张式脉冲电源、电子管式脉冲电源、闸流管式脉冲电源、脉冲发电机式脉冲电源、晶闸管式脉冲电源和晶体管式脉冲电源。

② 按输出波形分类包括矩形波脉冲电源、矩形波派生脉冲电源和非矩形波脉冲电源（如正弦波、三角波）。

③ 按受间隙状态影响分类包括非独立式脉冲电源、独立式脉冲电源和半独立式脉冲电源。

④ 按工作回路数目分类包括单回路脉冲电源和多回路脉冲电源。

（3）控制系统　控制器是数控线切割机床的重要组成部分，是控制设备运动的部件，也是人机对话的重要窗口。图 1-9 所示为典型的线切割控制器。

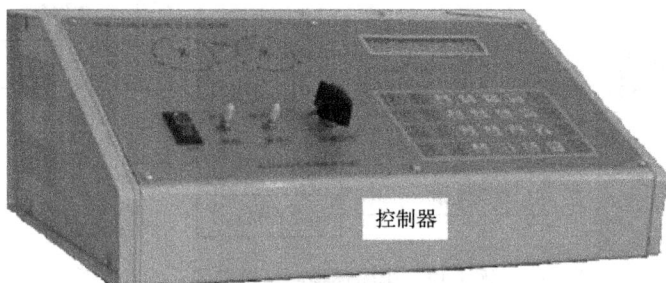

图 1-9　线切割控制器

目前，电火花线切割控制器主要以数字程序控制为主。数字程序控制（numerical control，NC）就是用数字化信号对机床运动及其加工过程进行控制的一种方法。图 1-10 所示为数字程序控制的流程图。数控装置根据有无检测反馈环节而将伺服系统分为开环系统、半闭环系统和闭环系统三种。

图 1-10　数控控制原理框图

1）开环控制系统。

开环控制系统中没有位置、速度等检测装置，是高速走丝线切割机床中最常见的控制系统，如图 1-11 所示。开环系统的伺服驱动部件通常采用反应式步进电动机或混合式步进电动机。数控装置每发出一个进给指令脉冲，经驱动电路功率放大后，驱动步进电动机转动一个角度，再经传动机构带动执行件移动。这种系统中的信息流是单向的，即进给脉冲发出后，实际移动值不再反馈回来，故称为开环控制系统。

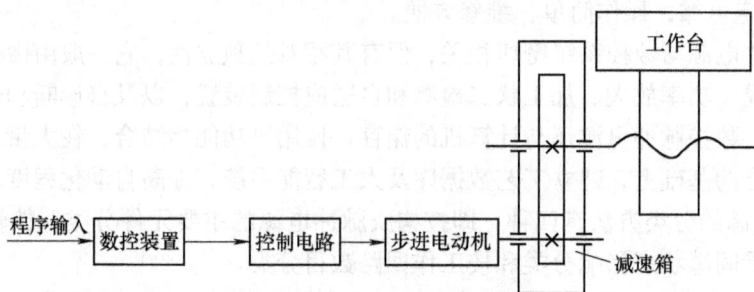

图 1-11　开环控制系统框图

2）半闭环控制系统。

半闭环控制系统（见图 1-12）的位置检测装置并不直接测量执行件的位移，而是检测与伺服电动机连接的传动元件（如电动机轴或滚珠丝杠）的角位移。根据角位移计算出执行件的位移量，并与指令值进行比较。若二者存在误差值，则控制伺服驱动电动机朝误差减小的方向转动，直至误差值消除。这种控制系统的检测装置之后的传动件及执行件都不在反馈环路之内，故称为半闭环控制系统。

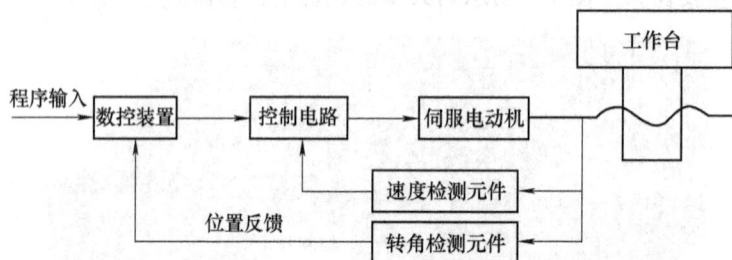

图 1-12　半闭环控制系统框图

3）闭环控制系统。

闭环控制系统中带有位置、速度等检测装置，直接检测执行件的实际位移量（见图 1-13）。闭环系统的伺服驱动部件通常采用直流或交流伺服电动机。闭环控制系统可以将执行件的位移量反馈至比较电路，并与指令值进行比较。当检测值与指令值存在误差时，经控制电路控制伺服驱动电动机作补偿旋转，直至误差消除。这种控制系统可将最终执行部件的位移量进行反馈、比较和补偿，故称为闭环控制系统。

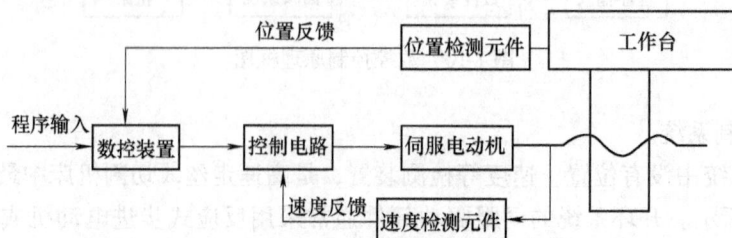

图 1-13　闭环控制系统框图

（4）电极丝 如图 1-14 所示。数控线切割机床的种类很多，有高速走丝、低速走丝及中速走丝等，不同的机床，使用的电极丝也是不同的。但电极丝必须是各种有用特性的有机组合，那么电极丝的有用特性是哪些呢？

1）电气特性。

现代线切割电源对电极丝提出了严格的要求。它要能承受峰值超过 700A 或平均值超过 45A 的大切割电流，而且能量的传输必须非常有效，才能提供为达到低表面粗糙度值（$Ra0.2\mu m$）所需的高频脉冲电流。这取决于

图 1-14 电极丝

电极丝的电阻或电导率。纯铜是电导率最高的材料之一，它被用来作为衡量其他材料的基准。纯铜的电导率标为 100% ICAS（国际退火纯铜标准），而黄铜的电导率为 20% ICAS。

2）机械特性。

① 抗拉强度：抗拉强度是衡量材料在受到径向负荷时抵抗断裂的能力。它是用单位截面积所能承受的重量来标度的，如寸制的 psi（lbf/in^2）或米制的 N/mm^2。纯铜属于抗拉强度最低的材料（$245N/mm^2$），钼则最高（$1930N/mm^2$）。电极丝的抗拉强度取决于材料的选择以及各种热处理和拉伸处理工艺。电极丝有时被分为"软丝"和"硬丝"，对于不同的设备和应用来说，二者各有长处。

② 记忆效应：这与电极丝的"软"或"硬"直接相关。软丝抽离线轴时没有恢复成直线的记忆能力，所以无法用于自动穿丝，但这对切割来说并没有影响，因为加工时电极丝上是加了张力的。软丝适用于上、下导丝嘴不能倾斜的设备，进行超过 7° 的大斜度切割。而硬丝则是自动穿丝机的最佳选择，同时因为抗拉强度高，其抵抗因切割时电流和冲洗力造成的丝的抖动的能力较强。

③ 延伸率：延伸率是切割加工中由于张力和热量引起电极丝长度变化的百分比。软丝的延伸率可大到 20%，而硬丝则小于 2%。软丝在斜度加工时，延伸率高的电极丝更能保证斜面的几何精度，并且较软的电极丝在导丝嘴中滑动时产生的振动也较小。不过，电极丝进入切割区后软丝的抖动程度比硬丝大，所以还得折中考虑。

3）几何特性。

在线切割技术发展的早期（1969 年到 1970 年代中期），对电极丝几乎没有做任何的研究，用的是现成的电动机和电缆上的纯铜丝。而今天，高效率、高精度的线切割机床要求电极丝具有误差极小的几何特性。电极丝制造的最后工序是采用多个宝石拉丝模来得到光滑、圆度极好、丝径极限偏差为 ±0.001mm 的成品。而还有一些电极丝特意设计成具有相对粗糙的表面，这样可以提高切割速度。

4）热物理特性。

电极丝的热物理特性是提高切割效率的关键。这些特性是通过合金成分的配比或基础芯材的选择来确定的。其中，电极丝的熔点是一项重要的指标。

另外，冶金学家在研究电极丝的冲洗性时，主要考虑材料的两个特性：

① 电极丝外径损耗。由于电极丝通过导丝嘴时的机械运动以及冲洗力和放电等因素，电极丝在切割时是有抖动的。这将造成无数次极小的短路，使切割速度变慢。如果电极丝工作时，在外径上能有一些损耗，这样其面对切口方向的空隙可以防止或减少短路效应。同时

其背对切口方向的空隙有助于改善冲洗作用，可以更好地去除加工废屑。电极丝外径的损耗不会影响加工精度，因为新的电极丝是不断进给的。

② 低熔点和高汽化压力。电火花线切割时会产生大量的热量，其中的一些热量被电极丝吸收走了，这会降低切割效率。如果太多的热量损耗在电极丝上，电极丝就会因过热而熔断。因此需要电极丝表面能够快速汽化，在电极丝得到冷却的同时把热能释放到工件上。材料受热达到熔点后就会汽化，产生汽化压力。这样可以将废渣吹离切缝。熔点低的材料更容易汽化。当电极丝和工件在切割表面处发生的是汽化而不是熔化时，产生的就是气体而不是熔化的金属颗粒，也就改善了冲洗性。

（5）工作液　如图 1-15 所示。

高速走丝电火花线切割机床使用的工作液是专用的乳化液，目前供应的乳化液有多种，各有特色。有的适于精加工，有的适于大厚度切割，也有的是在原来工作液中添加某些化学成分来提高其切割速度或增加防锈能力等。无论哪种工作液都应具有一定的绝缘性能、冷却性能，并且对环境无污染，对人体无危害。

图 1-15　工作液

① 绝缘性能：火花放电必须在具有一定绝缘性能的液体介质中进行。工作液的绝缘性能可使击穿后的放电通道压缩，局限在较小的通道半径内火花放电，形成瞬时局部高温熔化、汽化金属。放电结束后又迅速恢复放电间隙成为绝缘状态。

② 冷却性能：在放电过程中，放电点局部瞬时温度极高，尤其是大电流加工时升温则更加突出。因此为防止电极丝烧断和工件表面局部退火，必须充分冷却，这要求工作液具有较好的吸热、传热、散热性能。

③ 对环境无污染，对人体无危害。在加工中不应产生有害气体，不应对操作人员的皮肤、呼吸道产生刺激等，不应锈蚀工件、夹具和机床。

1）工作液的配制方法。

一般按一定比例将自来水冲入乳化油，搅拌后使工作液充分乳化成均匀的乳白色。天冷（在 0℃以下）时，可先用少量开水冲入乳化油拌匀，再加冷水搅拌。某些工作液要求用蒸馏水配制，最好按生产厂的说明配制。另外，根据不同的加工工艺指标，一般在 5%～20%（即乳化油 5%～20%，水 80%～95%）浓度时按质量分数配制，在称量不方便或要求不严格时，也可大致按体积分数配制。

2）工作液的使用方法。

对加工表面质量和精度要求比较高的工件，浓度可适当大一些（10%～20%），这可使加工表面洁白均匀，加工后的料芯可轻松地从料块中取出或靠自重落下。其次，对要求切割速度高或厚度大的工件，浓度可适当小一些（5%～8%），这样加工比较稳定，且不易断丝。还有对材料为 Cr12 的工件，工作液用蒸馏水配制，浓度稍小些，这样可减轻工件表面的黑白交叉条纹，使工件表面洁白均匀。对于新配制的工作液，当加工电流约为 2A 时，其切割速度约为 $40mm^2/min$，若每天工作 8h，使用约 2 天以后效果最好，继续使用 8～10 天后就易断丝，需更换新的工作液。加工时供液一定要充分，且使工作液包住电极丝，这样才能使工作液顺利进入加工区，达到稳定加工的效果。

3）工作液对工艺指标的影响。

工艺条件相同时，改变工作液的种类或浓度，就会对加工效果产生较大的影响。工作液的脏污程度对工艺指标也有较大影响。工作液太脏，会降低加工的工艺指标，纯净的工作液也并非加工效果最好，往往经过一段放电切割加工之后，脏污程度还不大的工作液可得到较好的加工效果。因为纯净的工作液不易形成放电通道，经过一段放电加工后，工作液中存在一些悬浮的放电产物，这时容易形成放电通道，有较好的加工效果。但工作液太脏时，悬浮的加工屑太多，使间隙消电离变差，且容易发生二次放电，则对放电加工不利，这时应及时更换工作液。

1.2.2 电火花线切割加工的原理、特点及应用范围

1.2.2.1 电火花线切割加工的原理

电火花线切割加工是在电极丝和工件之间进行脉冲放电。如图 1-16 所示，电极丝接脉冲电源的负极，工件接脉冲电源的正极。当收到一个电脉冲时，在电极丝和工件之间产生一次火花放电，放电通道的中心温度瞬时可高达 100000℃ 以上，高温会使工件金属熔化，甚至有少量汽化，高温也使电极丝和工件之间的工作液部分产生汽化，这些汽化后的工作液和金属蒸气瞬间迅速热膨胀，并具有爆炸性。这种热膨胀和局部微爆炸抛出熔化和汽化的金属材料，从而实现对工件材料进行电蚀切割加工。与此同时，数控装置控制伺服电动机驱动工作台带动工件按预先编制的切割轨迹移动，最终实现电极丝对工件的边蚀除、边进给的切割成形。

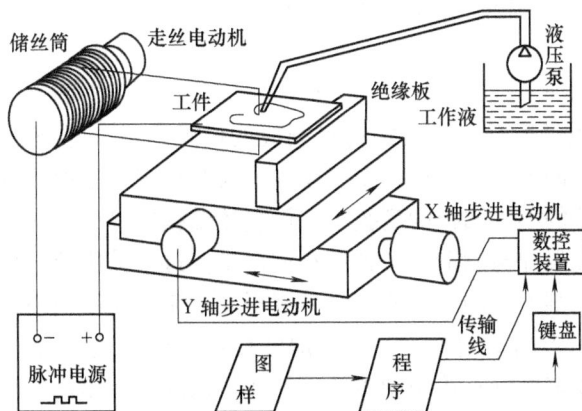

图 1-16 数控电火花线切割机床工作原理图

通常认为电极丝与工件之间的放电间隙 δ 在 0.01mm 左右，电脉冲的电压越高，放电间隙就会越大一些。线切割编程时，一般取 $\delta = 0.01$mm。为了保证火花放电时电极丝（一般用钼丝）不被烧断，必须向放电间隙注入大量工作液，以使电极丝得到充分冷却，同时电极丝必须作高速轴向运动，以免火花放电总在电极丝的局部位置而使电极丝被烧断，电极丝运动速度在 8 ~ 10 m/s。高速运动的电极丝，有利于不断往放电间隙中带入新的工作液，同时也有利于把电蚀产物从间隙中带出去。

电火花线切割加工时，为了获得比较好的表面质量和高的尺寸精度，并保证钼丝不被烧断，应选择好相应的脉冲参数，注入大量工作液，并使工件和钼丝之间产生火花放电。

1.2.2.2　特点

随着现代制造工业的迅猛发展和科学技术的不断进步，特别是国防工业和航空航天的发展，带动了新材料的不断涌现，高熔点、高硬度、高纯度等材料的层出不穷，使得传统的金属切削方法很难甚至无法进行加工，而电火花线切割加工几乎与材料的力学性能（硬度、强度等）无关。其突破了传统金属切削方法对刀具的限制，同时电火花线切割加工本身所具有的特殊性决定了其具有的以下特点。

（1）电火花线切割加工的优点　其加工过程与传统的机械加工完全不同。电火花线切割加工时所用工具称为工具电极（简称电极），工件则仍称工件。在正常电火花线切割加工过程中，电极与工件并不接触，而是保持一定的距离（称作间隙），在工件与电极间施加一定的电压，当电极向工件进给至某一距离时，两极间的工作介质被击穿，局部产生火花放电，放电产生的瞬时高温把金属材料逐步蚀除下来。我们把它归纳为：

1）用于加工难以用切削方法加工的材料，如高硬度材料、热处理后的材料等。

2）适合加工特殊及复杂形状零件，如微细零件、复杂模具型腔。

3）电火花线切割加工是利用脉冲放电来蚀除金属材料，而脉冲电源的参数可根据加工材料和工件的厚度随时调节。

（2）电火花线切割加工的局限性

1）通常只能对导电材料进行加工，不能对塑料、陶瓷等非金属材料进行加工。

2）电火花线切割加工速度较慢、生产效率较低。只要一般金属切削方法能加工的零件就不考虑电火花线切割加工。

3）加工过程必须在工作液（如乳化液）中进行。

1.2.2.3　应用范围

数控电火花线切割加工由于有很多优点而广泛应用于以下方面：

（1）模具加工　由硬质合金淬火钢材料制成的模具零件、样板、各种形状复杂的细小零件和窄槽等，特别是冲模、挤压模、塑料模和电火花加工型腔模所用电极的加工。例如形状复杂、常有尖角窄缝的小型凹模的型孔可采用整体结构在淬火后加工的方法，既能保证模具的精度，又可以简化设计与制造。又如中小型冲模，过去采用分开模和曲线磨削的加工方法，现改用电火花线切割整体加工，使配合精度提高，制造周期缩短，成本降低。

（2）新产品试制　产品试制时，一些关键件往往需要制造模具，但加工模具周期长且成本高。采用线切割加工可以直接切制零件，从而降低成本，缩短新产品的试制周期。

（3）难加工零件的加工　在精密型孔、样板及其成形刀具和精密狭槽等的加工中，利用机械切削加工的方法就很困难，而采用线切割加工则比较方便。此外，不少电火花成形加工所用的工具电极（大多采用纯铜制作，机械加工性能差）也采用电火花线切割加工。

（4）贵重金属下料　由于线切割加工用的电极丝尺寸远小于切削刀具尺寸（最细的电极丝尺寸可达 0.02 mm），用它切割贵重金属可减少很多切缝消耗，因此降低了成本。

目前，许多数控电火花线切割机床采用四轴联动，可以加工锥体、上下异面扭转体零件，为数控电火花线切割加工技术在机械加工中的应用，提供了更广阔的空间。

1.2.3　电火花线切割技术的发展趋势

随着模具等制造业的快速发展，近年来我国电火花线切割机床的生产和技术得到飞速发展，同时也对电火花线切割机床提出了更高的要求，从而促使我国电火花线切割机床生产企业积极采用现代研究手段和先进技术深入开发研究，向信息化、智能化和绿色化方向不断发展，以满足市场的需要。其未来的发展主要表现在以下几个方面：

1）在依然稳步发展高速走丝机床的同时，重视低速走丝电火花线切割机床的开发和发展。高速走丝电火花线切割机床是我国首先设计出来的。由于高速走丝有利于改善排屑条件，适合大厚度和大电流高速切割，加工性能价格比较优异，深受广大用户欢迎，因而在未来较长的一段时间内，高速走丝电火花线切割机床仍是我国电加工行业的主要发展机型。但目前的发展重点是提高高速走丝电火花线切割机床的加工质量和加工稳定性，使其满足那些最大面宽的普通模具及一般精度要求零件的加工要求。根据市场的发展需要，如果要提高高速走丝电火花线切割机床的工艺水平，则需要在机床结构、加工工艺、高频电流及控制系统等方面加以改善，积极采用各种先进技术，重视窄脉宽、高峰值电流的高频电源的开发和应用。低速走丝电火花线切割机床由于电极丝移动平稳，易获得较高的加工精度和表面质量，而适于精密模具和高精度零件的加工。我国在引进、消化、吸收的基础上，也开发并批量生产了低速走丝电火花线切割机床，满足了国内市场的部分需要。现在必须加强对低速走丝电火花线切割机床的深入研究，开发新的规格品种，为市场提供更多的国产低速走丝电火花线切割机床。

2）完善机床设计，改进走丝结构。为使机床结构更加合理，必须用先进的技术手段对机床总体结构进行分析。这方面的研究将涉及运用先进的计算机有限元模拟软件对机床的结构进行力学和热稳定性的分析。为了更好地参与国际市场竞争，还应该注意造型设计，在保证机床技术性能和清洁加工的前提下，使机床结构合理，操作方便，外形新颖。高速走丝电火花线切割机床的走丝机构，是影响其加工质量及加工稳定性的关键部件，目前存在的问题较多，必须认真加以改进。目前已开发的恒张力装置及可调速的走丝系统，应在进一步完善的基础上推广应用。新开发的自旋式电火花线切割机床、高低双速电火花线切割机床、走丝速度连续可调的电火花线切割机床，在机床结构和走丝方式上都有创新。尽管它们还不够完善，但这类机床的开发和研究工作有助于促进电火花线切割技术的发展。

3）发展PC控制系统，扩充线切割机床的控制功能。随着计算机技术的发展，PC机的性能和稳定性都在不断增强，而价格却持续下降，为电火花线切割机床开发应用PC机数控系统创造了条件。基于PC的电火花线切割数控系统，将逐步完善计算机绘图、自动编程、加工规准控制及其缩放功能，扩充自动定位、自动找中心、低速走丝的自动穿丝、高速走丝的自动紧缩等功能，提高电火花线切割加工的自动化程度。

1.2.4 线切割实训安全文明生产教育

安全和质量，是关系国计民生的头等大事。"安全第一、质量第一"，"安全是公民的生命、质量是企业的生命"，都是我们时常能看到的口号。狭义地讲，"安全"就是人身安全；广义地讲，"安全"不仅要保障人身安全，还要保障机床设备、工具、量具等贵重物品的安全。安全生产重在"防患于未然"。在工作中，必须遵守机床操作规程，把安全文明生产贯穿于工作的始终。只有重视安全文明生产，才能顺利完成生产任务。如果说生产过程是一个数据，那么安全就是首位的1，其他的质量、数量、效率等，都是1后面的0，没有了1，再多的0也就是零。

安全如此重要，设备操作者一定要熟悉机床的性能与结构，掌握操作方法，决不能盲目操作，不得随便动用设备；必须熟悉加工工艺，恰当地选择加工参数，按规定操作顺序操作，防止造成断丝、冲丝、丝架碰撞、工作液溢出、行程出轨等故障。还要防止触电。不用湿手操作开关和按钮，更不能接触机床电器部分。维修保养机床时要切断电源，同时不要随意移动或损坏安装在机床上的警告标牌；不在机床周围放置障碍物，要保持通道畅通，同时要配备好灭火器具。完工后要依次关掉机床操作面板上的电源和总电源；清理好工具、量具，堆放好工件；清除切屑，擦拭机床，保持机床与环境清洁；检查润滑油、工作液的状态，及时添加或更换；最后做好相关记录。

为了确保数控线切割机床在工作中能发挥最大的加工效率，应严格遵守实训操作中的注意事项：

（1）基本要求　操作者必须熟悉机床的结构和性能，经培训合格后方可上岗。严禁非线切割人员擅自动用线切割设备。严禁超性能使用线切割设备。

（2）操作前的准备和确认工作

1）清理干净工作台面和工作液箱内的废料、杂质，搞好机床及其周围的"5S"工作。

2）检查确认工作液是否足够，不足时应及时添加。

3）无人加工或精密加工时，应检查确认电极丝余量是否充分、足够，若不足则应更换。

4）检查确认废丝桶内废丝量有多少，超过一半时必须及时清理。

5）检查过滤器入口压力是否正常，压缩空气供给压力是否正常。

6）检查极间线是否有污损、松脱或断裂，并确认移动工作台时，极间线是否有干涉现象。

7）检查导电块磨损情况，磨损时应改变导电块位置，有脏污时要清洗干净。

8）检查滑轮、电极丝的运转是否平稳，有跳动时应检查调整。

9）检查电极丝是否垂直，加工前应先校直电极丝的垂直度。

10）检查下导向装置是否松动、上导向装置开合是否顺畅到位。

11）检查喷嘴有无缺损，下喷嘴是否低于工作台面 0.05 ~ 0.1mm。

12）检查确认相关开关、按键是否灵敏有效。

13）检查确认机床运作是否正常。

14）发现机床有异常现象时，必须及时上报，等待处理。

（3）工件装夹的注意事项

1）工件装夹前必须先清理干净锈渣、杂质。

2）模板、型板等切割工件的安装表面在装夹前要用油石打磨修整，防止表面凹凸不平，影响装夹精度或与下喷嘴干涉。

3）工件的装夹方法必须正确，确保工件平直紧固。

4）严禁使用滑牙螺钉。螺钉锁入深度要在 8mm 以上，锁紧力要适中，不能过紧或过松。

5）压块要持平装夹，保证装夹件受力均匀平衡。

6）装夹过程要小心谨慎，防止工件（板材）失稳掉落。

7）工件装夹的位置应有利于工件找正，并与机床行程相适应，利于编程切割。

8）工件（板材）装夹好后，必须再次检查确认与机头、极间线等是否有干涉现象。

（4）加工时的注意事项

1）移动工作台或主轴时，要根据与工件的远近距离，正确选定移动速度，严防移动过快时发生碰撞。

2）编程时要根据实际情况确定正确的加工工艺和加工路线，杜绝因加工位置不足或搭边强度不够而造成的工件报废或提前切断掉落。

3）线切割前必须确认程序和补偿量是否正确无误。

4）检查电极丝张力是否足够。在切割锥度时，张力应调小至平常的一半。

5）检查电极丝的送进速度是否恰当。

6）根据被加工件的实际情况选择敞开式加工或密闭加工，在避免干涉的前提下，尽量缩短喷嘴与工件的距离。密闭加工时，喷嘴与工件的距离一般取 $0.05 \sim 0.1 \text{mm}$。

7）检查喷流选择是否合理。粗加工时用高压喷流，精加工时用低压喷流。

8）起切时应注意观察判断加工稳定性，发现不良时要及时调整。

9）加工过程中，要经常对切割工况进行检查监督，发现问题立即处理。

10）加工中机床发生异常短路或异常停机时，必须在查出真实原因并作出正确处理后，方可继续加工。

11）加工中因断线等原因暂停时，经处理后必须确认没有任何干涉，方可继续加工。

12）修改加工条件参数必须在机床允许的范围内进行。

13）加工中严禁触摸电极丝和被切割物，防止触电。

14）加工时要做好防止工作液溅射出工作液箱的工作。

15）加工中严禁靠扶机床工作液箱，以免影响加工精度。

16）废料或工件切断前，应守在机床旁观察，切断时立即暂停加工。注意必须先取出废料或工件，方可移动工件台。

（5）其他注意事项

1）机床的开机、关机必须按机床相关规定进行，严禁违章操作，防止损坏电气元件和系统文件。

2）开机后必须执行回机床原点动作（应先剪断电极丝），使机床校正一致。

3）拆卸工件（板材）时，要注意防止工件（板材）失稳掉落。

4）加工完毕后要及时清理工件台面和工作液箱内的杂物，搞好机床及其周围的"5S"工作。

5）工装夹具和工件（板材）要注意做好防锈工作，并放置在指定位置。

6）加工完毕后，要做好必要的记录工作。

1.3 现场观摩与操作

1. 观摩机床结构

观摩现场数控线切割机床，并完成任务 1 与任务 2。

2. 观摩加工中的电参数

观摩现场加工进行中的数控线切割机床，并完成任务 3。

3. 机床操作

数控线切割机床开机、关机的操作。

开机顺序：

1）合上机床主机电源开关。

2）松开机床操作面板上的急停按钮。

3）合上控制柜上的电源开关，接通线切割机床控制器。

4）开启走丝开关，起动运丝电动机。

5）开启脉冲电源电源开关。

6）开启水泵开关，起动冷却泵。

7）开启进给系统。

关机顺序：

1）切断脉冲电源。

2）切断冷却泵开关，关闭冷却泵。

3）切断走丝开关，运丝电动机停止运行。

4）关闭控制柜电源。

5）关闭机床主机电源。

巩固练习

1. 切割 20mm 厚的铁板时，数控线切割各参数该如何设置？

2. 数控线切割机床由哪几部分组成，各有什么功能与作用？

3. 简要叙述开环、半闭环、闭环控制系统的区别。

4. 简要叙述数控电火花线切割机床的工作原理。

5. 在线切割实训操作中，应注意哪些事项？

任务2　线切割正方形零件实验

学习指南

1. 了解线切割编程的过程。
2. 掌握并熟练运用 3B 代码编写直线类程序。
3. 了解电火花加工的基本规律。
4. 学会直线类零件的轨迹设计与计算。
5. 学会基本的线切割操作技能。

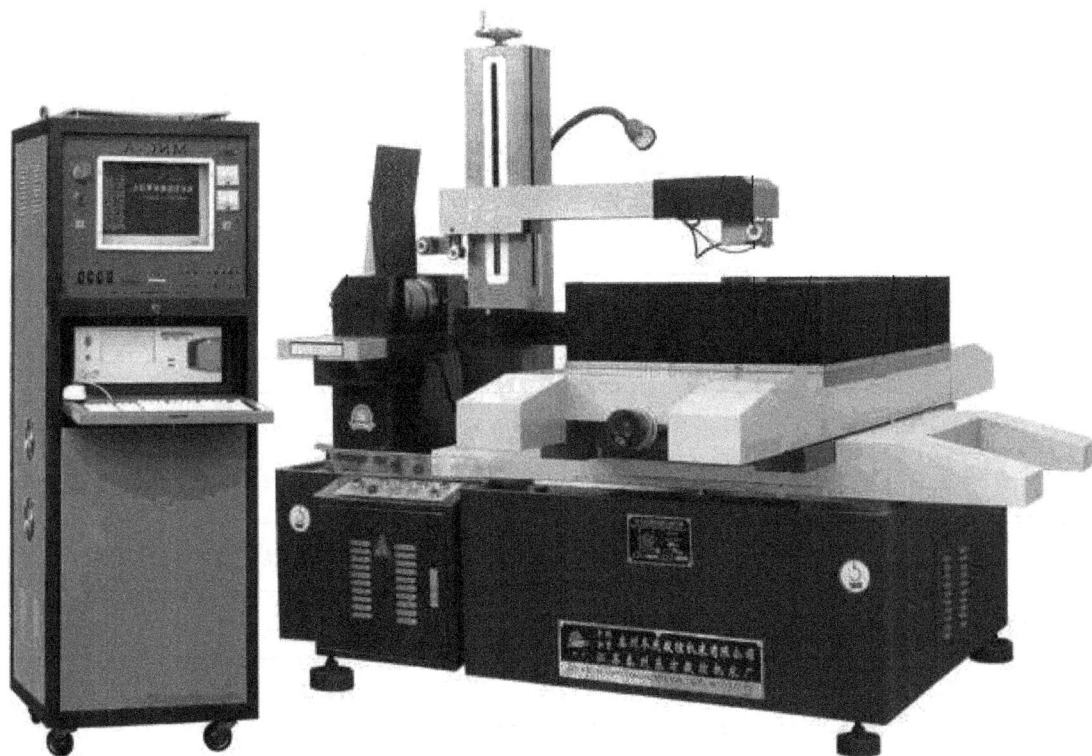

2.1　正方形零件加工任务书

1）设计正方形零件的线切割轨迹，并计算轨迹上的各关键点。

2）编写正方形零件的 3B 程序。

3）在线切割机床上加工图 2-1 所示的零件。

4）检测正方形零件，并将检测结果填写在表 2-1 中。

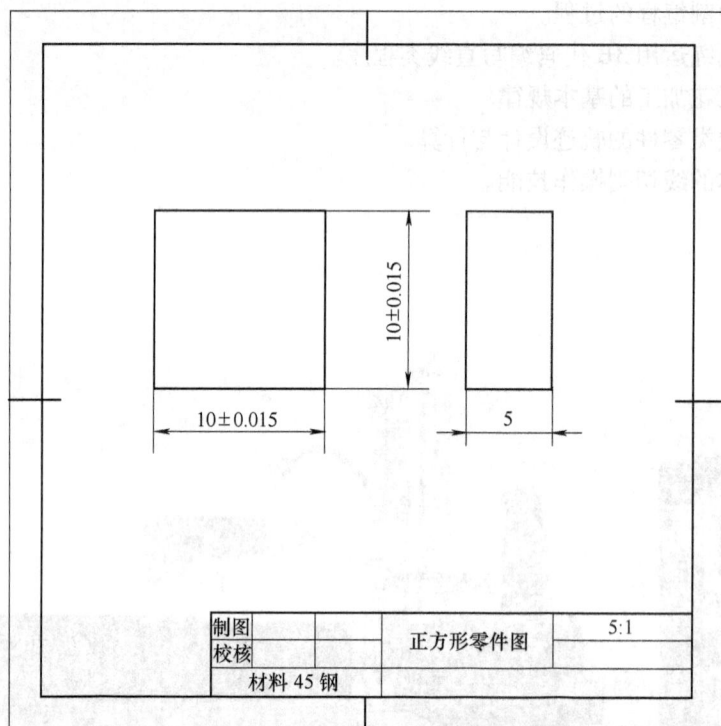

图 2-1　正方形零件图

表 2-1　检测项目

姓　　名		学　　号		钼丝直径	
加工材料		材料厚度		功率管数	
峰值电压		峰值电流		脉冲宽度	
脉冲间隔		占空比		理论放电间隙	
实测放电间隙		切割速度		走线速度	
序号	测量项目	实际测量结果	是否合格	不合格原因分析	检测量具
1	$(10\pm0.015)\,mm\,Ra2.5$				$0\sim25mm$ 千分尺
2	$(10\pm0.015)\,mm\,Ra2.5$				

2.2　知识摘要

2.2.1　线切割编程简介

线切割机床的控制系统是按照人的"命令"控制机床加工的。因此必须事先把要切割的图形，用机器所能接受的"语言"编排好"命令"，告诉控制系统。这项工作叫做数控线切割编程（简称编程）。

为了便于机器接受"命令"，必须按照一定的格式来编制线切割机床的数控程序。高速走丝线切割机床一般采用 B 代码格式，而低速走丝线切割机床通常采用国际上通用的 G 代码格式。为了便于国际交流和标准化，目前我国生产的线切割控制系统也逐步采用 ISO 代码。

数控编程可分为人工编程和自动编程两类。人工编程采用各种数学方法，使用一般的计算工具（包括电子计算器），人工地对编程所需的数据进行处理和运算。通常是把图形分割成直线段和圆弧段，并把每段曲线关键点（起点、终点、圆心等）的坐标一一定出，按这些曲线的关键点坐标进行编程。当零件的形状复杂或具有非圆曲线时，人工编程的工作量大，并容易出错。在人工编程技术领域内，已出现了多种方法，如三角法、解析法、增量法、表格法、六边形法、轨迹法、几何法等。

自动编程使用专用的数控语言及各种输入手段，向计算机输入必要形状和尺寸数据，利用专门的应用软件，求得各关键点坐标和编写数控加工所需要的数据，然后根据各数据编写出数控加工代码。

为了既满足进口数控系统的需要，又符合国内大多数线切割控制器的要求，近来市场上已出现了既可输出 B 代码，又能输出 G 代码的自动编程软件，如由北京北航海尔软件有限公司开发的 CAXA 线切割软件。

目前，线切割自动编程用的计算机以微型计算机为主。

2.2.2　3B 直线编程

1. 程序格式

国内的数控电火花线切割机床多数采用五指令"3B"格式（表 2-2）。

表 2-2　3B 代码程序段格式

B	X	B	Y	B	J	G	Z
分隔符号	X 坐标值	分隔符号	Y 坐标值	分隔符号	计数长度	计数方向	加工指令

注：B——分隔符号，用以分隔程序中的 X、Y、J 所对应的数值。

X——X 方向坐标值（μm）。

Y——Y 方向坐标值（μm）。

J——计数长度，切割加工轨迹在计数方向的投影长度（μm）。

G——切割加工轨迹长度计数方向，分为 GX 和 GY 两种。

Z——切割加工指令，包括直线段 4 种、顺时针圆弧 4 种、逆时针圆弧 4 种，共 12 种。

2. 斜线（直线）的编程

1）建立坐标系，把坐标的原点取在线段的起点上。

2）格式中每项的意义：

X、Y——线段的终点坐标值（Xe，Ye），也可以表示线段的斜率。

计数长度（J）——根据线段的终点坐标值，取横纵坐标中的较大值。如 Xe > Ye，则取 Xe；反之取 Ye（见图 2-3、图 2-4）。当 Xe = Ye 时，可取其中任何一个值。

计数方向（G）——根据线段终点坐标值，取横纵坐标中较大值的方向。如 Xe > Ye，则计 GX，反之计 GY（见图 2-2 ~ 图 2-4）。当 Xe = Ye 时，45°，225°计 GY，135°，315°取 GX。

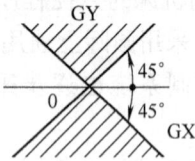

图 2-2　计数方向示意图　　　图 2-3　Xe > Ye 时选 GX　　　图 2-4　Xe < Ye 时选 GY

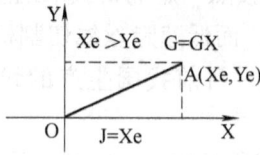

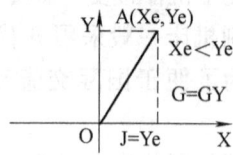

加工指令（Z）——共有 4 种指令，L1、L2、L3、L4，如图 2-5 所示。

第一象限取 L1，$0° \leqslant \alpha < 90°$

第二象限取 L2，$90° \leqslant \alpha < 180°$

第三象限取 L3，$180° \leqslant \alpha < 270°$

第四象限取 L4，$270° \leqslant \alpha < 360°$。

小技巧：与 X 轴或 Y 轴重合的直线，编程时 X、Y 均可作 0，且在 B 后，并可不写。例如程序 B0B3000B3000GYL2 可简化为 BBB3000GYL2。

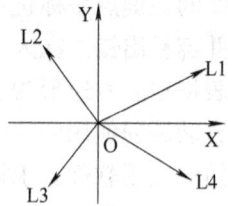

图 2-5　直线加工指令示意图

3. 直线编程举例

例 1：如图 2-6 所示，用 3B 代码编写从点 A 切割至点 B 的加工程序段。

解：

1）建立坐标系。

建立图 2-6 所示坐标系，将坐标原点取在线段的起点 A。

2）确定终点 B 的 X、Y 坐标值。

$X = |Xe| \times 1000 = |8| \times 1000 = 8000$

$Y = |Ye| \times 1000 = |7| \times 1000 = 7000$

图 2-6　直线 AB 的编程坐标系

3）确定计数方向 G。

因 $|Xe| > |Ye|$，取 G→GX。

4）计算计数长度 J。

J = X = 8000。

5）确定加工指令 Z。

直线段终点 B 处在第一象限，则取 Z→L1。

6）直线段 AB 的切割加工程序段为 B8000　B7000　B8000　GXL1，可简写为 B8　B7　B8000　GXL1

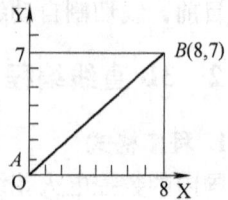

例 2：如图 2-7 所示，用 3B 代码编写从点 A 切割至点 B 的加工程序段。

解：

1）建立坐标系。

建立图 2-7 所示坐标系，将坐标原点取在线段的起点 A。

2）确定终点 B 的 X、Y 坐标值。

X = ｜Xe｜×1000 = ｜8｜×1000 = 8000

Y = ｜Ye｜×1000 = ｜0｜×1000 = 0

3）确定计数方向 G。

因｜Xe｜＞｜Ye｜，取 G→GX。

4）计算计数长度 J。

J = X = 8000。

5）确定加工指令 Z。

直线段终点 B 处在第一象限，取 Z→L1。

6）直线段 AB 的切割加工程序段为 B8000 B0 B8000 GXL1，可简写为 B B B8000 GXL1。

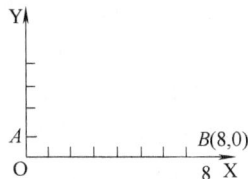

图 2-7　直线 AB 的编程坐标系

2.2.3　电火花加工的基本规律

1. 极性效应

所谓极性效应就是在电火花加工中，由于正负极性不同，而产生的彼此电蚀量不一样的现象。

实验证明，在电火花加工过程中，正负两极都会受到电蚀，但它们各自的电蚀量却不同，这就是极性效应的结果。在研究极性效应之前，要首先了解一下脉冲电源与工件、工具间的两种接线方法："正极性"接线法和"负极性"接线法。

"正极性"接线法是将工件接脉冲电源正极的一种接线方法，"负极性"接线法是将工件接脉冲电源负极的一种接线方法，如图 2-8 所示。

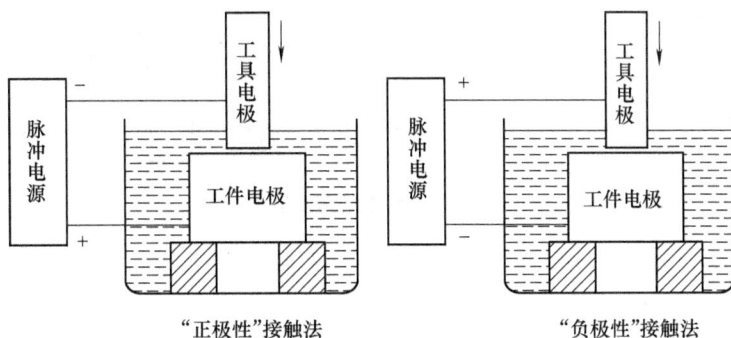

图 2-8　电极与脉冲电源的接线法

产生极性效应的直接原因是由于两电极表面所分配到的能量不同。极间的能量是由于带正电的离子和带负电的电子相互作用的结果，负电子质量小、惯性小，起动和加速灵活；正离子质量大、惯性大，运动较缓慢。在击穿初级阶段，由于电子惯性小，运动灵活，大量的电子奔向正极，并轰击正极表面，使正极表面迅速熔化和汽化；而正离子惯性大，运动缓慢，大量的正离子不能到达负极表面，能到达负极表面的也只是一小部分离子，所以当选用短脉冲（即放电持续时间较短）加工时，负电子的轰击作用大于正离子的轰击作用，正极的电蚀量大于负极的电蚀量，这时工件应接正极。若选用长脉冲（即放电持续时间较长）加工时，质量和惯性都大的正离子将有足够的时间到达负极表面，由于正离子的质量大，它对负极表面的轰击破坏作用要比负电子的轰击强，同时到达负极的正离子又会牵制电子的运动，故负极的电蚀量将大于正极，这时工件应接正极。由此可知，当采用短脉冲加工时，应选用"正极性"接法；当采用长脉冲加工时，应选用"负极性"接法。

为了充分地利用极性效应，最大限度地降低工具电极的损耗，应正确地选用极性接线方法，使工件的蚀除速度最高，工具损耗最小。

2. 电参数

电参数又称电规准，主要包括脉冲宽度、脉冲间隔、占空比、峰值电压、峰值电流等。

（1）脉冲宽度 脉冲宽度简称脉宽，它是加在电极与工件上放电间隙两端电压脉冲的持续时间。脉冲宽度是电火花加工的一个主要电参数，它直接影响最终的加工速度和加工质量，脉宽越长，则去除的材料越多，造成的放电坑也就越大越深，表面粗糙度值就越大。

（2）脉冲间隔 脉冲间隔简称脉间，它与脉冲宽度构成一个完整的脉冲。脉冲间隔也是电火花加工的一个主要电参数，一般它都要配合脉冲宽度一起调整，才能达到最优的加工效果。脉冲间隔过短，放电间隙来不及消除电离和恢复绝缘，容易产生电弧放电，从而烧伤电极和工件；脉冲间隔时间过长，使整个脉冲时间增长，加工效率降低。

（3）占空比 占空比就是脉冲宽度与脉冲间隔的比值。一般粗加工采用较大的占空比，也就是脉冲宽度大，脉冲间隔小，从而提高加工效率。

（4）峰值电压 峰值电压又称开路电压，是间隔开路时电极间的最高电压，它等于电源的直流电压。峰值电压高时，放电间隙增大，生产效率高，但加工精度差。

（5）峰值电流 峰值电流是指间隙火花放电时脉冲电流最大值（瞬时），它是实际影响生产率、表面粗糙度指标的重要参数，但峰值电流值不容易直接测量。

图 2-9 所示为脉冲电源 AB 端的电压波形图。

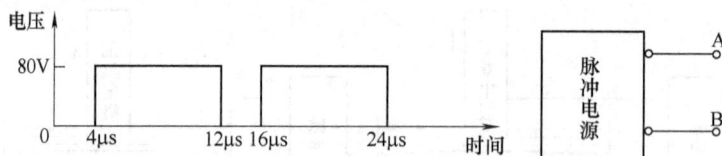

图 2-9 脉冲电源波形图

由图 2-9 可知：

当时间为 0～4μs 时，AB 端无电压。

当时间为 4～12μs 时，AB 端电压为 80V。

当时间为 12～16μs 时，AB 端无电压。

当时间为 16～24μs 时，AB 端电压为 80V。

如此周期性地重复下去。

由此可知：

脉冲宽度 = 12μs － 4μs = 8μs

脉冲间隔 = 16μs － 12μs = 4μs

占空比 = 脉冲宽度/脉冲间隔 = $8\mu s/4\mu s$ = 2

峰值电压 = 80V

2.3　切割轨迹设计与关键点坐标计算

如图 2-10 所示，参考切割轨迹为 $A \rightarrow B \rightarrow C \rightarrow D \rightarrow E$。

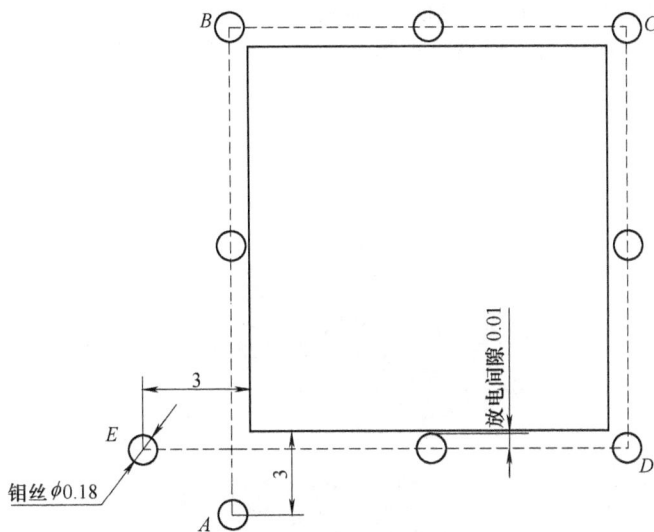

图 2-10　参考切割轨迹

假设钼丝直径为 0.18mm，单边放电间隙为 0.01mm，则各关键点的距离计算如下：

AB = 3mm（切入线长度） + 10mm（零件边长） + 0.01mm（单边放电间隙） + 0.09mm（钼丝半径） = 13.1mm

BC = 0.01mm（单边放电间隙） + 0.09mm（钼丝半径） + 10mm（零件边长） + 0.01mm（单边放电间隙） + 0.09mm（钼丝半径） = 10.2mm

CD = 0.01mm（单边放电间隙） + 0.09mm（钼丝半径） + 10mm（零件边长） + 0.01mm（单边放电间隙） + 0.09mm（钼丝半径） = 10.2mm

DE = 0.01mm（单边放电间隙） + 0.09mm（钼丝半径） + 10mm（零件边长） + 3mm（切出线长度） = 13.1mm

2.4　参考程序

直线 AB 段编程：BBB13100GXL1；

直线 BC 段编程：BBB10200GYL2；

直线 CD 段编程：BBB10200GXL3；

直线 DE 段编程：BBB13100GXL4。

2.5　上机操作

1. 上丝操作

上丝操作可以自动或者手动进行。

（1）手动上丝操作步骤

1）按下急停按钮，防止意外。

2）将丝盘套在上丝螺杆上，并用螺母锁紧。

3）用摇把将储丝筒摇向一端至接近极限位置，如图2-11所示。

储丝筒一端
与导轮对齐

图2-11　储丝筒移至极限

4）将丝盘上电极丝一端拉出绕过上丝导轮，并将丝头固定在储丝筒端部的紧固螺钉上，剪掉多余丝头，如图2-12所示。

5）用摇把匀速转动储丝筒，将电极丝整齐地绕在储丝筒，直到绕满，取下摇把。手摇储丝筒的旋转方向要根据丝头在储丝筒上的左端或右端来确定，不要摇反了方向，要注意观察（见图2-13）。

6）电极丝绕满后，剪断电极丝，把丝头固定在储丝筒另一端，如图2-14所示。

7）粗调储丝筒左右行程挡块，使两个挡块间距小于储丝筒上的丝距，完成上丝操作过程。

图2-12　电极丝一端固定

（2）自动上丝操作步骤

1）将丝盘套在上丝螺杆上，并用螺母锁紧。

2）用摇把将储丝筒摇向一端至接近极限位置。

3）将丝盘上电极丝一端拉出绕过上丝导轮，并将丝头固定在储丝筒端部紧固螺钉上，剪掉多余丝头。

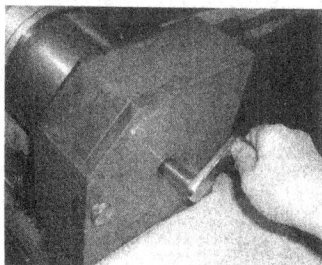

图 2-13　上丝

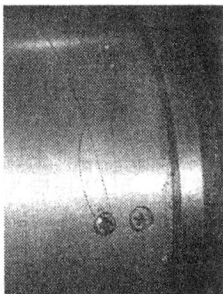

图 2-14　电极丝另一端固定

4）用摇把匀速转动储丝筒 5~10 圈左右，将电极丝整齐地绕在储丝筒上，移动挡块压紧行程开关，扭开急停按钮，打开储丝筒转向开关，直到绕满，停止储丝筒转向开关。

5）电极丝绕满后，剪断电极丝，把丝头固定在储丝筒另一端。

6）紧压另一行程挡块，使两个挡块间距小于储丝筒上的丝距。

2. 穿丝操作

1）用摇把转动储丝筒，使储丝筒上电极丝的一端与导轮对齐。

2）取下储丝筒相应端的丝头，进行穿丝（见图 2-15）。穿丝顺序如下：

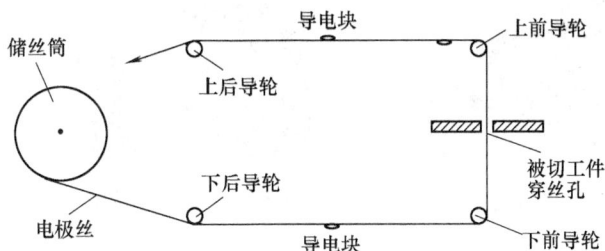

图 2-15　穿丝

① 如果取下的是靠近摇把一端的丝头，则从下丝臂穿到上丝臂。

② 如果取下的是靠近储丝电动机一端的丝头，则从上丝臂穿到下丝臂，即穿丝方向与①相反。

3）将电极丝从丝架各导轮及导电块穿过后，仍然把丝头固定在储丝筒紧固螺钉处。剪掉多余丝头，用摇把将储丝筒反摇几圈。

4）应注意的问题：

① 要将电极丝装入导轮的槽内，并与导电块接触良好。还要防止电极丝滑入导轮或导电块旁边的缝隙里。

② 操作过程中，要沿绕丝方向拉紧电极丝，避免电极丝松脱造成乱丝。

③ 摇把使用后必须立即取下，以免误操作使摇把甩出，造成人身伤害或设备损坏。

3. 调整储丝筒行程及紧丝

上丝和穿丝完毕后，就要根据储丝筒上电极丝的长度和位置来确定储丝筒的行程，并调整电极丝的松紧。

（1）调整储丝筒行程

1）用摇把将储丝筒摇向一端，至电极丝在该端缠绕宽度剩下 8mm 左右的位置停止。

2）松开相应挡块上的紧固螺钉，移动挡块，在挡块上的换向行程撞针移至接近行程开关的中心位置后，固定挡块。

3）用同样方法调整另一端，两行程挡块之间的距离即储丝筒的行程。储丝筒拖板将在这个范围内来回移动。

4）经过以上调整后，可以开启自动走丝，观察走丝行程，再作进一步细调。为防止机械性断丝，在换向时，储丝筒两端还应有一定的储丝余量。

（2）紧丝操作　新装上去的电极丝，往往要经过几次紧丝操作，才能投入工作。

1）开启自动走丝。

2）如图 2-16 所示，用张力轮靠在电极丝上；或者如图 2-17 所示，用手持紧丝轮靠在电极丝上，增加适当张力。

3）在自动走丝的过程中，如果电极丝不紧，就会被拉长。待储丝筒上的丝从一端走到另一端后，停止自动走丝，取下丝头，把多余的丝收紧后装回储丝筒上。

4）反复几次，直到电极丝运行平稳，松紧适度。

图 2-16　张力轮紧固　　　　图 2-17　手持紧丝轮紧固

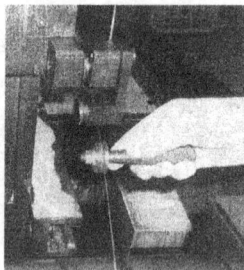

4. 程序输入及校验

由于程序较短，可采用手工输入方法，将加工程序输入至控制器并作逐段校验。

5. 工件毛坯装夹

如图 2-18 所示，采用悬臂式支撑方法将工件毛坯装夹在机床工作台上。装夹基本要求：

1）根据工件毛坯厚度调整机床上丝架位置至最小允许高度，且保证切割加工时工件毛坯、压板、螺栓等不与丝架的任何部分相碰。

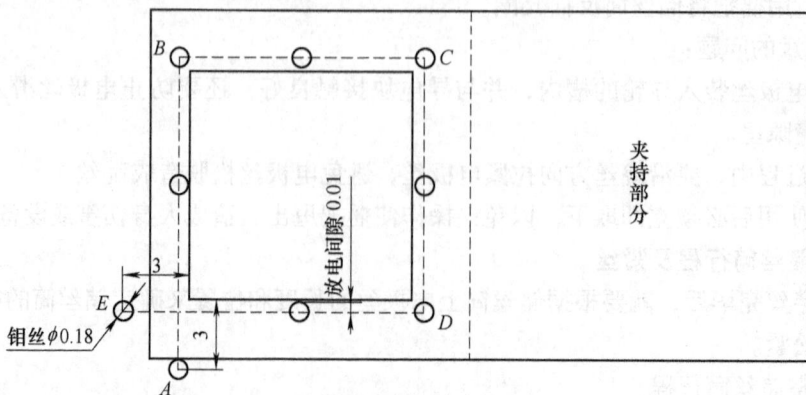

图 2-18　工件毛坯装夹

2）工件毛坯装夹前，应先校正电极丝与工作台面间的垂直度。

3）工件毛坯装夹位置应保证整个切割区域在机床的有效行程范围之内。

4）夹紧力要均匀，避免工件毛坯变形或翘起。

5）用目测方法使工件毛坯其中的一个侧面与机床工作台 X 向基本平行。

6. 切割加工与工件检验

移动电极丝位置至程序切割起始点 A（图 2-18），在控制器中调出对应的加工程序。将控制器上的自动/模拟开关置自动位置，开启机床→开启高频电源→开启走丝→用手动将钼丝移至 A 点，此时会产生火花→开启进给系统→开启冷却泵，机床开始自动加工。

切割加工过程中，要随时注意进给速度与电蚀速度间的协调性，避免出现欠跟踪或跟踪过紧现象。若进给速度太快，超过切割时的电蚀速度，则会产生短路现象，反而降低切割加工速度，并使表面质量变差，切割加工表面发焦呈褐色，工件上、下端面有过烧现象，严重时还可能断丝；反之，若进给速度太慢，落后于切割时的电蚀速度，极间将趋向开路，同样不能正常切割。因此，应合理调节进给速度，使电压表、电流表指针状态趋于稳定。

切割加工将结束时，工件与毛坯间的连接强度下降，易引起工件偏斜，影响切割加工质量；切割加工结束时，工件若从毛坯上掉下，会造成断丝、挤住下丝架等现象。因此，切割加工将结束时，应采用磁铁或 502 胶水对工件作适当固定。

加工完毕，将工件取下，清洗干净，然后用 0～25mm 的千分尺测量相关尺寸，并将结果填写在表 2-1 中。

巩固练习

1. 3B 代码的一般格式中，各项的含义是什么？

2. 直线编程加工指令（Z）共有几种指令？如何表示？

3. 什么是极性效应？

4. 电参数主要有哪些？并对各参数进行名词解释。

5. 图 2-19 所示零件要求在高速走丝线切割机床上加工，采用的电极丝为铜丝，其直径 d 为 0.18mm，单面放电间隙 $\delta = 0.01$mm，试用 3B 格式编制加工程序。

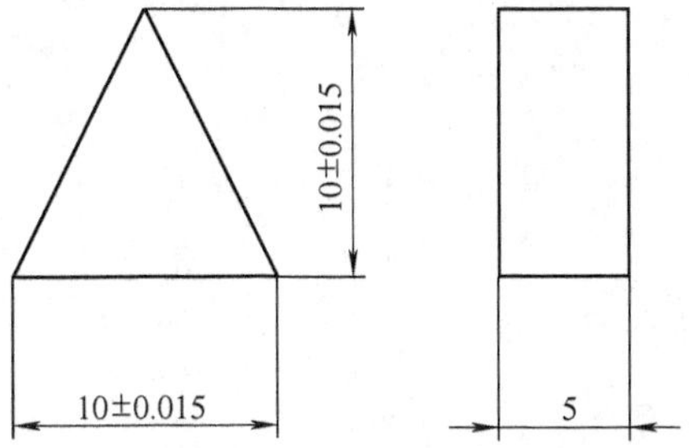

图 2-19　三角形零件图

任务 3　线切割圆形零件实验

学习指南

1. 掌握并熟练运用 3B 代码编写圆弧程序。
2. 了解线切割加工工艺指标。
3. 学会校正电极丝垂直度。
4. 学会对丝操作。

3.1　圆形零件加工任务书

1）设计圆形零件的线切割轨迹，并计算轨迹上的各关键点。
2）编写圆形零件的 3B 程序。
3）在线切割机床上加工图 3-1 所示的零件。
4）检测圆形零件，并将检测结果填写在表 3-1 中。

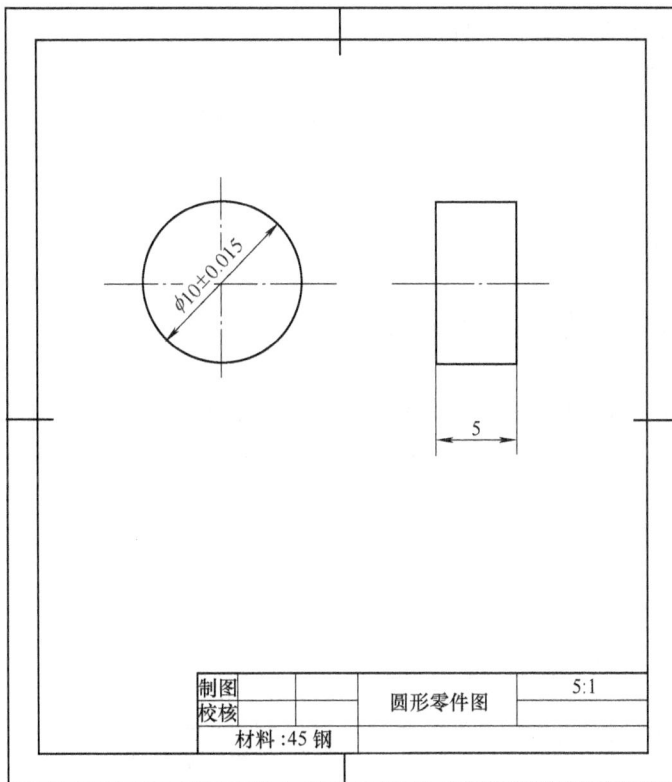

图 3-1　圆形零件图

表 3-1　检测项目

姓　名		学　号		钼丝直径	
加工材料		材料厚度		功率管数	
峰值电压		峰值电流		脉冲宽度	
脉冲间隔		占空比		理论放电间隙	
实测放电间隙		切割速度		走线速度	

序号	测量项目	实际测量结果	是否合格	不合格原因分析	检测量具
1	$\phi10mm \pm 0.015mm$ *Ra*2.5				0～25mm 千分尺

3.2　知识摘要

3.2.1　3B 圆弧编程

1. 建立坐标系

3B 代码编写圆弧程序时，坐标系原点为圆弧中心，坐标轴方向与工作台 X、Y 方向一致（见图 3-2）。

2. 确定 X、Y 值

若圆弧起点坐标为（Xs、Ys），则 X = | Xs | × 1000，Y = | Ys | × 1000。

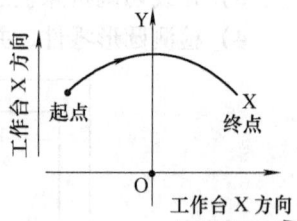

图 3-2　建立坐标系

3. 计数方向 G

圆弧的计数方向也分 GX、GY 两种。若圆弧的终点坐标为（Xe、Ye），当 | Xe | > | Ye | 时，取计数方向 GY；当 | Xe | < | Ye | 时，取计数方向 GX，即选取圆弧终点坐标绝对值较小的轴向作为计数方向（见图 3-3）。

4. 计数长度 J

计数长度 J 是指圆弧切割轨迹在计数轴向（X 轴或 Y 轴）的投影长度。当圆弧跨越几个象限时，计数长度应为切割轨迹在计数方向（X 轴或 Y 轴）上每个象限投影长度的代数和。如图 3-4 所示，切割圆弧段 12，其计数方向为 GX，计数长度为圆弧轨迹在 X 轴上的投影长度总和，即 J = JX1 + JX2。

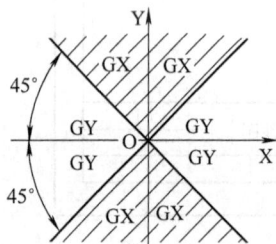

图 3-3　圆弧计数方向

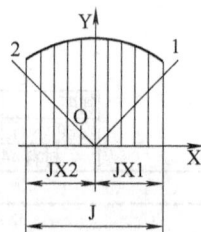

图 3-4　计数长度

5. 切割加工指令 Z

加工指令 Z 由圆弧起点所在的象限决定。指令共有 8 种，逆圆 4 种，顺圆 4 种，如图 3-5、图 3-6 所示。

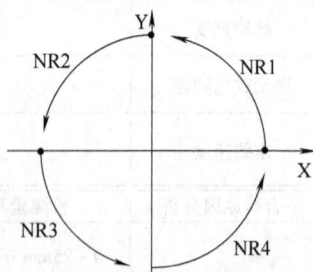

图 3-5　逆圆加工指令示意图

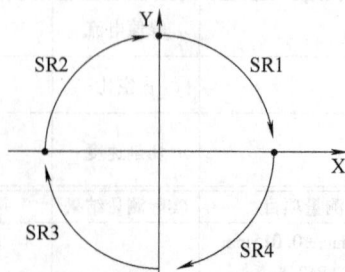

图 3-6　顺圆加工指令示意图

	第一象限	第二象限	第三象限	第四象限
逆圆	NR1	NR2	NR3	NR4
顺圆	SR1	SR2	SR3	SR4

注意：当起点位于坐标轴上时，顺圆和逆圆的加工指令是不一样的。

若起点在 X 轴正方向上（即 $\alpha = 0°$），则逆圆的加工指令为 NR1，顺圆的加工指令为 SR4。

若起点在 Y 轴正方向上（即 $\alpha = 90°$），则逆圆的加工指令为 NR2，顺圆的加工指令为 SR1。

若起点在 X 轴负方向上（即 $\alpha = 180°$），则逆圆的加工指令为 NR3，顺圆的加工指令为 SR2。

若起点在 Y 轴负方向上（即 $\alpha = 270°$），则逆圆的加工指令为 NR4，顺圆的加工指令为 SR3。

6. 圆弧编程示例

例 1：根据图 3-7 所示图形，试编写圆弧 $A \to B$ 的程序。

解：

建立坐标系，把坐标系的原点取在圆心 O 点上，则起点 A 的坐标为（2000，9000），终点 B 的坐标为（9000，2000）。

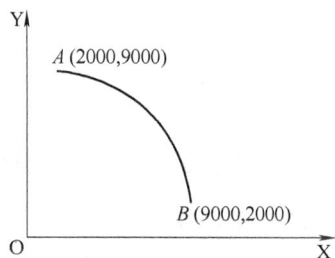

图 3-7　圆弧 $A \to B$ 的编程坐标系

因为 $Xe > Ye$，所以取 $G = GY$，$J = JY = YA - YB = 9000 - 2000 = 7000$

由于圆弧起点 A 位于第一象限，且圆弧 $A \to B$ 为顺圆，所以取加工指令（Z）为 SR1，则圆弧 $A \to B$ 的程序为

B2000B9000B7000GYSR1

例 2：根据图 3-8 所示图形，试编写圆弧 $A \to B$ 的程序。

解：

建立坐标系，把坐标系的原点取在圆心 O 点上，则 A 的坐标为（2000，9000），B 的坐标为（0，9220）。

1）先按逆圆切割方向编程：

因为按逆圆进行切割，所以 A 为起点，B 为终点。

因为 $Xe < Ye$，所以取 $G = GX$，$J = JX = JX1 + JX2 = (9220 - 2000) + 9220 = 16440$。

由于圆弧起点 A 位于第二象限，且圆弧 $A \to B$ 为逆圆，所以取加工指令（Z）为 NR2，

则圆弧 $A \to B$ 的程序为

B2000B9000B16440GXNR2

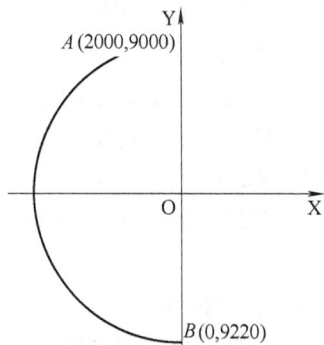

图 3-8　圆弧 $A \to B$ 的编程坐标系

2）当按顺圆切割方向编程时：

因为按顺圆进行切割，所以 B 为起点，A 为终点。

因为 $Xe < Ye$，所以取 $G = GX$，$J = JX1 + JX2 = 9220 + (9220 - 2000) = 16440$。

由于圆弧起点 B 位于第三象限，且圆弧 $A \rightarrow B$ 为顺圆，所以取加工指令（Z）为 SR3，则圆弧 $B \rightarrow A$ 的程序为

B0B9220B16440GXSR3

例3：如图3-9所示，圆弧是从 A 加工到 B，由于终点 B 的 Ye < Xe，故计数方向取 GY。计数方向确定后，计数长度应取圆弧各段在该方向上投影的总和，则 J = JY1 + JY2 + JY3。

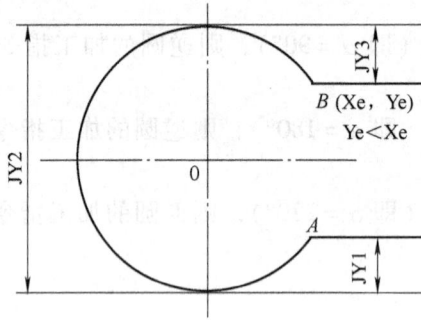

图3-9　圆弧 $A \rightarrow B$ 的编程坐标系

3.2.2　线切割加工工艺指标

1. 切割速度

切割速度是指在保证一定表面精度的前提下，单位时间内能加工的面积总和（mm^2/min）。

$$v = s/t$$

式中　v——切割速度（mm^2/min）；

　　　s——面积总和（mm^2）；

　　　t——切割时间（min）。

切割速度的快慢主要取决于高频脉冲电源的性能与参数，工作液的性能及其他工艺参数对切割速度也有不同程度的影响。

2. 加工表面

加工表面质量是指加工后零件的表面状态。电火花线切割加工后的工件表面是由无数个放电凹坑组成的，通常无光泽。一般加工表面质量主要指表面粗糙度，国内常用轮廓算术平均偏差 Ra 来评定。加工表面质量主要取决于高频脉冲电源的性能与参数，当峰值电流一定时，脉宽越窄越能获得较高的表面质量，另外，走丝系统平稳性对表面加工质量也有较大影响。

3. 加工精度

加工精度是指切割后的工件，其实测尺寸相对于理想尺寸的偏差。它还包括几何形状偏差和位置偏差。它是反映机械传动精度、工件装夹精度、脉冲电源参数、电极丝直径误差以及电极丝抖动、工作液状态、操作者熟练程度的综合指标。

4. 电极丝损耗

电极丝损耗是指电极丝在切割工件一定面积后的电极丝直径的变化量。电极丝损耗主要是针对往返运丝的高速走丝线切割机床的，低速走丝的电极丝由于是一次性使用的，所以它

的电极丝损耗可以忽略。

3.3　切割轨迹设计与关键点坐标计算

如图 3-10 所示，参考切割轨迹 $A \rightarrow B \rightarrow$ 顺时针切割圆弧 $\rightarrow C$。

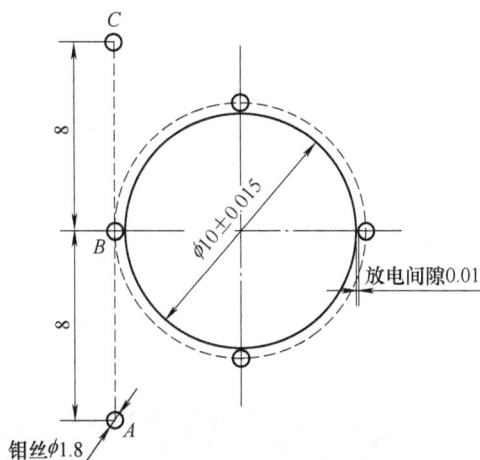

图 3-10　参考切割轨迹

假设钼丝直径为 0.18mm，单边放电间隙为 0.01mm，则各关键点的距离计算如下：

整圆轨迹直径 =0.09（钼丝半径）＋ 0.01mm（单边放电间隙）＋10mm（零件直径）
+0.01mm（单边放电间隙）＋0.09mm（钼丝半径）＝10.2mm

3.4　参考程序

直线 AB 段编程：BBB8000GYL2；

顺时针切割圆弧：B5100B0B20400GYSR2；

直线 BC 段编程：BBB8000GYL2。

3.5　上机操作

1. 校正电极丝垂直度

加工前必须校正电极丝垂直度，即电极丝找正。校正电极丝垂直度的主要方法有：

（1）目测火花校正　在生产实践中，大多采用目测火花校正的方法来调整电极丝的垂直度。如利用垂直找正块，或直接以工件的工作面为校正基准。目测电极丝与工具表面的火花是否上下一致，如图 3-11 所示。

1）保证工作台面和垂直找正块各面干净无损坏。

2）将垂直找正块底面靠实工作台面。

3）调小脉冲电源的电压和电流，使电极丝与工件接近时只产生微弱的放电，起动走

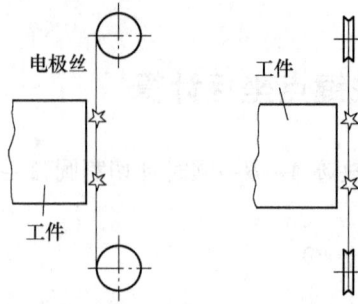

图 3-11 目测火花校正电极丝的垂直度

丝，打开高频。

4）在手动方式下，移动 X 轴和 Y 轴拖板，使电极丝接近垂直找正块，当它们之间的间隙足够小时，会产生放电火花。

5）手动调节上丝臂上的调节钮，移动小拖板，使找正器上下放电火花均匀一致，此时电极丝即找正，上丝臂与手动调节钮如图 3-12 所示。

图 3-12 上丝臂与手动调节钮

6）校正应分别在 X、Y 两个方向进行，而且重复 2 次或 3 次，以减少垂直误差，如图 3-13所示。

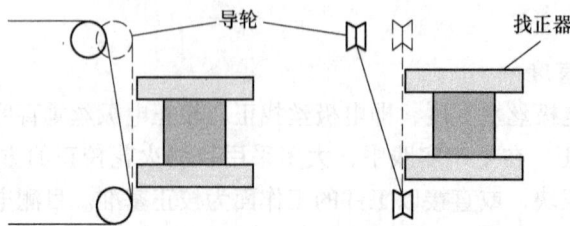

图 3-13 电极丝校正垂直度

注意：使用工件表面来碰火花时，放电的能量不要太大，否则会蚀伤工件表面。

（2）电子找正器校正

使用电子找正器校正，操作方法与目测火花校正基本相似，但不能开高频，不需要放电。调节上丝臂小拖板，使电极丝能同时接触电子找正器的上、下测量头，电子找正器的上下指示灯同时点亮。再换一个方向操作，并重复几次。如果在两个方向都能使上下指示灯同时点亮，就说明电极丝已垂直。图3-14所示是两种电子找正器示意图。

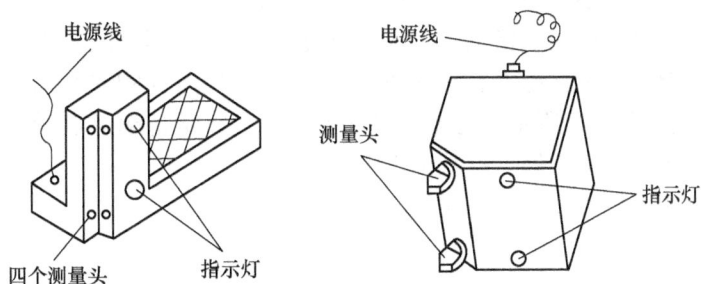

图3-14　电子找正器示意图

2. 对丝操作

装夹好工件，穿好电极丝，在加工零件前还必须进行对丝。对丝的目的，就是确定电极丝与工件的相对位置，把电极丝放到加工起点上，该点称为起丝点。对丝操作时，可以给电极丝加上比实际加工时大30%～50%的张力，并且在起动走丝的情况下进行操作。要对丝，就要进行找边操作。

（1）找边　找边也称为对边，就是让电极丝刚好停靠在工件的一个边上，如图3-15a所示。

找边操作既可以手动，也可以利用控制器的自动找边功能进行。

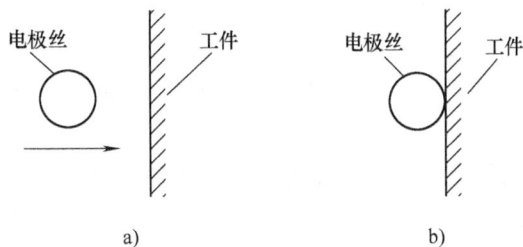

图3-15　找边

1）手动找边操作。将脉冲电源电压调到最小挡，电流调小，使电极丝与工件接触时，只产生微弱的放电。开启走丝，打开高频。根据找边的方向，摇动相应手轮，使电极丝靠近工件端面，即靠近要找的边，电极丝离工件远时，可摇快一些，快接近时要减速慢慢靠拢，直到刚好产生电火花，停止摇动手轮，找边结束。

注意：这时候电极丝的"中心"与工件的"边线"差一个电极丝半径的距离，参见图3-15b。

可见，手动找边是利用电极丝接触工件产生电火花来判断的。这种方法存在两个缺点，一是手工操作存在许多人为因素，误差较大；二是电火花会烧伤工件端面。克服这些缺点的办法就是采用自动找边。

2）自动找边操作。自动找边是利用电极丝与工件接触短路的检测功能进行的。

① 开启走丝，关闭高频脉冲。

② 摇动手轮，使电极丝接近工件，留约 2~3mm 的距离。

③ 单击控制器上的自动找边按钮，拖板自动移动，电极丝向工件端面慢慢靠拢。电极丝一旦接触工件，拖板就会立即停下，完成自动找边。

通过找边操作，就能确定电极丝与工件的位置关系，也就能把电极丝移到起丝点，从而完成对丝。对丝后起丝点位置通常有两种情况：在工件的边上和孔的中心。

（2）定中心　如图 3-16 所示，对于有穿丝孔的工件，常把起丝点设在圆孔的圆心，穿丝加工时，必须把丝移到圆心处，这就是定中心。

定中心是通过四次找边操作来完成的，如图 3-16 所示。

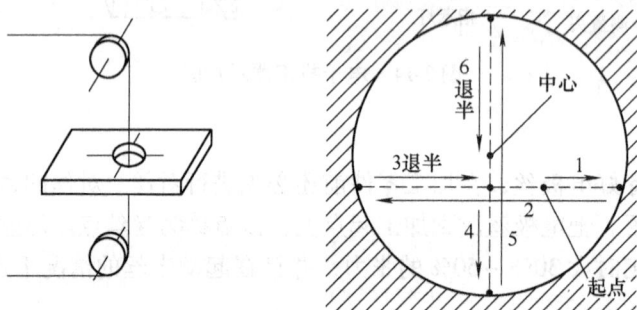

图 3-16　定中心

1）手动定中心。手动操作时，首先让电极丝在 X 轴（或 Y 轴）方向与孔壁接触，找第一个边，记下手轮刻度值，然后返回，向相反的对面孔壁接触，找到第二个边，观察手轮刻度值，计算距离，再返回到两壁距离一半的位置，接着在另一轴的方向进行上述过程，电极丝就可到达孔的中心。也可以把上述过程总结为"左右碰壁回一半，前后碰壁退一半"。

2）自动定中心。关闭高频脉冲，起动走丝，操作控制器使之启动自动找中心功能，开始自动找中心。拖板的运动过程与手动操作是一样的，只不过找边后，它自动反向，自动计算，自动回退一半的距离。找到中心后自动结束。

（3）起丝点在端面的对丝　假设起丝点在图 3-17 所示的位置。注意起丝点距上面一边的距离为 15mm，下面则重点介绍这个"15mm"如何保证。

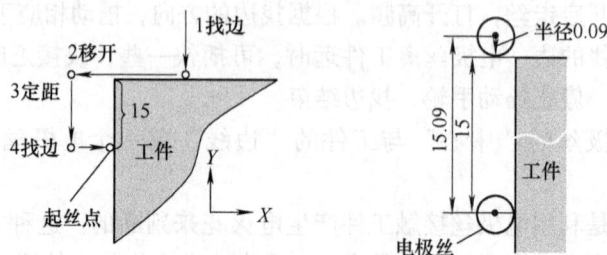

图 3-17　手工对丝

1）在上方找边。找到边后，松开 Y 轴手轮上的锁紧螺钉，保持手轮手柄不动，转动刻度盘，使刻线 0 对准基线，锁紧刻度盘，这时刻度盘就从 0 刻值开始计数。这步操作叫做对零。

2）摇动 X 轴手轮使电极丝离开工件。

3）用 Y 轴手轮或控制器移动工作台。这一步要使电极丝位置满足"15mm"的距离要求。此时必须考虑电极丝的半径补偿。假设电极丝半径为 0.09mm，那么实际要走 15.09mm，即多走一个电极丝半径的距离。提示：电极丝直径可用千分尺对其测量。

4）按此距离向起丝点找边定位，就可到达起丝点。

3. 程序输入及校验

由于程序较短，可采用手工输入方法将加工程序输入至控制器，并作逐段校验。

4. 工件毛坯装夹

如图 3-18 所示，采用悬臂式支撑方法将工件毛坯装夹在机床工作台上。装夹基本要求同 2.5 中 5.。

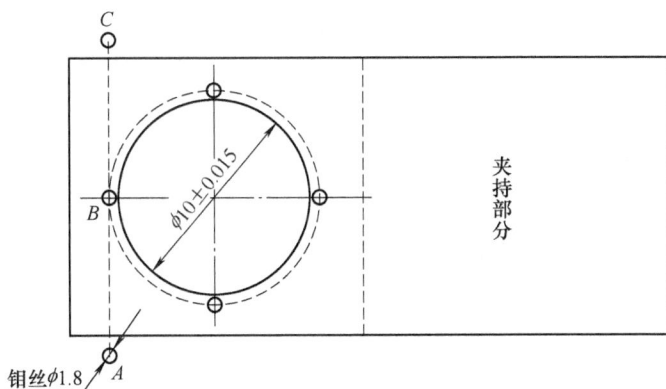

图 3-18 工件毛坯装夹

5. 切割加工与工件检验

检查机床的加工参数是否合适，并将其记录在表 3-1 中，观测切割的轮廓是否正确，以便作适当调整。

当切割至 3/4 圆时，工件与毛坯间的连接强度下降，易引起工件偏斜，影响切割加工质量，因此应采用磁铁或 502 胶水对工件作适当固定。

加工完毕，将工件取下，清洗干净，然后用 0~25mm 的千分尺测量相关尺寸，并将结果填写在表 3-1 中。

巩固练习

1. 圆弧编程加工指令（Z）共有几种指令？如何表示？
2. 线切割加工工艺指标有哪些？
3. 简单叙述一下校正电极丝垂直度的方法。
4. 简单叙述一下对丝操作的方法。

5. 图 3-19 所示零件要求在高速走丝线切割机床上加工，采用的电极丝为钼丝，其直径 d 为 0.18mm，单面放电间隙 $\delta = 0.01$mm，试用 3B 格式编制加工程序（图中的虚线表示已包含补偿值的轮廓轨迹）。

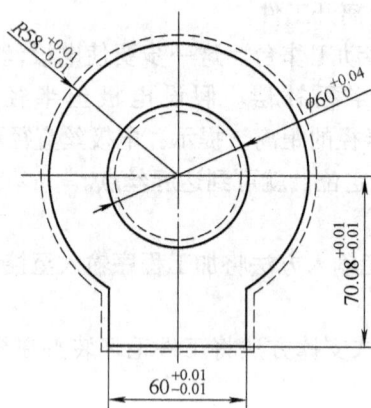

图 3-19 零件图

任务 4 CAXA 线切割 XP 绘图模块训练

学习指南

1. 掌握 CAXA 系统的基本操作方法。
2. 掌握 5 种直线绘制的方法。
3. 灵活应用 6 种圆弧绘制技巧。
4. 掌握整圆、矩形的绘图方法。
5. 熟练运用轮廓线、样条线、等距线的使用技巧。
6. 在作图过程中能使用各种辅助作图工具，如智能导航、捕捉、网格等。

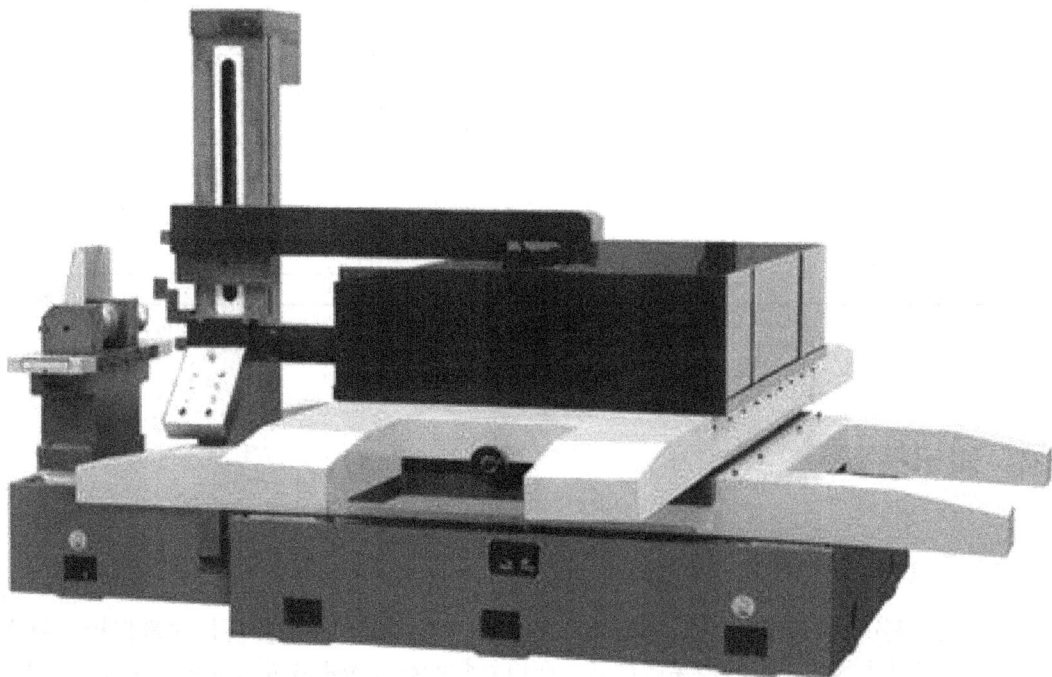

4.1 角度样板绘制任务书

角度样板是线切割加工中最常见、最基本的加工零件，试绘制图 4-1 所示的车刀对刀角度样板。

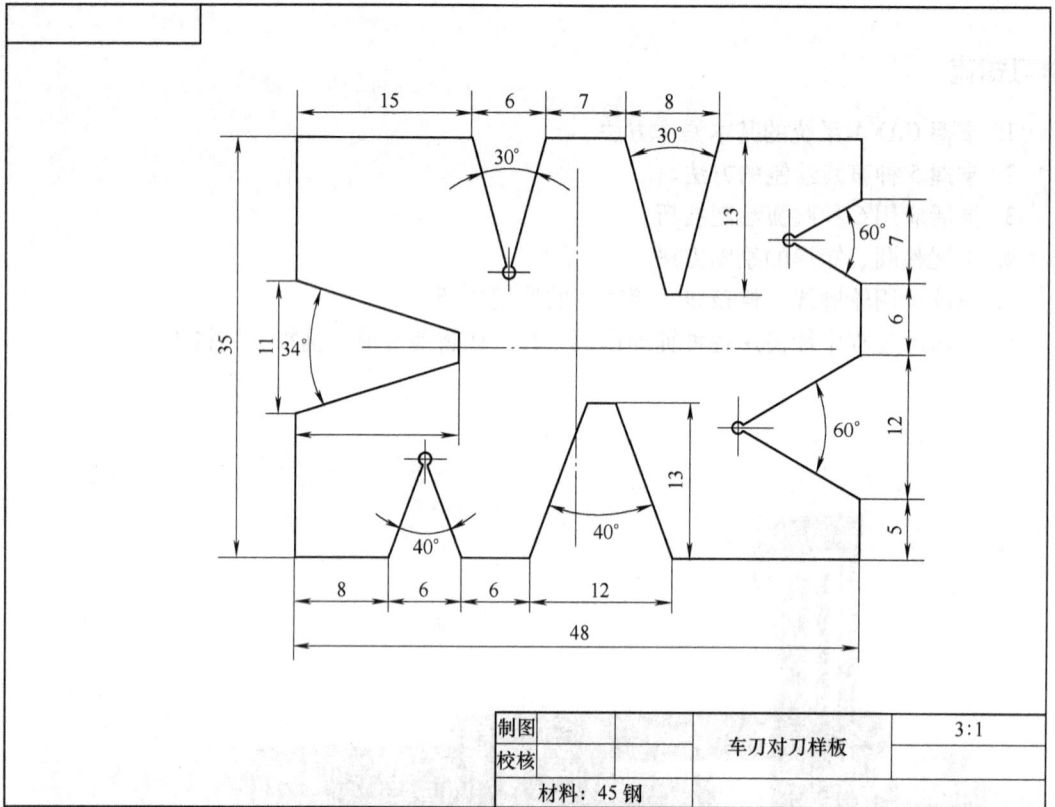

图 4-1 车刀对刀角度样板

4.2 知识摘要

4.2.1 CAD/CAM 简介

当今线切割技术朝着现代化、智能化方向发展，线切割行业中的科技含量将越来越高，计算机在该领域中的应用也将越来越广泛，所以在掌握好传统电火花线切割加工技术的前提下，很有必要接触一下当前先进的设计制造技术。

CAD：计算机辅助设计，Computer Aid Design。CAD 解决的是设计问题和零件几何造型问题。

CAM：计算机辅助制造，Computer Aid Manufacturing。CAM 解决的是制造问题，即如何把 CAD 零件模型通过数控机床加工出来。

由此可见，在 CAD 中建立模型是 CAM 的基础。

1. CAD 的分类及特点

CAD 主要有两大类：

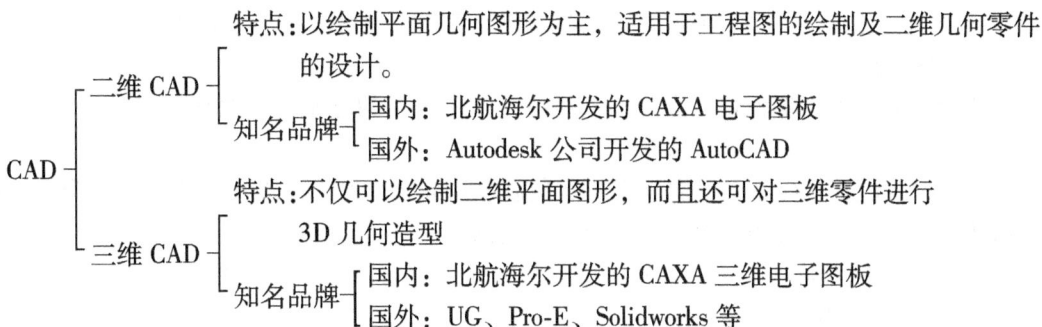

CAD
- 二维 CAD
  - 特点：以绘制平面几何图形为主，适用于工程图的绘制及二维几何零件的设计。
  - 知名品牌
    - 国内：北航海尔开发的 CAXA 电子图板
    - 国外：Autodesk 公司开发的 AutoCAD
- 三维 CAD
  - 特点：不仅可以绘制二维平面图形，而且还可对三维零件进行 3D 几何造型
  - 知名品牌
    - 国内：北航海尔开发的 CAXA 三维电子图板
    - 国外：UG、Pro-E、Solidworks 等

2. CAM 的工作原理

（1）从数控编程说起　数控机床的编程有两种手段，一种是手工编程，另一种是计算机编程。其中计算机编程是计算机辅助制造的主要内容。

1）手工编程的步骤：工艺路径→计算刀具路径上各关键点坐标→根据坐标值把刀具路径编成数控程序→通过键盘将程序输入到数控机床上。

2）计算机编程的步骤：在 CAD 建模的基础上给出其工艺路径→通过 CAM 软件自动生成数控程序→由计算机通过通信电缆将程序送到数控机床上。

（2）手工编程与计算机编程的特点

1）手工编程：由于计算刀具路径坐标值和键盘输入程序这两个步骤很繁琐，很容易出错，且需要大量的时间去检查程序，所以手工编程只适用于一些简单零件的加工，对一些复杂零件的加工甚至会根本没有办法的。

2）计算机编程：操作简单，程序由计算机自动生成，并由计算机负责传输到数控机床上，所以可以省去大量的编程计算时间和检查程序时间，大大提高了生产率，适用于一些复杂零件的加工，但计算机编程软件一般较昂贵。

（3）CAM 的作用及主要知名品牌

在 CAD 中建立的模型通过 CAM 系统自动产生控制程序，进行加工仿真，再将程序自动传输到数控机床上。这就是 CAM 的作用。

目前 CAM 的软件品牌很多，就线切割的 CAM 软件而言，国内有 CAXA 线切割、Autop 等，国外的有 UG、Mastercam、Cimatron 等。

4. 2. 2　CAXA 线切割 XP 的基本操作

1. 命令的执行

CAXA 线切割系统设置了鼠标和键盘两种输入方式，两种输入方式各有特点，操作者应熟练掌握两种方式并行输入，以达到最佳的输入效率。

（1）鼠标选择

1）单击：根据屏幕显示出来的状态或提示，移动鼠标以选择所需的菜单或工具栏按钮，然后单击鼠标左键的过程。由于菜单与工具栏均比较直观，且方便、形象，无需花时间去记忆繁琐的键盘命令，因此十分适合于初学者使用。

2）右击：即单击鼠标右键。右击鼠标可实现右键菜单的弹出、确认拾取、终止当前命令、重复上一条命令等操作。

（2）键盘输入　键盘输入方式是由键盘直接键入命令或数据。实践证明，键盘输入的效率要比鼠标选择高得多，但键盘输入需要操作者必须熟练掌握和熟记各条指令。

2. 点的输入

点是最基本的图形元素，点的输入是各种绘图操作的基础。在操作过程中，力求简单、迅速、准确。

CAXA 线切割系统除了提供常用的键盘输入和鼠标单击的方式外，还设置了若干种点的捕捉方式。例如：智能点的捕捉、工具点的捕捉等。

（1）利用键盘输入　点在屏幕上的坐标有绝对坐标和相对坐标两种方式，它们在输入方法上是完全不同的。

1）绝对坐标输入。

绝对坐标是以坐标原点为基准的，屏幕上的每个点均是相对原点而言的。点的绝对坐标输入是直接通过键盘输入 X、Y 轴的坐标值，但 X、Y 轴的坐标值之间必须用逗号隔开。例如：（9，45），（-50，0.27）等。

图 4-2 所示的三个点坐标：

P1 点的坐标为（10，10）；

P2 点的坐标为（50，50）；

P3 点的坐标为（90，10）。

2）相对坐标的输入。

与绝对坐标不同，相对坐标是相对于系统当前点的坐标，与坐标系统的原点无关。输入时，为了区分不同性质的坐标，系统对相对坐标的输入方式

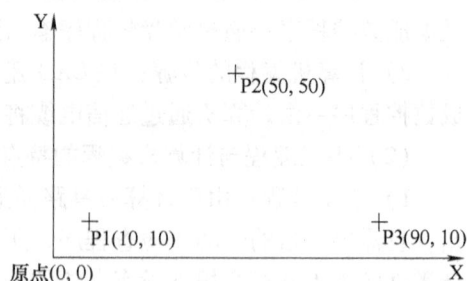

图 4-2　点坐标示意图

作了如下规定：输入相对坐标时，必须在第一个数值前面加上一个符号@，以表示相对输入。对于图 4-2 中三点：

若系统当前点的坐标为 P1 点，则 P2 点的相对坐标为（@40，40）；P3 点的相对坐标为（@80，0）。

若系统当前点的坐标为 P2 点，则 P1 点的相对坐标为（@-40，-40）；P3 点的相对坐标为（@40，-40）。

若系统当前点的坐标为 P3 点，则 P1 点的相对坐标为（@-80，0）；P2 点的相对坐标为（@-40，40）。

另外相对坐标也可以用极坐标的方式表示。例如（@60＜15）表示输入一个相对于当前点的极坐标，相对当前点的极坐标为 60，半径与 X 轴的逆时针角度为 15°。

（2）利用鼠标输入　鼠标输入点的坐标就是通过移动十字光标选择输入点的位置，然后单击，即可输入该点坐标。鼠标输入的点都是绝对坐标。用鼠标输入点时应一边移动十字光标，一边观察屏幕状态栏的坐标显示数字的变化，以最快的速度准确地确定待输入点的位置。

鼠标输入方式与工具点捕捉配合使用可以准确地定位特征点。如端点、切点、垂足点等。用 F6 键可以进行捕捉方式的切换。

（3）工具点的捕捉　所谓工具点就是在作图过程中具有几何特征的点，如端点、中点、

圆心点等。工具点的捕捉是利用鼠标捕捉工具菜单中的某个特征点。进入作图命令后，如需要捕捉特征点，则只要按下空格键，即在屏幕上弹出工具点菜单，如图4-3所示。

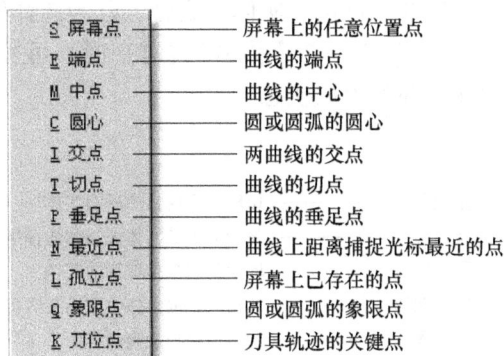

S 屏幕点	—— 屏幕上的任意位置点
E 端点	—— 曲线的端点
M 中点	—— 曲线的中心
C 圆心	—— 圆或圆弧的圆心
I 交点	—— 两曲线的交点
T 切点	—— 曲线的切点
P 垂足点	—— 曲线的垂足点
N 最近点	—— 曲线上距离捕捉光标最近的点
L 孤立点	—— 屏幕上已存在的点
Q 象限点	—— 圆或圆弧的象限点
K 刀位点	—— 刀具轨迹的关键点

图4-3　工具点捕捉菜单

工具点默认的捕捉状态为【屏幕点】，作图时拾取了其他点的捕捉方式，即在状态栏提示区右下角工具点状态栏中显示出当前工具点捕捉的状态。但这种点的捕获一次有效，用完后立即自动回到【屏幕点】状态。

工具点捕捉状态的改变，也可以不用工具点菜单的弹出与拾取，用户在输入点状态的提示下，可直接按相应的键盘字符来进行切换。如按 E 代表设置当前捕捉方式为【端点】捕捉，按 M 代表设置当前捕捉方式为【中点】捕捉等。

在使用工具点捕捉时，捕捉框大小的设置，可单击主菜单【设置】→【拾取设置】，在弹出的【拾取设置】对话框中预先设定。当使用工具点捕捉时，其他设定的捕捉方式暂时被取消，这就是工具点捕获优先原则。

如图4-4所示，用直线命令绘制两圆的公切线，并利用工具点捕捉进行作图，其操作步骤如下：

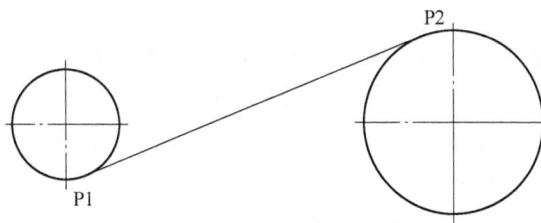

图4-4　圆的公切线示意图

1）单击主菜单【绘制】→【基本曲线】→【直线】。

2）当系统提示【第一点】时，按空格键，在弹出的工具点菜单中选【切点】，然后在 P1 点附近的圆上任意拾取，即可捕获切点 P1。

3）当系统提示【第二点】时，按空格键，在弹出的工具点捕捉菜单中选择【切点】，然后在 P2 点附近的圆上任意拾取，即可捕捉切点 P2。

3. 拾取操作

绘图时所用的直线、圆弧、块或图符等图素，在交互软件中称为实体。每个实体都有其相对应的绘图命令。在 CAXA – WEMD/V2 系统中的实体类型主要有点、直线、圆、圆弧、椭圆、块、剖面线、尺寸等。拾取实体，其目的就是根据作图的需要在已经画好的图形中，选取作图所需的某个或某几个实体。已选中实体的集合，称为选择集。当交互操作处于拾取状态（工具菜单提示出现【添加状态】或【移出状态】）时，可按空格键，在弹出的拾取菜单中选择拾取特征，以改变当前的拾取状态。

系统的拾取菜单如图 4-5 所示。

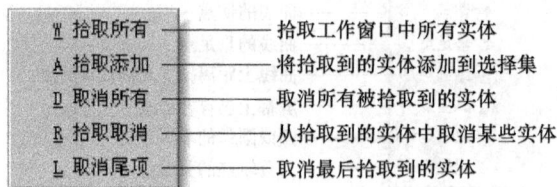

图 4-5　实体拾取菜单

（1）拾取所有　拾取所有就是拾取图面上所有的实体。但系统规定，在所有被拾取的实体中，不应含有拾取设置中被过滤掉的实体或被关闭图层中的实体。

（2）拾取添加　指定系统为拾取添加状态，此后拾取到的实体，将放到选择集中（拾取操作有【添加状态】和【移出状态】两种状态）。

（3）取消所有　所谓取消所有，就是取消所有被拾取到的实体。

（4）拾取取消　拾取取消的操作就是从拾取到的实体中取消某些实体。

（5）取消尾项　执行本项操作可以取消最后拾取到的实体。

上述几种拾取实体的操作，都是通过鼠标来完成的，也就是说，通过移动鼠标的十字光标，将其交叉点或拾取盒对准待选择的某个实体，然后按下鼠标左键，即可完成拾取操作。被拾取的实体呈拾取加亮颜色的显示状态（默认状态为红色），从而与其他实体区别开来。

4. 鼠标操作

CAXA 线切割系统提供了面向对象的功能，即用户可以先拾取操作的对象（实体），而后选择命令，进行相应的操作。该功能主要适用于一些常用的命令操作，可以提高交互速度，尽量减少作图中的菜单操作，使界面更为友好。

在无命令执行状态下，用鼠标左键或窗口拾取实体，被选中的实体将变成拾取加亮颜色（默认为红色）。系统认为被选中的实体为操作对象，此时按下鼠标右键，则弹出相应的命令菜单（见图 4-6）单击菜单项，这时将对选中的实体进行相应的操作。拾取不同的实体（或实体组）将会弹出不同的功能菜单。

5. 计算功能的操作

CAXA-WEDM/V2 具有计算功能，它不仅能进行加、减、乘、除、平方、开方和三角函数等常用数值计算，还能完成复杂表达式的计算。

例如：108/91 +（78 +11）/5；

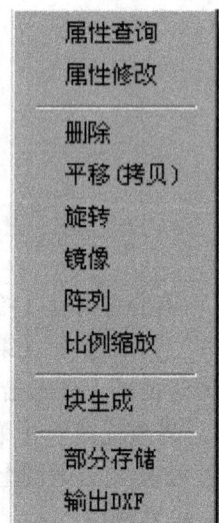

图 4-6　右键直接操作菜单

sqrt （34）；

sin （60 * 3. 14159/180）；

…

6. 常用键和功能键

CAXA-WEDM/V2 系统设置了若干个快捷键。其功能是利用这些键迅速激活相对应的功能，以加快操作速度。

（1）常用键

1）方向键（↑↓→←）：在文本框中用于移动光标的位置，其他情况下用于显示平移图形。

2）PageUp 键：显示放大。

3）PageDown 键：显示缩小。

4）Home 键：在文本框中用于将光标移至行首，其他情况下用于显示复原。

5）End 键：在文本框中用于将光标移至行尾。

6）Delete 键：删除。

7）Shift + 鼠标左键：动态平移。

8）Shift + 鼠标右键：动态缩放。

（2）功能键 功能键又称功能热键，使用每一个功能键都可以完成某种预定的操作。

1）F1 键：请求系统帮助。如果在执行任何一种操作的过程中，遇到困难，要求得系统帮助，则可按此键。系统会列出与该操作相关的技术内容，指导完成该项操作。在了解正确的操作方法后，可关闭帮助信息，继续进行正常的操作。

2）F2 键：拖画时，切换动态拖动值和坐标值。

3）F3 键：显示全部。

4）F4 键：指定一个当前点作为参考点。用于相对坐标的输入。

5）F5 键：当前坐标系切换开关，它的功能是进行坐标系的切换，一般情况下，都是在世界坐标系中进行操作的。如果建立了用户坐标系（也称局部坐标系），则可以使用 F5 键进行切换。但应注意，只有在建立了用户坐标系后，F5 键才能起作用，否则按 F5 键后，系统无任何反应。

6）F6 键：点捕捉方式切换开关，它的功能是进行捕捉方式的切换。CAXA 线切割 XP 设置了自由捕捉、智能捕捉、栅格捕捉以及导航捕捉等四种不同的点捕捉方式。使用 F6 键可以进行交替切换。

7）F7 键：三视图导航开关。

8）F8 键：鹰眼开关。

9）F9 键：显示工具条开关。

4. 2. 3 绘制直线

（1）功能说明 直线是构成图形的基本要素之一，为了尽可能适应各种情况下直线的绘制，CAXA-WEDM/V2 提供了两点线、平行线、角度线、角等分线和切线/法线 5 种绘制方式。

（2）键盘命令 LINE。

（3）操作参数说明 单击主菜单【绘制】→【基本曲线】→【直线】。系统弹出直线立即菜单。如图 4-7 所示。单击立即菜单【1:】，在立即菜单的上方弹出 5 种直线绘制类型的选项菜单。

1）两点线。即已知两点可以确定一条直线。当在立即菜单【1:】中选择【两点线】方式后，直线立即菜单如图 4-7 所示。

单击立即菜单【2:】，则可以修改该项内容为【连续】或【单个】，其中【连续】表示每段直线相互连接，前一直线段的终点为下一直线段的起点，而【单个】是指每次绘制的直线段相互独立，互不相关。

单击立即菜单【3:】，则可修改该项内容为【非正交】或【正交】。所谓"正交线段"就是指与坐标轴平行的线段。

例：用相对坐标和极坐标绘制一个边长为 50mm 的五角星，如图 4-8 所示。

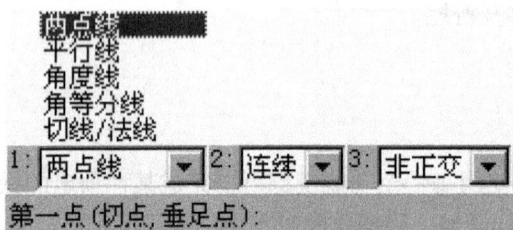

图 4-7　直线立即菜单

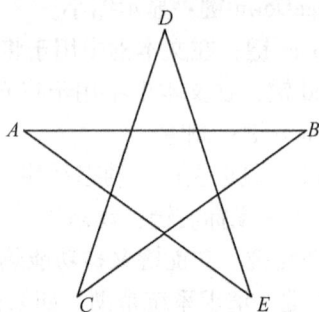

图 4-8　五角星图

操作步骤：

① 单击【绘制工具】工具栏中的【基本曲线】按钮 ，在弹出的【基本曲线】工具栏中单击 （直线）。

② 设置直线立即菜单为 ¹ 两点线 ² 连续 ³ 非正交

③ 输入第 1 点坐标（0, 0），即 A 点，回车。

④ 输入第 2 点坐标（@50, 0），这是 B 点相对于 A 点的相对坐标，回车确认，以完成 AB 直线的绘制。

⑤ 输入第 3 点坐标（@50 < -144），回车。这是 C 点相对于 B 点的极坐标，完成 BC 直线的绘制。

⑥ 输入第 4 点坐标（@50 <72），回车，完成 CD 直线的绘制。

⑦ 输入第 5 点（@50 < -72），回车，完成 DE 直线的绘制。

⑧ 输入坐标（0, 0），回车，回到 A 点，完成 EA 直线的绘制。

⑨ 右击，结束直线绘制命令，五角星绘制完成。

2）平行线。平行线是按给定的条件来绘制与已知线段相平行的直线段。当采用平行线方式绘制直线后，直线的立即菜单翻转为平行线立即菜单，如图 4-9 所示。

图 4-9　平行线立即菜单

立即菜单【2:】的内容有【偏移方式】和【两点方式】两个选项。

① 偏移方式。偏移方式是按给定的距离绘制与已知线段平行且长度相等的单向或双向平行线段。单击立即菜单【3:】可选择【单向】或【双向】。若选择【双向】,则根据输入的距离值画出与已知线段平行且长度相等的双向平行直线段。若选择【单向】,则系统会根据光标所在的位置来判断直线平行的方向。

② 两点方式。两点方式绘制平行线的立即菜单如图 4-10 所示。

图 4-10 两点方式绘制平行线的立即菜单

两点方式是以给定点为起点来绘制与已知直线平行的线段,而该直线的终点有【到点】和【到线上】两种方式。

例:试用平行线绘图的方法对图 4-11 所示的平行四边形进行绘制。

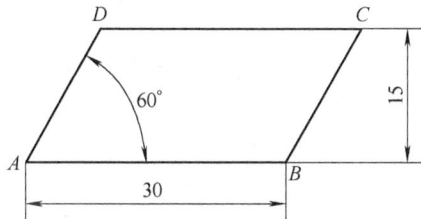

图 4-11 平行四边形

操作步骤:

① 单击【绘制工具】工具栏中的【基本曲线】按钮 ,在弹出的【基本曲线】工具栏中单击 (直线)。

② 设置直线立即菜单为 。

③ 输入第 1 点坐标 (0,0),即 A 点,回车。

④ 输入第 2 点坐标 (30,0),回车确认,以完成 AB 直线的绘制。

⑤ 输入第 3 点坐标 (@30<60),回车,完成直线 1 的绘制。

⑥ 设置直线立即菜单为 。

⑦ 拾取 AB 直线,状态栏提示变为 。

⑧ 然后将光标移至 AB 直线的上方,输入距离 15,回车。完成平行直线 2 的绘制(见图 4-12)。

⑨ 设置直线立即菜单为 。

⑩ 拾取直线 1,然后用工具点捕捉 A 点,再单击直线 2,即可完成 AD 直线的绘制。如图 4-13所示,最后用曲线编辑命令对图中的直线进行延伸、裁剪处理。

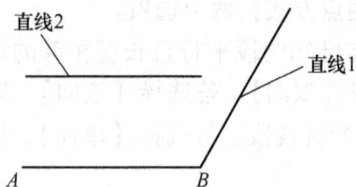

图 4-12　直线 2 的绘制　　　　　　　图 4-13　完成平行线操作的图形

3）角度线。画角度线是根据给定的角度和长度来绘制一条与选定直线成给定角度的直线。

设置立即菜单【1：】为【角度线】后，系统翻转直线立即菜单的内容如图 4-14 所示。

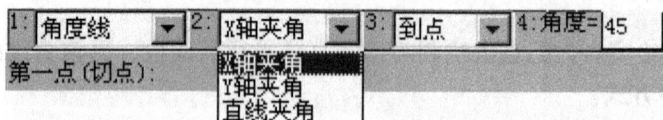

图 4-14　角度线立即菜单

立即菜单【2：】有三个选项，分别是【X 轴夹角】、【Y 轴夹角】和【直线夹角】。【X 轴夹角】选项表示要画的直线和 X 轴成给定度数的角度。【Y 轴夹角】选项则表示角度线是相对于 Y 轴成给定度数的角度。若选择【直线夹角】选项，则表示所画的直线与已知直线段成给定度数的角度，此时系统在状态栏提示"拾取直线："，待拾取已知直线段后，再输入相应的参数即可完成角度线的绘制。

单击立即菜单【3：】可以修改其选项内容为【到点】或【到线上】。若选择【到点】，则需输入角度线的终点；若选择【到线上】，则指定终点的位置是在选定直线上，此时系统在状态栏提示"选定所到的曲线"。

立即菜单【4：角度】是要求输入所需角度值。其取值范围是 - 360 ~ 360。

例：试绘制一条与 Y 轴成 - 30°，长度为 60 的一条角度线，如图 4-15 所示。

操作步骤：

① 单击主菜单【绘制】→【基本曲线】→【直线】。

② 设置直线立即菜单为：

③ 输入第 1 点坐标（0, 0），回车。

④ 输入角度线长度 60，回车，角度线绘制完毕。

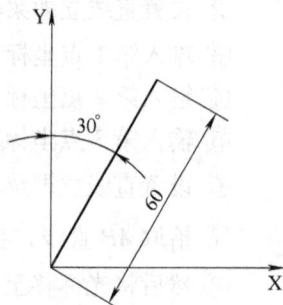

图 4-15　角度线绘制实例

4）角等分线。画角等分线是根据给定等分份数、给定长度，画条直线段将一个角等分。将立即菜单【1：】中选择【角等分线】，立即菜单翻转为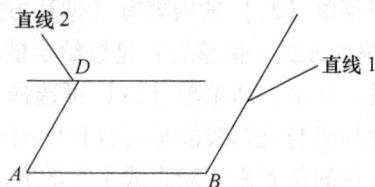

这时，立即菜单【2：份数 =】是要求输入所需等分的份数值。立即菜单【3：长度 =】是要求输入等分线的长度值。

例：试将 70°的角等分为 4 份，等分长度为 80，如图 4-16 所示。

图 4-16　等分线操作实例

操作步骤:

① 单击主菜单【绘制】→【基本曲线】→【直线】。

② 设置立即菜单为

③ 系统提示【拾取第一条直线】,此时选择 70°角的一条边。

④ 此时又提示【拾取第二条直线】,选择 70°角的另一条边,系统自动将 70°角等分为 4 份。

5）切线/法线。画切线/法线是过给定点作已知曲线的切线或法线。

选择以切线/法线方法画直线后,系统翻转直线立即菜单的内容如图 4-17 所示。

图 4-17　切线/法线立即菜单

这时,立即菜单【2:】是要求确定要绘制的是切线还是法线。立即菜单【3:】的内容有【对称】和【非对称】两个选项。【非对称】选项是指所选择的第 1 点为所要绘制直线的一个端点,第 2 点为所绘直线的另一端点,如图 4-18a 所示。

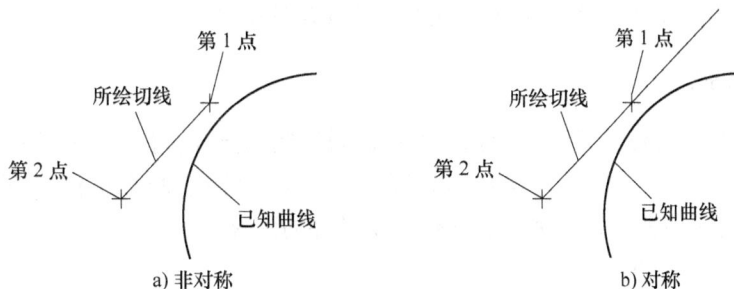

图 4-18　对称与非对称作法的比较

【对称】选项是指选择的第 1 点为所要绘制直线的中点,第 2 点为直线的一个端点,如图 4-18b 所示。

单击立即菜单【4:】可以选择所绘制的直线是到某条线上还是到某点上。确定立即菜单的各选项参数后,系统上在状态栏上提示"拾取曲线:"。此时,用鼠标选择一条已知的曲线,选中后,该曲线呈红色显示,状态栏又提示【输入点:】,输入第 1 点位置,状态栏的提示更新为【第 2 点（切点）或长度:】,移动鼠标,一条过第 1 点与已知曲线相切或垂直的直线段即生成,其长度可由数值或另外一条曲线所决定。

例：试绘制图 4-19 所示的法线、切线（*CD*）。

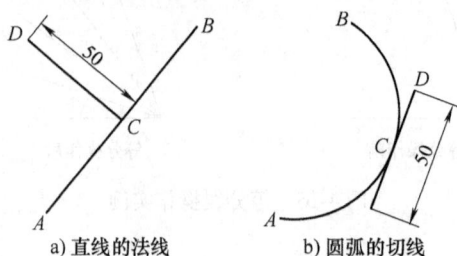

a) 直线的法线　　　　b) 圆弧的切线

图 4-19　法线绘制实例

操作步骤：

绘制直线的法线：

① 在无命令状态下，输入 L，回车。

② 设置直线立即菜单为 ┃1:┃切线/法线 ▼┃2:┃法线 ▼┃3:┃非对称 ▼┃4:┃到点 ▼┃

③ 系统提示"拾取曲线："，此时用鼠标单击直线 AB。

④ 系统又提示【输入点：】，按空格键，在弹出的工具点捕捉菜单中选择【中点】，然后单击 *AB* 直线。

⑤ 输入 *CD* 法线的长度 50，回车。完成法线 *CD* 的绘制。

绘制圆弧的切线：

① 单击主菜单【绘制】→【基本曲线】→【直线】

② 设置立即菜单为 ┃1:┃切线/法线 ▼┃2:┃切线 ▼┃3:┃对称 ▼┃4:┃到点 ▼┃

③ 拾取圆弧 *AB*，以确定所作切线的对象。

④ 按字母 *M*，再单击圆弧 *AB*，系统捕捉到 *AB* 弧的中点 *C*。

⑤ 输入切线的长度值：50，回车。完成切线 *CD* 的绘制。

4.2.4　绘制圆弧

（1）功能说明　CAXA 线切割提供了 6 种圆弧绘制的方式，【三点圆弧】、【圆心_起点_圆心角】、【两点_半径】、【圆心_半径_起终角】、【起点_终点_圆心角】、【起点_半径_起终角】。灵活运用这 6 种方式，能够绘制任何已知条件的圆弧。

（2）键盘命令：ARC。

（3）操作参数说明　单击主菜单【绘制】→【基本曲线】→【圆弧】，系统弹出圆弧的立即菜单，如图 4-20 所示。单击立即菜单【1:】，弹出 6 种圆弧绘制方式的选项菜单。

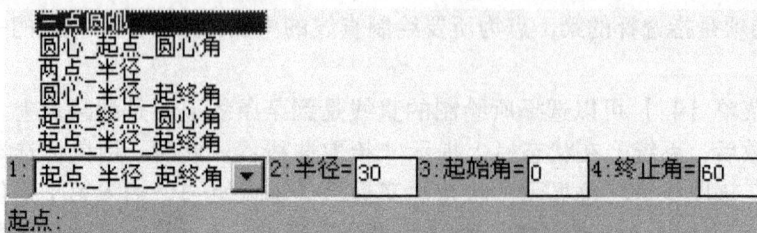

图 4-20　圆弧立即菜单

1）三点圆弧。即过三点画圆弧，其中第 1 点为起点；第 2 点决定圆弧的位置和方向；第 3 点为终点。选中【1：三点圆弧】后，按系统提示，输入第 1 点和第 2 点，与此同时，一条过第 1 点、第 2 点及光标所在位置的三点圆弧显示在工作区。确定第 3 点的位置，圆弧绘制完成。

例：作过三点画一条弧，如图 4-21 所示。

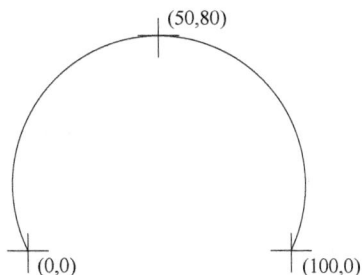

图 4-21　三点圆弧绘制实例

操作步骤：

① 单击主菜单【绘制】→【基本曲线】→【圆弧】

② 设置立即菜单【1：】为【三点圆弧】。

③ 当系统提示第 1 点时，输入起点坐标（0，0），回车。

④ 当系统提示第 2 点时，输入坐标（50，80），回车。

⑤ 当系统提示输入第 3 点时，输入终点坐标（100，0），回车。该圆弧绘制完成。

2）圆心_起点_圆心角。已知圆心、起点及圆心角或终点，则可选用该方式绘制圆弧。按要求输入圆心和圆弧起点后，系统提示又变为【圆心角或终点（切点）】，输入一个圆心角角度或输入终点坐标，该圆弧则被确定绘出。

例：试绘制图 4-22 所示的圆弧 AB。

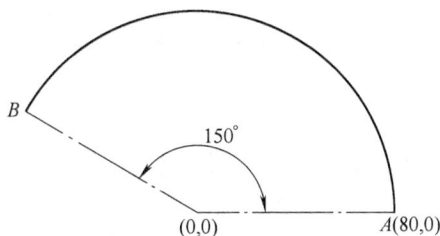

图 4-22　圆心_起点_圆心角圆弧绘制实例

操作步骤：

① 在无命令状态下，输入字母 A，回车。

② 设置立即菜单【1：】为【圆心-起点-圆心角】。

③ 输入第 1 点坐标：（0，0），回车。

④ 输入第 2 点坐标：（80，0），回车。

⑤ 输入圆心角 150，回车，该图弧则绘制完成。

3）两点_半径。已知起点、终点及圆弧半径画圆弧，将立即菜单【1：】修改为【圆心_

半径】，输入第 1 点和第 2 点后，系统提示变为【第三点或半径】，此时，输入一个半径值，则系统首先根据十字光标当前的位置判断绘制圆弧的方向，判定规则如下：十字光标当前位置处在第 1、2 两点所在直线的哪一侧，则圆弧就绘制在哪一侧，如图 4-23 所示。

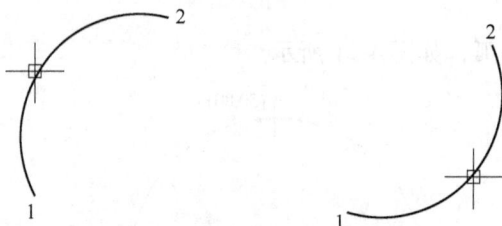

图 4-23　两点_半径绘制圆弧

若 1 和 2 两点位置相同，则可能由于光标位置的不同，绘出两种不同方向的圆弧。如果在输入第 2 点以后移动鼠标，则可能在工作区出现一段由输入的两点及光标所在位置点构成的三点圆弧，移动鼠标，圆弧也随之改变，但在确定圆弧大小或输入半径后，单击，即结束绘弧操作。

例：试作圆 A 和圆 B 的两切弧，如图 4-24 所示。

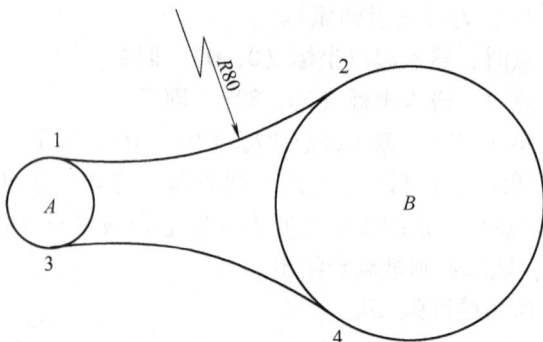

图 4-24　两点_半径绘弧实例

操作步骤：

① 单击主菜单【绘制】→【基本曲线】→【圆弧】。

② 设置立即菜单【1：】为【圆心_半径】。

③ 按空格键，在弹出的工具点捕捉菜单中选择【切点】，然后在圆 A 上 1 点的附近单击，则系统自动捕捉到圆 A 的切点 1。

④ 按字母 T，将当前工具点的捕捉方式设置为【切点】，接着在圆 B 上 2 点的附近单击，系统自动捕捉到圆 B 的切点 2。

⑤ 移动鼠标使圆弧内凹，再键入半径 80，回车，完成 1、2 切弧的绘制。

⑥ 同理，可完成了 3、4 切弧的绘制。

4）圆心_半径_起终角。设置立即菜单【1：】为【圆心-半径-起终角】后，系统的立即菜单翻转为

单击立即菜单【2：半径】，可在"输入实数"文本框中键入圆弧的半径值。

立即菜单【3：】和【4：】可输入圆弧的起始角和终止角的数值。其范围为 $-360 \sim 360$。

注意：起始角和终止角均是从 X 正半轴开始，逆时针旋转为正，顺时针旋转为负。

例：已知 *AB* 圆弧的尺寸参数（见图 4-25），试绘制该圆弧。

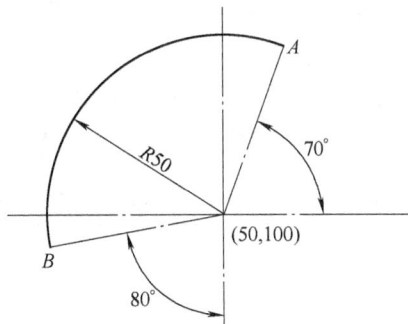

图 4-25　圆心_半径_起终角绘图实例

操作步骤：

① 在无命令状态下，键入字母 *A*，回车。

② 设置立即菜单【1：】为【圆心_半径_起终角】。

③ 单击立即菜单【2：半径】，在弹出的"输入实数"文本框中输入半径 50，回车。

④ 单击立即菜单【3：】，然后输入起始角 70。

⑤ 单击立即菜单【4：】，输入终止角 190。设置完毕的立即菜单如图 4-26 所示。

图 4-26　设置完毕的立即菜单

⑥ 输入圆心坐标（50，100），回车。圆弧 *AB* 绘制完毕。

5）起点_终点_圆心角。设置立即菜单【1：】为【起点_终点_圆心角】后，圆弧立即菜单翻转为：

单击立即菜单【2：圆心角】，可根据系统提示输入圆心角的数值，范围为 $-360 \sim 360$，其中负角表示从起点到终点按顺时针方向作圆弧，而正角是从起点到终点逆时针作圆弧。待确定好圆心角后，根据系统提示输入起点和终点，即可完成圆弧的绘制。

例：如图 4-27 所示的圆弧，其圆心角为 160°。

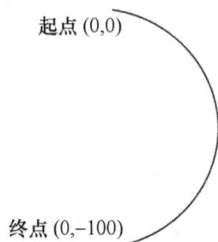

图 4-27　"起点_终点_圆心角"圆弧绘制实例

操作步骤：

① 单击主菜单【绘制】→【基本曲线】→【圆弧】。

② 选择立即菜单【1：】为【起点_终点_圆心角】。

③ 在立即菜单【2：圆心角 =】中输入 – 160，此时立即菜单翻转为：

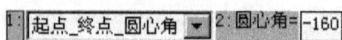

④ 输入起点坐标（0，0），回车。

⑤ 输入终点坐标（0，– 100），回车，圆弧绘制完毕。

6）起点_半径_起终角。起点_半径_起终角的圆弧立即菜单如图 4-28 所示。

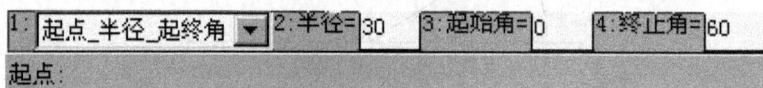

图 4-28　圆弧立即菜单

单击立即菜单【2：】可按照提示修改圆弧的半径值。

单击立即菜单【3：】和【4：】可根据作图的参数分别输入起始角和终止角，待立即菜单各选项均确定后，通过鼠标或键盘输入起点的位置，即可完成作图，其方法与【圆心_半径_起终角】类似，这里就不再赘述。

4.2.5　绘制圆

（1）功能说明　CAXA 线切割系统提供四种不同的整圆绘制方式．整圆绘制模块分为【圆心_半径】、【两点】、【三点】、【两点_半径】。

（2）键盘参数说明　单击主菜单【绘制】→【基本曲线】→【圆】，系统弹出的圆立即菜单如图 4-29 所示。

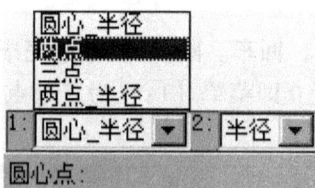

图 4-29　圆立即菜单

单击立即菜单【1：】，可弹出四种绘圆方式，各种方式的参数说明如下：

1）圆心_半径。即已知圆心和半径或直径，可确定一个圆。圆心位置可通过鼠标或键盘输入。单击立即菜单【2：】，则可将其内容翻转为【半径】或【直径】。待输入圆心后，系统提示【输入直径或圆上一点】，输入直径数值，即完成圆心_半径的整圆绘制。

2）两点。通过已知的两点画圆，这两个已知点之间的距离即是待绘圆的直径，输入点时可充分利用智能点、栅格点、导航点和工具点的捕捉方式。

3）三点。通过已知的三点确定一个整圆。按提示要求分别输入第 1 点、第 2 点、第 3 点后，一个圆就被绘制出来了，各点的输入方法类似于两点画圆。

4）两点_半径。按提示要求输入第 1 点、第 2 点后，输入半径或第 3 点，一个整圆就绘制完毕。

例：通过 *AB* 直线的两个端点来绘制一个 *R*80 的圆。

操作步骤：

① 单击主菜单【绘制】→【基本曲线】→【圆】。

② 设置立即菜单【1:】为【两点_半径】。

③ 当系统提示要求输入第 1 点时，用工具点来捕捉到 *A* 点。

④ 当系统提示输入【第二点（切点）】时，用端点来捕捉 *B* 点。

⑤ 移动鼠标，使圆的形状类似于图 4-30。

⑥ 键入半径值 80，回车，绘圆完成。

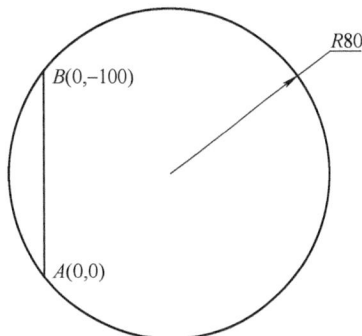

图 4-30　圆绘制实例

4.2.6　绘制矩形

（1）功能说明　在线切割的加工实践中，经常要遇到正方形、长方形的加工，对于这类矩形零件的绘制，可以通过画直线的方法，依次画出四条边，但这样的作图法比较繁琐。利用绘矩形的方法则可极其方便地进行作图。

（2）键盘命令：RECT。

（3）操作参数说明：

1）单击主菜单【绘制】→【基本曲线】→【矩形】或在【基本曲线】工具栏中选择矩形按钮 ▢，系统弹出矩形绘制立即菜单。

2）立即菜单【1:】共有两个选项：【两角点】和【长度和宽度】，如图 4-31 所示。

3）若在立即菜单【1:】中选择【两角点】选项，则可按提示要求，输入矩形的第 1 角点和第 2 角点，一个期望的矩形就绘制出来了。

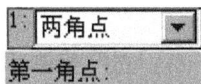

小技巧：在输入矩形的两角点时，可使用绝对坐标或相对坐标。比如第 1 角点的坐标为（35，20），矩形长为 45mm，宽为 33mm，则第 2 角点绝对坐标为（80，53），相对坐标为（@45，33）。在已知矩形的长和宽时，用相对坐标绘制更方便和简单。

图 4-31　矩形立即菜单

4）若立即菜单【1:】选择【长度和宽度】，则立即菜单翻转为：

单击立即菜单【2:】，则该项内容可在【中心定位】和【顶边中点】定位间切换。立即菜单【3:角度】、【4:长度】、【5:宽度】分别是用于输入矩形倾斜的角度、长度和宽度，以确定待画矩形的参数条件。

例：试绘制某矩形，其参数如图 4-32 所示。

操作步骤：

① 单击主菜单【绘制】→【基本曲线】→【矩形】。

② 设置立即菜单为：

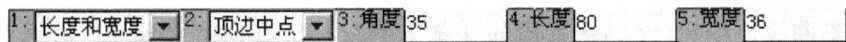

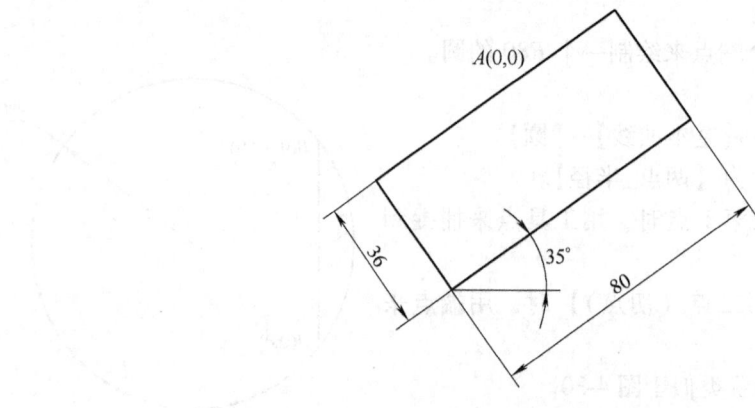

图 4-32　矩形绘制实例

③ 输入顶边中点的坐标（0，0），回车，矩形绘制完毕。

4.2.7　绘制中心线

（1）功能说明　绘制曲线或曲线间的中心线，如果拾取的是一个圆、圆弧或椭圆，则生成一对相互正交的中心线，如果拾取的是两条相互平行或对称直线，则生成这两条直线的中心线。

（2）键盘命令：CENTERL。

（3）操作参数说明

1）单击主菜单【绘制】→【基本曲线】→【中心线】或在【基本曲线】工具栏中选择中心线按钮，系统弹出中心线立即菜单，如图 4-33 所示。

2）立即菜单【1:延伸长度】是指中心线超过轮廓线的长度。

图 4-33　中心线立即菜单

3）系统提示要求拾取第 1 条曲线，若选择的是一个圆或一段圆弧，则在被选择的圆或圆弧上画出一对互相垂直且超出其轮廓线给定延伸长度的中心线；若选择的是一条直线，则系统提示【拾取另一条直线】，此时选择一条与原直线平行或对称的另一条直线，则会在这两条直线之间画出一条中心线。

例：试绘制图 4-34 所示的中心线。

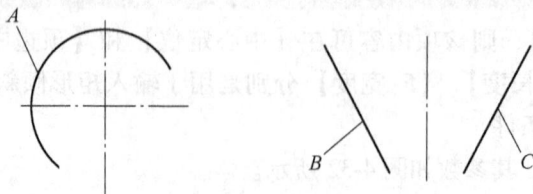

图 4-34　中心线绘制实例

操作步骤：

① 单击【基本曲线】按钮，在弹出的【基本曲线】工具栏中选择【中心线】按

钮 ![button]。

② 在立即菜单【1:延伸长度】文本框中输入 5，回车。

③ 单击圆弧 *A*，系统绘出该圆弧的中心线。

④ 单击 *B* 直线后，系统提示【拾取另一条直线】，此时再选择 *C* 直线，则在 *B* 直线和 *C* 直线之间绘出一条中心线。

4.2.8　绘制样条曲线

（1）功能说明　生成过给定顶点的样条曲线，即依次拾取一系列点所连接的曲线。

（2）键盘命令：SPLINE。

（3）操作参数说明

1）单击主菜单【绘制】→【基本曲线】→【样条】。系统弹出样条线立即菜单，如图 4-35 所示。

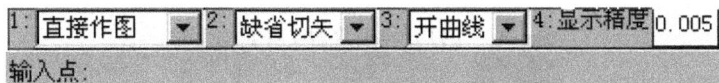

图 4-35　样条线立即菜单

2）立即菜单【1:】有【直接作图】和【从文件读入】两个选项。

3）若将立即菜单选择为【直接作图】方式，则可用鼠标或键盘输入一系列插值点，一条光滑的样条曲线自动画出。立即菜单【2:】有【缺省切矢】和【给定切矢】两个选项。如果立即菜单【2:】选择【缺省切矢】，则系统根据点的性质，自动确定端点切矢（一般采用从端点起的三个插值点构成的抛物线端点的切线方向）；如果立即菜单【2:】选择【给定切矢】，那么用右键结束输入插值点后，用鼠标或键盘输入一点，该点与端点形成的矢量即作为给定的端点切矢。在【给定切矢】方式下，也可以按鼠标右键忽略操作，如图 4-36 所示。

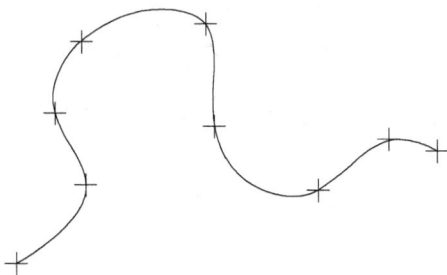

图 4-36　直接作图

立即菜单【3:】有【开曲线】和【闭曲线】两个选项。若立即菜单【3:】选择【闭曲线】，则系统将自动连接起点和终点，形成封闭的曲线；若选择【开曲线】，则不封闭。

4）若将立即菜单【1:】选择为【从文件读入】，则系统弹出【打开样条数据文件】对话框（见图 4-37），在该对话框中选择数据文件，然后单击【确认】按钮。系统便根据数据文件的内容自动生成样条线。数据文件记录了样条线插值点的坐标信息，数据文件可用任何一种文本编辑器生成，图 4-38 所示是在记事本中生成数据文件的结构。

图 4-37 【打开样条数据文件】对话框

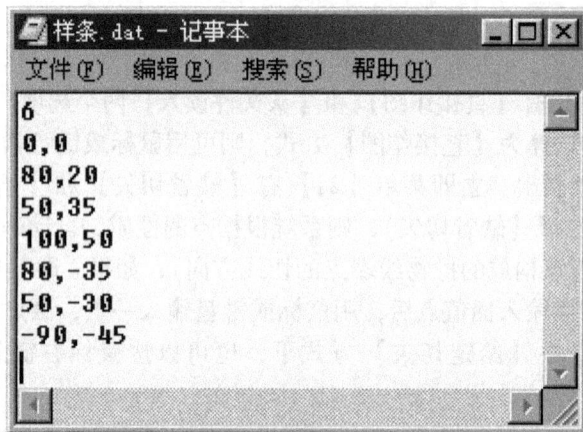

图 4-38 数据文件结构示意窗口

其中第一行为插值点的个数（本例为 6 个点），以下各行分别为各个插值点的绝对坐标。

注意：点 x、y 坐标之间的符号是英文状态下输入的半角逗号"，"，在输入时最好不要在中文输入法下输入。

4.2.9 绘制轮廓线

（1）功能说明　轮廓线绘制功能可生成由直线或圆弧构成的首尾相接或不相接的一条轮廓线。其中直线与圆弧的关系，可通过立即菜单切换为【非正交】、【正交】、【相切】。

（2）键盘命令：CONTOUR。

（3）操作参数说明

1）单击主菜单【绘制】→【基本曲线】→【轮廓线】，或在【基本曲线】工具栏中选择

【轮廓线】图标按钮 ⬭。系统弹出轮廓线立即菜单，如图 4-39 所示。

图 4-39　轮廓线立即菜单

2）单击立即菜单【1：】可切换绘制直线还是绘制圆弧。

3）立即菜单【2：】列出了【非正交】、【正交】、【相切】三种选项。非正交和正交与前文叙述相同，相切是指当有直线与圆弧同时存在，可以提供直线与圆弧相切的环境。图 4-40a、b、c 所示为【非正交】、【正交】、【相切】三种形式的直线轮廓线。立即菜单【3：】提供了【封闭】和【不封闭】两个选项，该选项表明绘制出来轮廓线是否封闭，若选择【封闭】，系统则会自动将最后一点与第一点连接起来。

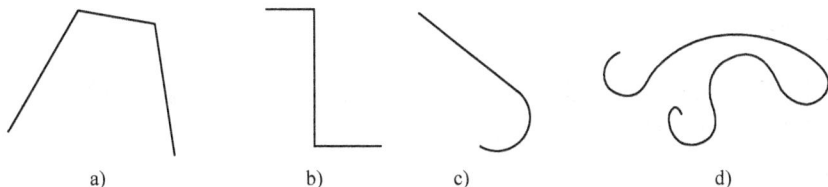

图 4-40　各种轮廓线方式

4）若在立即菜单【1：】选择【圆弧】，则相邻两圆弧为相切关系，按"Alt + 2"组合键，可选择轮廓线的封闭与否。如选择封闭，在做轮廓线的最后一点可省略，直线右击鼠标结束操作，系统自动连接最后一点到起点，使轮廓图形封闭。图 4-40d 所示为圆弧轮廓线。

注意：在绘制圆弧轮廓线时，封闭轮廓的最后一段圆弧与第一段圆弧不保证相切关系。

例：试绘制图 4-41 所示的轮廓线。

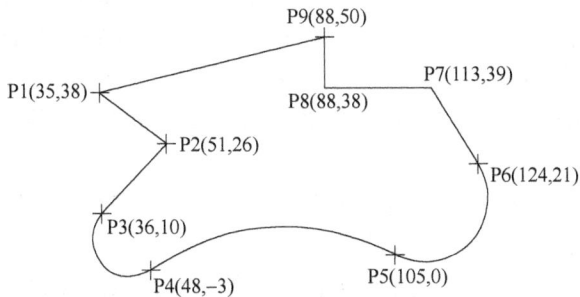

图 4-41　轮廓线绘制实例

操作步骤：

① 单击主菜单【绘制】→【基本曲线】→【轮廓线】。

② 设置轮廓线立即菜单为 1:直线 2:非正交 3:封闭。

③ 输入 P1 点的坐标（35，38），回车。

④ 输入 P2 点的坐标（51，26），回车。

⑤ 输入 P3 点的坐标（36，10），回车。

⑥ 设置立即菜单为 ⟦1:圆弧 ▼⟧⟦2:封闭 ▼⟧。

⑦ 输入 P4 点的坐标（48，−38），回车。

⑧ 输入 P5 点的坐标（105，0），回车。

⑨ 输入 P6 点的坐标（124，21），回车。

⑩ 按 "Alt + 1" 组合键，设置立即菜单为 ⟦1:直线 ▼⟧⟦2:非正交 ▼⟧⟦3:封闭 ▼⟧。

⑪ 输入 P7 点的坐标（113，39），回车。

⑫ 按 "Alt + 2" 组合键，设置立即菜单【2】为【正交】。

⑬ 输入 P8 点的坐标（88，38），回车。

⑭ 输入 P9 点的坐标（88，50），回车。

⑮ 右击结束轮廓线绘制，系统将自行连接 P9 点和 P1 点，以形成封闭的轮廓线。

4.2.10　绘制等距线

（1）功能说明　等距绘制功能可对单一元素或首尾相连的元素组进行等距，这样大大加快了作图过程中某些零件的补偿绘制。

（2）键盘命令：OFFSET。

（3）操作参数说明

1）单击主菜单【绘制】→【基本曲线】→【等距线】。系统弹出等距线立即菜单，如图4-42所示。

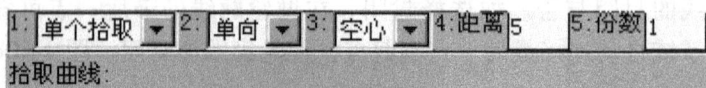

⟦1:单个拾取 ▼⟧⟦2:单向 ▼⟧⟦3:空心 ▼⟧⟦4:距离5⟧⟦5:份数1⟧

拾取曲线：

图4-42　等距线立即菜单

2）在立即菜单【1:】中可选择【单个拾取】或【链拾取】。若选择【单个拾取】，则表示拾取单个元素；若选择【链拾取】，则表示拾取首尾相连的元素链。

3）立即菜单【2:】有【单向】和【双向】两个选项。单向只在所选元素的一侧绘制，而双向是指在所选取元素的两侧均绘制等距线。若选择单向绘制，则系统会弹出一对反向的箭头，要求选择等距的方向。

4）在立即菜单【3:】中可选择【空心】或【实心】。实心是指原曲线与等距之间进行填充，而空心方式只画等距线，不进行填充。

5）立即菜单【4:距离】中的文本框数值是指等距线与原曲线间的距离。

立即菜单【5:份数】是输入所绘制等距的份数，比如份数为3，距离为8，则从拾取曲线开始，每隔8mm绘制一条等距线，一共绘制3条。

注意：单个拾取方式不支持 POLYLINE 等距。

例：如图4-43所示，绘制一条等距曲线。

操作步骤：

① 单击主菜单【绘制】→【基本曲线】→【等距线】。

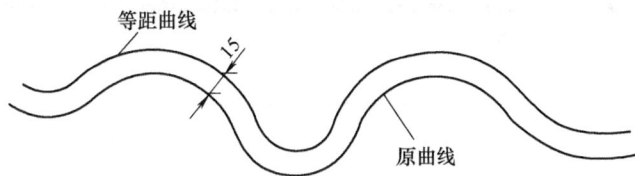

图 4-43　等距线绘制实例

② 设置立即菜单为 `1: 链拾取 ▾ 2: 单向 ▾ 3: 空心 ▾ 4: 距离 15`。

③ 拾取原曲线，此时系统弹出一对反向的箭头（见图 4-44）。并在状态栏显示"请拾取所需的方向"。

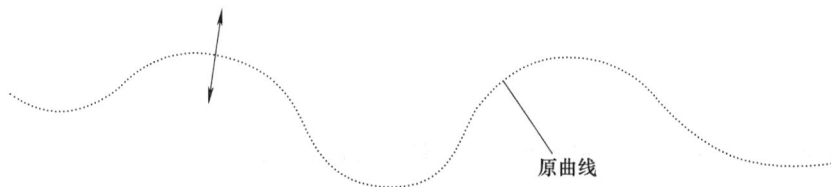

图 4-44　操作过程中的方向拾取箭头

（4）选择向上的箭头，一条与原曲线等距为 15mm 的等距线绘制完成。

4.3　上机操作

1. 绘制对刀角度样板的外形及中心线

1）单击 ✎ 按钮。

2）单击【矩形】图标按钮 ▢ 。

3）此时系统弹出立即菜单

`1: 长度和宽度 ▾ 2: 中心定位 ▾ 3: 角度 0 4: 长度 48 5: 宽度 35 6: 有中心线 ▾ 7: 中心线延长长度 3`。

在立即菜单【1:】中选择【长度和宽度】；在立即菜单【2:】中选择【中心定位】；单击立即菜单【3:角度】文本框，将角度改为 0°；单击立即菜单【4:长度】，输入 48；单击立即菜单【5:宽度】，输入 35；在立即菜单【6:】中选择【有中心线】；单击立即菜单【7:中心线延长长度】，输入 3。

4）单击直角坐标系，矩形和中心线绘制完毕（见图 4-45）。

2. 绘制对刀角度样板的 40°角

（1）绘制等距线

1）单击 ✎ 按钮。

2）单击【等距线】图标按钮 ⊐ 。

3）设置立即菜单为 `1: 单个拾取 ▾ 2: 指定距离 ▾ 3: 单向 ▾ 4: 空心 ▾ 5: 距离 8 6: 份数 1`。

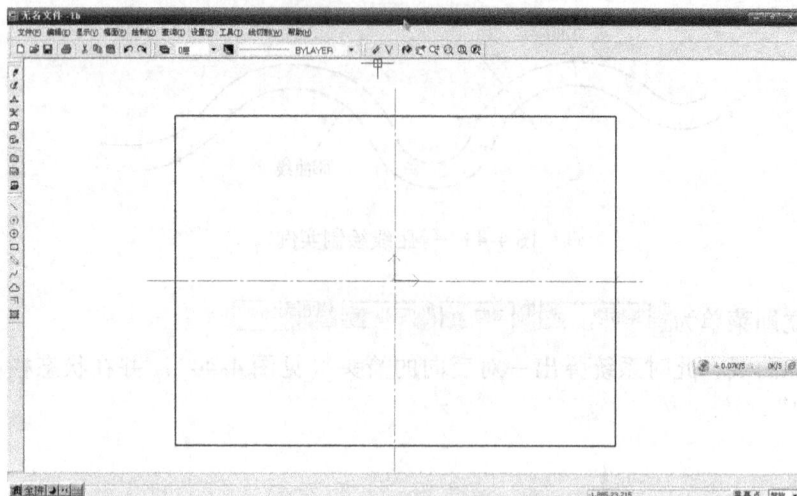

图 4-45　绘制矩形

4）单击矩形左侧直线，此时系统弹出一对反向和箭头，如图 4-46 所示。

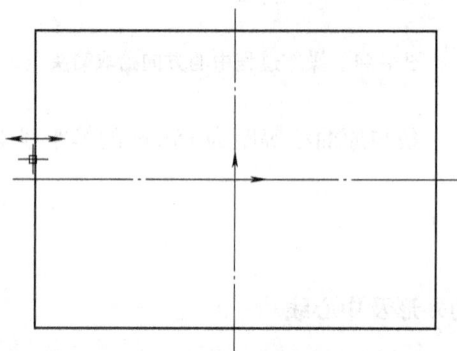

图 4-46　单击左侧直线

5）选择向右的箭头，一条与左侧直线等距 8mm 的等距线绘制完成，如图 4-47 所示。

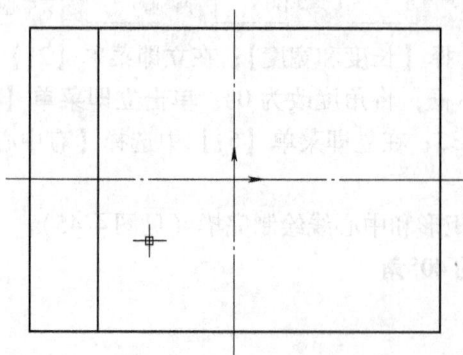

图 4-47　完成第一条等距线

6）同理，依次修改立即菜单【5：距离】为 14，20，32，完成另外三条等距线的绘制，如图 4-48 所示。

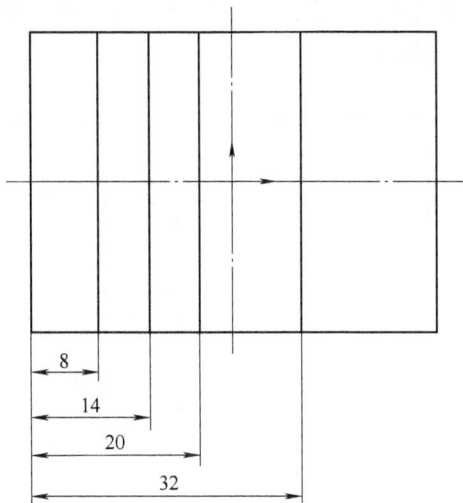

图 4-48　完成等距线绘制

（2）绘制 40°角

1）单击【直线】图标 ＼ 。

2）设置立即菜单为：1:角度线 ▼ 2:X轴夹角 ▼ 3:到点 ▼ 4:度=70 5:分=0 6:秒=0 。

3）将光标移至屏幕右下角，单击点捕捉状态下三角按钮，选择屏幕点为【智能】，如图 4-49 所示。

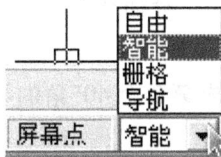

图 4-49　点捕捉状态选择

4）单击第 1 条等距线与边宽的交点处（P 点），如图 4-50 所示，系统自动捕捉到该端点。

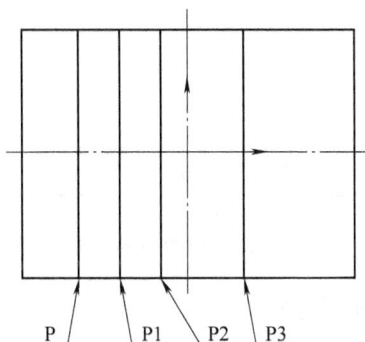

图 4-50　捕捉点

5）输入长度 10，回车完成第 1 条角度线的绘制，如图 4-51 所示。

6）同理，修改立即菜单【4：度 =】为 – 70。捕捉 P1 点，输入距离 10，回车，完成第 2 条角度线的绘制，如图 4-52 所示。

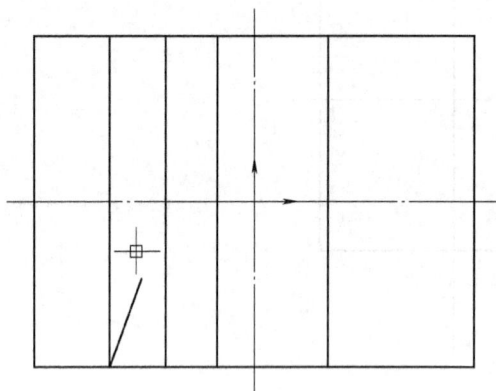

图 4-51　绘制第 1 条角度线　　　　图 4-52　绘制第 2 条角度线

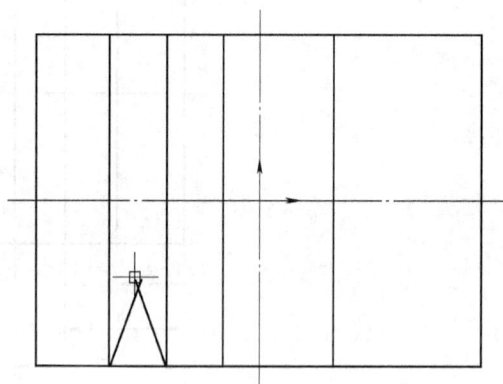

（3）绘制尖角圆弧

1）单击【圆】图标 ⊙，系统提示"圆心点："。

2）按空格键，此时弹出工具点菜单，选择"I 交点"，捕捉两角度线的交点。

小技巧：工具点、捕捉状态的改变，可在输入点状态的提示下，直接按相应的字符即可进行切换。捕捉方式与字符的对应如图 4-3 所示。

3）输入半径 0.5，回车。

4）单击【曲线编辑】图标 ✂，选择曲线编辑菜单里的【裁剪】图标，裁剪或删除多余线段。

（4）绘制第 2 个 40°角　同理完成第 2 个 40°角的绘制，如图 4-53 所示。

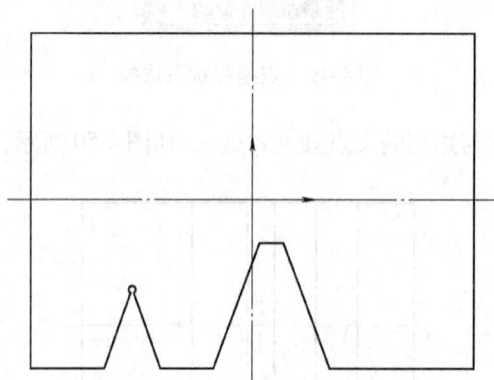

图 4-53　修改后的图形

3. 绘制对刀角度样板 60°与 30°角

（1）绘制等距线

1）单击【等距线】图标 。

2）选择矩形底部直线，向上绘制距离分别为 5，17，23，30 的等距线。

3）再选择矩形左侧直线，向右绘制距离分别为 15，21，28，36 的等距线（见图 4-54）。

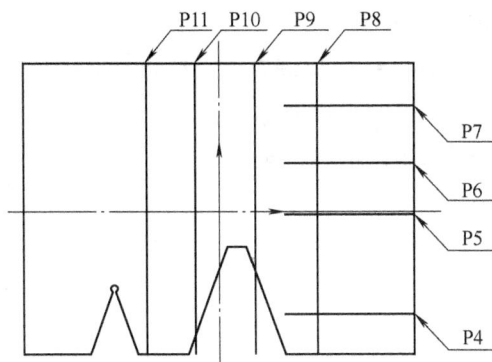

图 4-54   绘制等距线

（2）绘制 60°角

1）单击【直线】图标 ＼，在立即菜单【4:度】输入角度 －30。

2）捕捉 P4 点，输入距离 12，回车。

3）捕捉 P6 点，输入距离 12，回车。

4）设置立即菜单【4:度】的角度为 30。

5）捕捉 P5 点，输入距离 12，回车。

6）捕捉 P7 点，输入距离 12，回车。

（3）绘制 30°角

1）单击【直线】图标 ＼，在立即菜单【4:度】输入角度 75。

2）捕捉 P8 点，输入距离 15，回车。

3）捕捉 P10 点，输入距离 15，回车。

4）设置立即菜单【4:度】的角度为 －75。

5）捕捉 P9 点，输入距离 15，回车。

6）捕捉 P11 点，输入距离 15，回车。

（4）绘制尖角圆弧

1）单击【圆】图标 ⊕。

2）按空格键，在弹出工具点菜单中选择 "I 交点"，捕捉 60°角的交点。

3）输入半径 0.5，回车。

4）同理，完成另一个 60°角和另一个 30°角的尖角小圆的绘制。

5）单击【曲线编辑】图标 ✘，选择曲线编辑菜单里的【裁剪】图标 ✄，裁剪或删除多余线段（见图 4-55）。

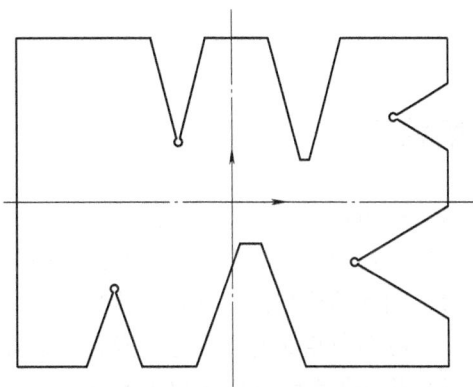

图 4-55   绘制 60°与 30°角

4. 绘制对刀角度样板 34°角

（1）绘制等距线

1）单击【等距线】图标 ⊐ 。

2）设置立即菜单为 `1: 单个拾取 ▼` `2: 指定距离 ▼` `3: 双向 ▼` `4: 空心 ▼` `5: 距离 5.5` `6: 份数 1` 。

3）单击水平方向的中心，系统生成两条距水平中心线距离为 5.5mm 的等距线，如图 4-56 所示。

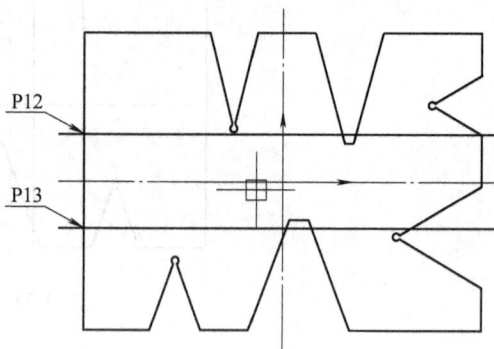

（2）绘制角度线

1）单击【直线】图标 ＼，在立即菜单【4:度】输入角度 –17。

2）捕捉 P12 点，输入距离 15，回车。

3）设置立即菜单【4:度】的角度为 17°。

4）捕捉 P13 点，输入距离 15，回车。

5）单击【曲线编辑】图标 ✕，选择曲线编辑菜单里的【裁剪】图标 ✄，裁剪或删除多余线段，最终结果如图 4-57 所示。

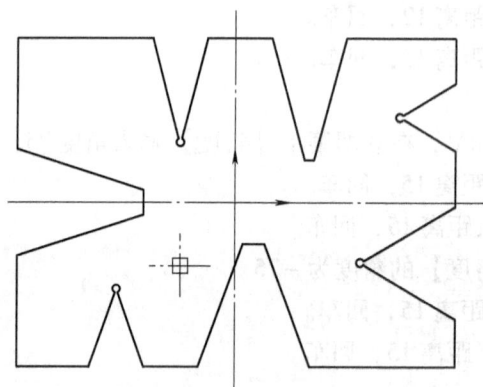

图 4-56　等距线绘制

图 4-57　对刀角度样板

巩固练习

1. 基础题

1）直线绘制功能有哪几种方式？请分别描述其应用场合。

2）圆弧的绘制方式有哪几种？

3）在两条相交的直线之间能做中心线吗？试说明理由。

4）绘制轮廓线立即菜单中的【非正交】、【正交】、【相切】选项有何区别？

5）在等距线的绘制过程中，选择【单向】和【双向】有何不同？

2. 上机题

1）利用直线绘制功能作图，如图 4-58 所示。

2）试用整圆绘制功能作图，如图 4-59 所示。

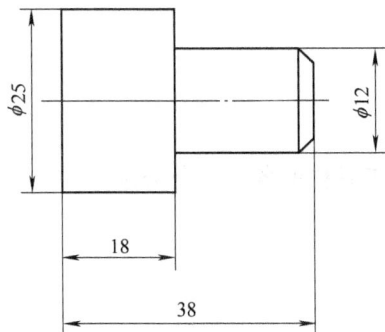

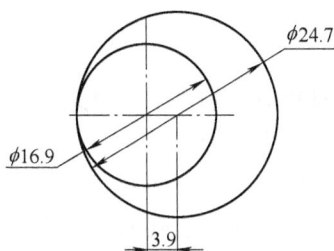

图 4-58　直线操作习题　　　　　　图 4-59　整圆绘制操作习题

3）试用圆、圆弧绘制功能作图，如图 4-60 所示。

4）试绘制图 4-61 所示的零件图。

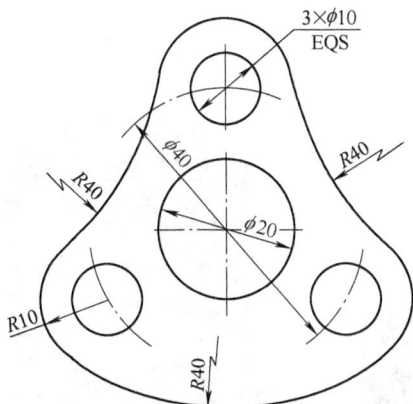

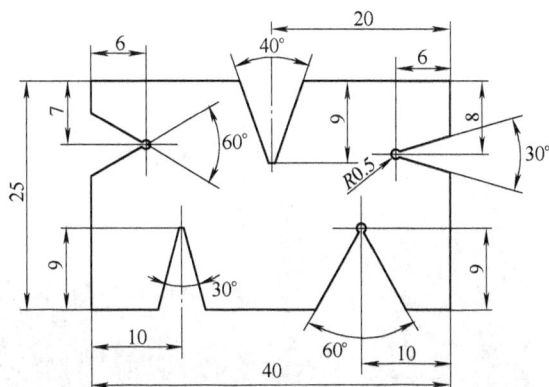

图 4-60　圆弧绘制操作习题　　　　　　图 4-61　角度样板图

5）试绘制图 4-62 所示的零件图。

6）试绘制图 4-63 所示的零件图。

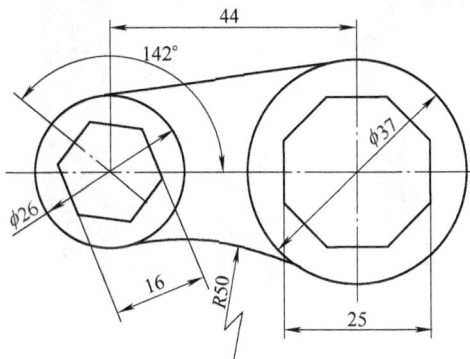

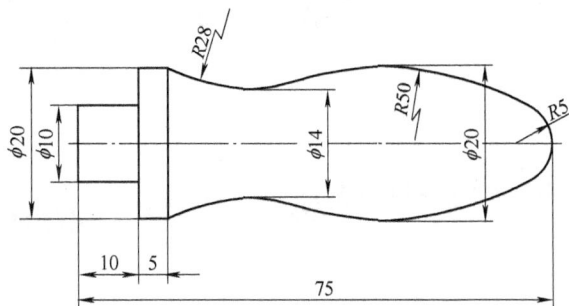

图 4-62　支座　　　　　　　　　图 4-63　手柄

任务5 对刀角度样板切割

学习指南

1. 了解轨迹生成对轮廓线的要求，熟悉轨迹生成工具栏的各个命令按钮。
2. 熟练掌握轮廓轨迹生成的技巧。
3. 深入理解补偿值的大小与方向。
4. 运用动态和静态仿真功能检查加工轨迹。
5. 了解如何查询轨迹长度及切割面积。
6. 学会生成加工代码的操作方法。
7. 学会将加工代码传输至线切割控制器。

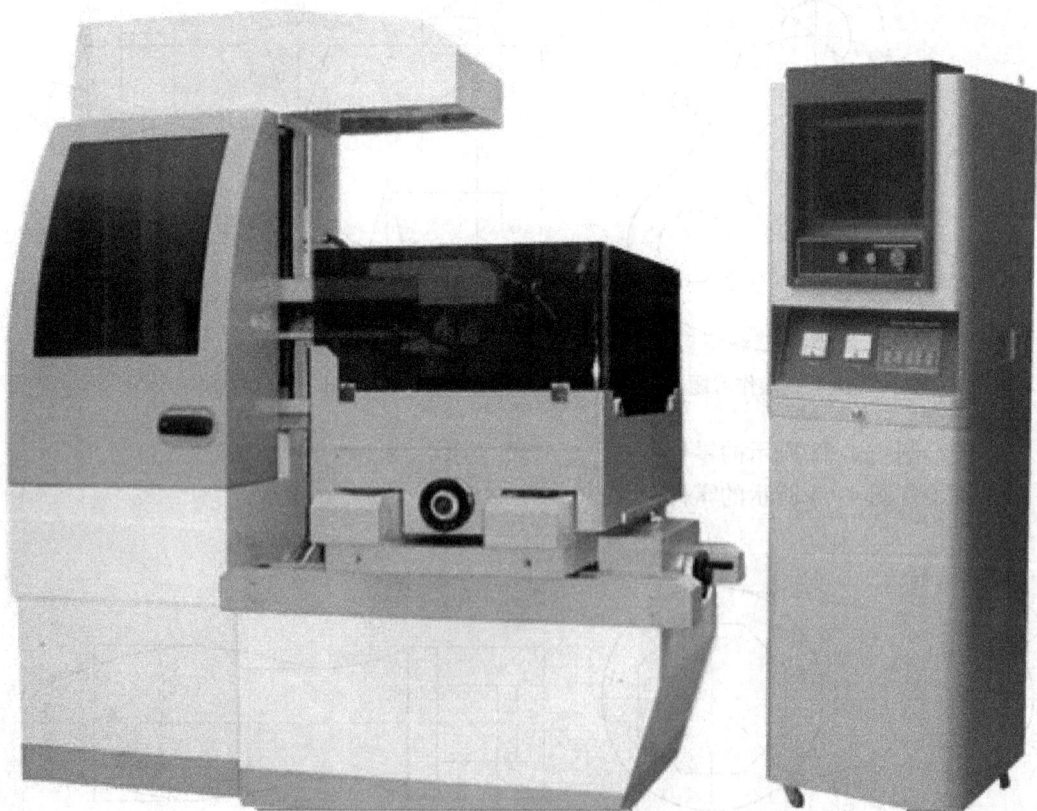

5.1 角度样板加工任务书

角度样板是线切割加工中最常见、最基本的加工零件。图5-1所示为车刀对刀角度样板图。

1）设计角度样板的线切割轨迹。

2）根据角度样板图形生成加工轨迹。

3）在线切割机床上加工图5-1所示的零件。

4）检测样板零件的角度值，并将检测结果填写在表5-1中。

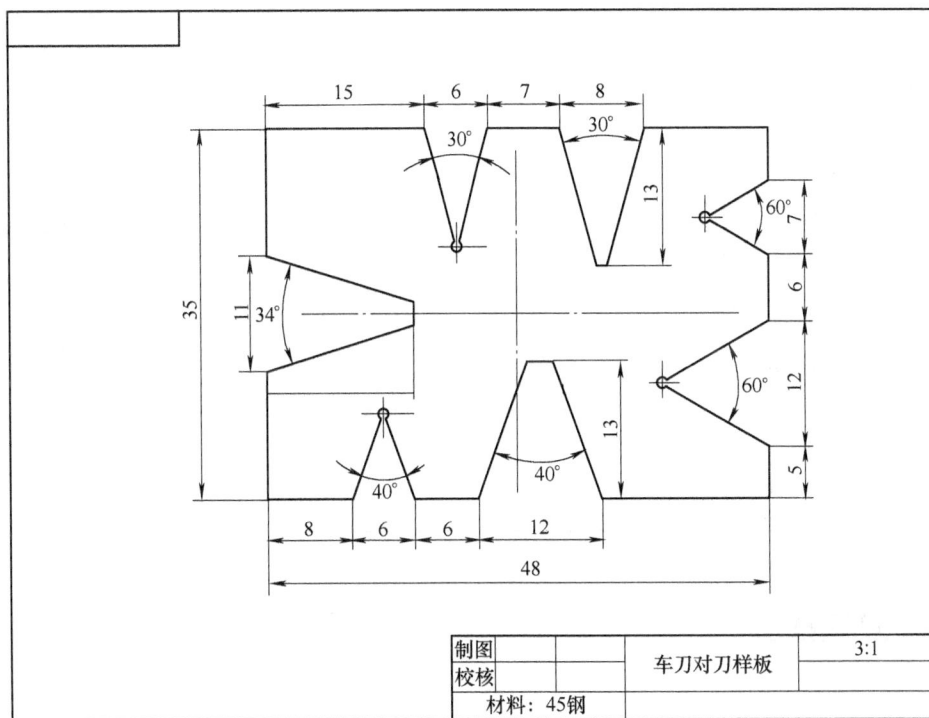

图5-1 车刀对刀角度样板

表5-1 角度样板加工检测项目

姓　　名		学　　号		钼 丝 直 径	
加工材料		材料厚度		功率管数	
峰值电压		峰值电流		脉冲宽度	
脉冲间隔		占空比		理论补偿值	
实测补偿值		切割速度		走线速度	

（续）

序号	测量项目	实际测量结果	是否合格	不合格原因分析	检测量具
1	30° 开口 6 mm 处				游标万能角度尺
2	30° 开口 8 mm 处				游标万能角度尺
3	34° 开口 11 mm 处				游标万能角度尺
4	40° 开口 6 mm 处				游标万能角度尺
5	40° 开口 12 mm 处				游标万能角度尺
6	60° 开口 7 mm 处				游标万能角度尺
7	60° 开口 12 mm 处				游标万能角度尺

5.2　知识摘要

5.2.1　概述

CAXA 线切割实现 CAM 功能的流程如图 5-2 所示。

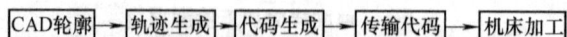

图 5-2　CAXA 线切割 CAM 功能流程图

　　线切割加工轨迹的生成是产生数控加工程序的基础。所谓线切割加工轨迹，就是在电火花线切割加工过程中，金属电极丝切割的实际路径。

　　CAXA 线切割的轨迹生成功能是在已有 CAD 轮廓的基础上，结合各项工艺参数，由计算机自动将加工轨迹计算出来。由前可知，产生 CAD 轮廓是生成加工轨迹的基础。所谓轮廓，就是一系列首尾相接曲线的集合，一般分为三大类：开轮廓、闭轮廓和有自交点的轮廓，如图 5-3 所示。

开轮廓　　　　　　　闭轮廓　　　　　　　有自交点的轮廓

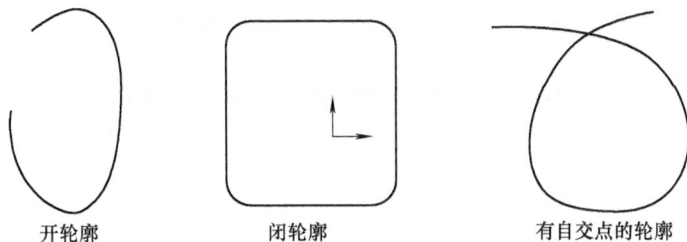

图 5-3　轮廓示意图

如果轮廓是用来界定被加工区域的，则指定的轮廓应是闭轮廓。如果加工的是轮廓本身，则轮廓可以是闭轮廓，也可以是开轮廓。但无论在哪种情况下，生成轨迹的轮廓线不应有自交点。

CAXA 线切割轨迹生成模组的主要作用是针对现有的 CAD 轮廓，生成相应的加工轨迹。该模组包括轨迹生成、轨迹跳步、取消跳步、轨迹仿真和查询切割面积五项内容。

在 CAXA 线切割系统中，单击"轨迹操作"图标按钮 ，系统将弹出"轨迹生成"工具栏，如图 5-4 所示。

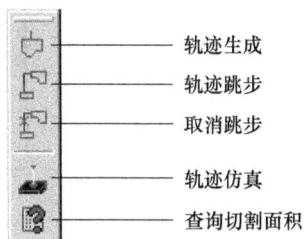

图 5-4　"轨迹生成"工具栏

5.2.2　轨迹生成

5.2.2.1　生成轨迹

（1）功能说明　在已有 CAD 轮廓线的基础上，根据工艺要求生成沿轮廓线切削的加工轨迹。

（2）键盘命令　WEDM。

（3）操作参数说明

1）单击图标按钮 （轨迹生成），或单击主菜单【线切割】→【轨迹生成】，系统弹出标题为"线切割轨迹生成参数表"的对话框。

该对话框有两个选项卡：【切割参数】选项卡（见图 5-5）和【偏移量/补偿值】选项卡（见图 5-6）。

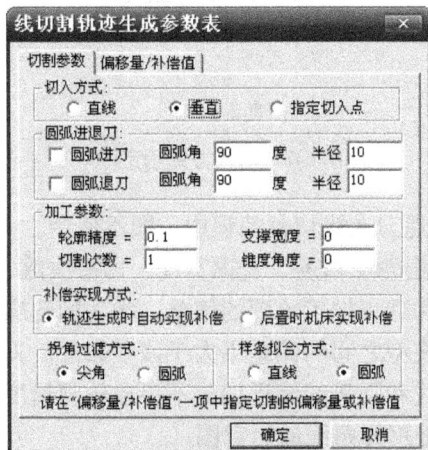

图 5-5　【切割参数】选项卡

2）设置【切割参数】选项卡，【切割参数】选项卡由六大部分组成，如图5-5所示。

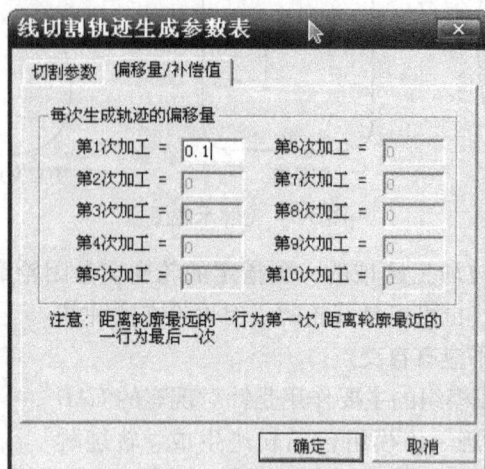

图5-6　【偏移量/补偿值】选项卡

① 切入方式。切入方式描述了穿丝点到加工起始段的起始点间电极丝的运动方式。系统提供了三种切割方式，分别为直线切入、垂直切入和指定点切入，如图5-7所示。

直线切入方式：电极丝直接从穿丝点切入到加工起始点。

垂直切入方式：电极丝从穿丝点垂直切入到加工起始段，以穿丝点在起始段上的垂直点作为加工起始点。若在起始段的延长线上，则电极丝直接从穿丝点切入到加工起始点，此时等同于直线方式切入。

指定切入点方式：此方式要求在轨迹上选择一个点作为加工的起始点。电极丝直接从穿丝点沿直线切入到所选择的起始点。

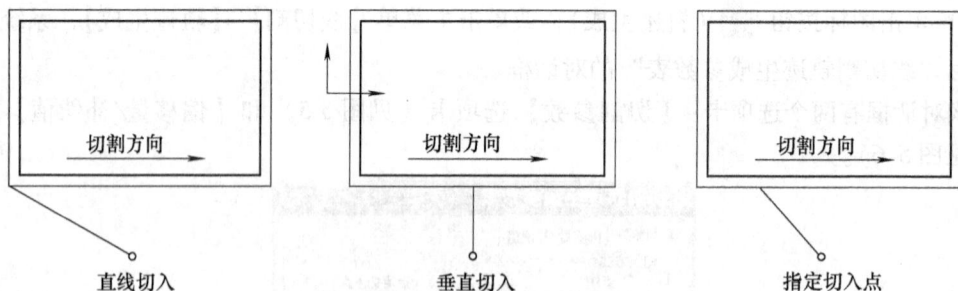

图5-7　切入方式示意图

② 圆弧进退刀。圆弧进退刀在线切割编程中一般不使用。

③ 加工参数。加工参数由轮廓精度、支撑宽度、切割次数、锥度角度四项内容组成。

轮廓精度：是加工轨迹和理想加工轮廓的偏差。输入的轮廓精度值即为最大偏差值，系统保证加工轨迹与理想加工模型之间的偏差不大于该项数值。其实轮廓精度是针对由样条曲线组成的轮廓而设计的，直线和圆弧的编程加工不存在轮廓精度问题。

图5-8是根据轮廓精度处理样条线的示意图。

系统根据给定的精度值将样条曲线打散成多条折线段，其精度值越大，折线段的步长就

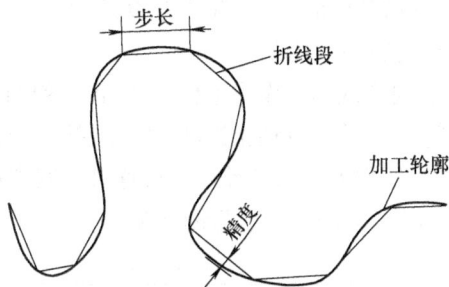

图 5-8　轮廓精度与步长示意图

越长，折线段数就越少，反之折线段步长越短，折线段数就越多。所以在线切割加工中，如进行粗加工，轮廓精度可以选得大一些，以避免实际加工效率受到不必要的影响；而在进行精加工时，应根据实际加工的要求给定轮廓精度值，默认值为 0.1mm。

　　注意：轮廓精度仅对样条线起作用，若要处理的轮廓只由直线和圆弧组成，则【轮廓精度】选项失效。

　　切割次数：在高速走丝机床上，通常采用 1 次切割成形；在低速走丝机床上，由于要求达到的精度很高，所以在一般情况下采用粗、半精、精、超精四次切割达到规定的精度要求。

　　注意：当加工次数大于 1 时，需在【偏移量/补偿值】选项卡中填写每次切割的偏移量。

　　支撑宽度：当选择多次切割次数时，该选项数值指定每行轨迹始末点间保留一段没有切割部分的宽度。支撑宽度其实是针对凸型零件的多次切割而设计的。图 5-9 显示了在对矩形 BCDE（凸型零件）进行多次切割加工时，支撑宽度参数的作用。

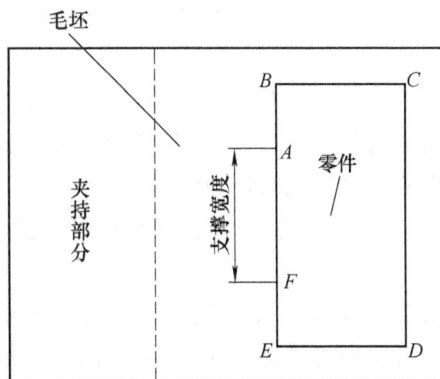

图 5-9　支撑宽度功能示意图

　　在采用多次切割法加工矩形 BCDE 的过程中，倘若不设定支撑宽度参数，那么在第 1 次加工时，电极丝沿 BCDE 封闭的轮廓线环绕一周，使矩形零件被切割下来，从而导致后几次切割加工无法继续进行。而设定支撑宽度后，系统先对 A、B、C、D、E 开轮廓进行多次切割加工，保留 AF（支撑宽度）作为零件与毛坯的支撑夹持部位，待 A、B、C、D、E 开轮廓多次切割完毕后，再对 AF 进行多次切割加工。有关凸型多次切割工艺请参见第 4 章的内容。

　　锥度角度：用来设置在进行锥度加工时电极丝倾斜的角度。当采用左锥度加工时，输入的锥度角度应为正值,当采用右锥度加工时,输入锥度角度应为负值。

注意:本系统不支持带锥度的多次切割。

④ 补偿实现方式。补偿实现方式用来设置电极丝半径、放电间隙及加工预留量的补偿方式。系统提供了两种补偿方式,分别是轨迹生成时自动实现补偿和后置时机床实现补偿。轨迹生成时自动实现补偿是让计算机实现偏移量的补偿。后置机床实现补偿是由机床控制器来实现偏移量的补偿。下面就以切割 10×10 的正方形为例(见图5-10)来说明两种补偿方式的区别。

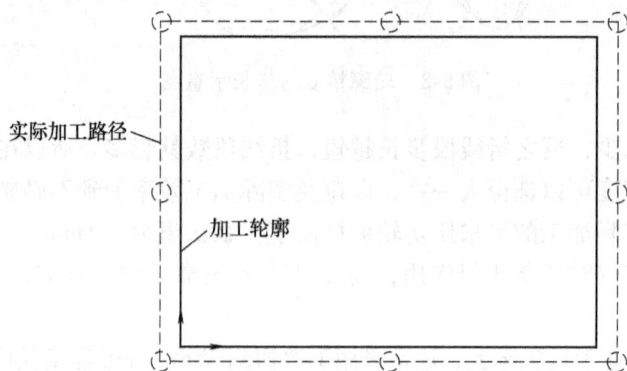

图5-10　加工轮廓与实际加工路径

在切割图5-10所示实线部分(10×10 的正方形)实践中,应考虑金属电极丝半径、放电间隙和加工预留量的作用。要得到 10×10 的正方形,其实际切割路径应为虚线部分,而并非实线部分。

若选择轨迹生成时自动实现补偿方式,则生成加工代码的轨迹是虚线部分,补偿量直接由计算机编入程序中。

若选择后置时机床实现补偿方式,则生成加工代码的轨迹是实线部分,其补偿由机床控制器来实现(此时机床控制器要有补偿功能),补偿值存放在控制器中,生成的程序只是指定补偿方向和控制器中补偿量的号码,如 G41 D1。

注意:若采用后置时机床实现补偿方式,则应在机床控制器中相应的补偿号码中输入补偿值。

⑤ 拐角过渡方式。在线切割加工中,加工凹型零件时,相邻两直线或圆弧呈大于180°夹角,或在加工凸型零件时,两邻两直线或圆弧呈小于180°夹角,需确定在其间进行的拐角过渡(圆弧过渡或尖角过渡),如图5-11所示。

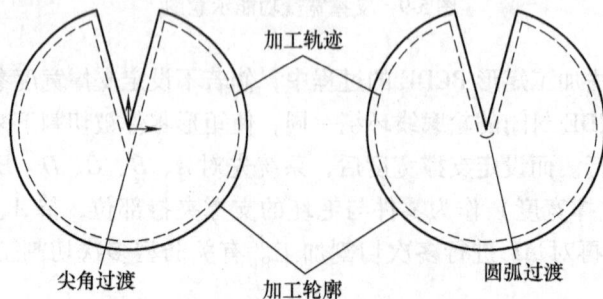

图5-11　拐角过渡方式

两种过渡方式的加工效果是一样的，所不同的是尖角过渡方式的加工轨迹长度要大于圆弧过渡方式的轨迹长度。因此采用圆弧过渡方式的加工速度要比采用尖角过渡方式的快。

⑥ 样条拟合方式。

当要加工样条曲线边界时，系统根据轮廓精度将样条曲线拆分为多段进行拟合。拟合方式有两种：【直线拟合】和【圆弧拟合】。

直线拟合：将样条曲线拆分成多条直线段进行拟合。

圆弧拟合：将样条曲线拆分成多条直线段和圆弧段进行控合。

两种拟合方式均能保证拟合精度，但圆弧拟合的优点在于生成的图形比较光滑、线段少，精度高，因此生成的加工代码也较少。

3）设置【偏移量/补偿值】选项卡，如图 5-6 所示。

当切割次数为 1 时，应在第 1 次【偏移量/补偿值】中输入偏移量。若加工次数大于 1，则需在【偏移量/补偿值】参数表中填写每一次加工的偏移量。

其偏移量 = 电极丝半径 + 单边放电隙 + 加工预留量。

注意：当采用多次切割进行加工时，距离轮廓最远的一行为第一次加工，距离轮廓最近的一行为最后一次加工。

4）在选择好轨迹（见图 5-12）生成参数后，单击对话框中【确定】按钮，系统在状态栏显示"拾取轮廓"。

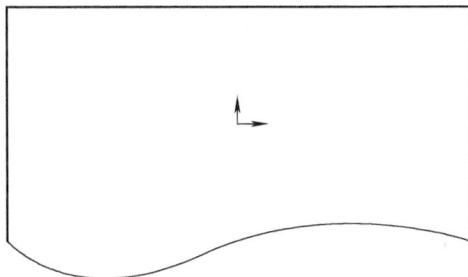

图 5-12　轮廓线

拾取轮廓线可以利用曲线拾取工具菜单。当系统要求拾取轮廓线时，按空格键可弹出拾取工具菜单，如图 5-13 所示。

图 5-13 显示了三种拾取方式：单个拾取、链拾取和限制键拾取。

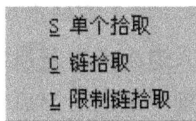

图 5-13　拾取工具菜单

① 单个拾取：挨个拾取各条轮廓曲线，适用于曲线数量不多，且不适合使用【链拾取】方式拾取的图形。

② 链拾取：系统根据指定起始曲线和链搜索方向自动寻找所有首尾相接的曲线。适用于批量处理曲线数目较多，且无两根以上曲线搭接在一起的情形。

③ 限制链拾取：系统根据起始曲线及搜索方向自动寻找首尾相接的曲线至指定的限制曲线。用于避开有两根或两根以上曲线搭接在一起的情形，从而正确拾取所需曲线。图 5-14 显示了三种拾取方式应用实例。

5）当拾取完毕起始轮廓线段后，起始轮廓线段变为红色的虚线，同时在起始轮廓线段的切线方向出现两个反向的箭头（绿色），系统在提示状态栏上显示"选择链搜索方向"字

单个拾取　　　　　　　　链拾取　　　　　　　　限制链拾取

图 5-14　三种拾取方式

样，如图 5-15 所示。

根据切割路径选择一个箭头方向作为加工方向，选择方向后，如果采用的是单个拾取方式，则系统提示继续拾取轮廓线；如果采用的是链拾取方式，则系统自动拾取首尾相接的轮廓线；如果采用的是限制链拾取方式，则系统自动拾取该曲线与限制曲线之间连接的曲线。

6）选择好轮廓线后，系统在状态栏显示"选择加工的侧边或补偿方向"，即电极丝偏移的方向，同时在起始轮廓线段的法线方向出现一对反向的箭头（绿色），如图 5-16 所示。要求选择切割侧边，即偏移方向，根据实际加工要求选择补偿量的偏移方向，系统将按照所选方向自动实现补偿。

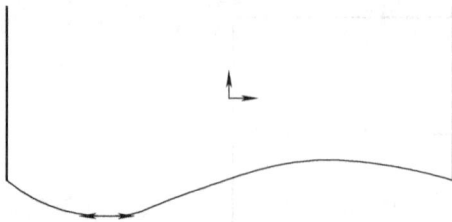

图 5-15　选择链搜索方向　　　　　　　　图 5-16　选择加工的侧边或补偿方向

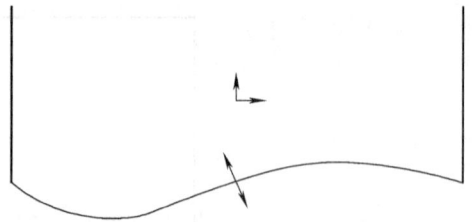

7）选择好补偿方向后，系统提示，指定穿丝点。

注意：穿丝点的位置必须指定，且穿丝点与轮廓的尺寸要明确，这样便于今后的切割加工。

8）输入穿丝点后，系统在提示状态栏显示"输入退出点（回车则与穿丝点重合）"，要求输入退出点，若退出点与穿丝点重合，则按回车键或右击鼠标。若退出点与穿丝点不重合，则应输入退出点位置。

9）确定退出点后，系统自动计算出加工轨迹，如图 5-17 所示，右击鼠标或按 ESC 键结束命令。

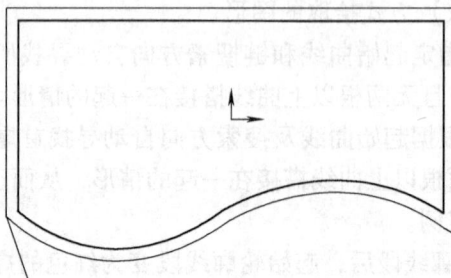

图 5-17　生成加工轨迹

小技巧：轨迹生成后，可通过曲线编辑功能对生成的轨迹进行编辑处理，如拷贝、旋转等。

（4）举例

例：根据图 5-18 所示生成切割加工轨迹，为了使读者能更好地看清加工轨迹，而将偏移量放大，具体参数见表 5-2。

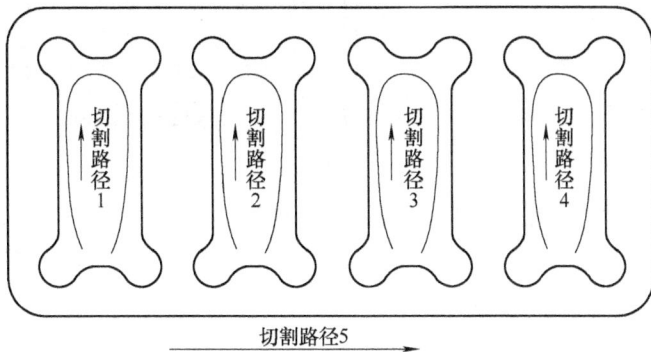

图 5-18 切割路径示意图

表 5-2 各切割路径参数

切割路径	切入方式	切割次数	穿丝点	退出点	偏移量/补偿值	支撑宽度
切割路径 1	直线	1	(45, 75)	(45, 75)	第 1 次加工 = 2	0
切割路径 2	垂直	2	(120, 75)	(120, 75)	第 1 次加工 = 4 第 2 次加工 = 2	0
切割路径 3	垂直	3	(195, 75)	(195, 75)	第 1 次加工 = 5 第 2 次加工 = 3 第 3 次加工 = 1	0
切割路径 4	直线	4	(270, 75)	(270, 75)	第 1 次加工 = 8 第 2 次加工 = 6 第 3 次加工 = 4 第 4 次加工 = 2	0
切割路径 5	垂线	3	(290, −25)	(290, 25)	第 1 次加工 = 10 第 2 次加工 = 6 第 3 次加工 = 2	265

操作步骤：

1）打开例题文件。

2）生成切割路径 1 的轨迹。

① 单击主菜单【线切割】→【轨迹生成】。

② 按图 5-19 所示，填写【切割参数】选项卡。

③ 按图 5-20 所示填写【偏移量/补偿值】选项卡，然后单击【确定】按钮。

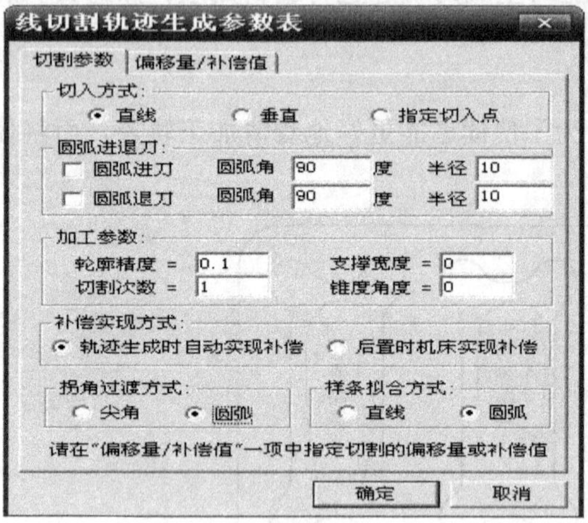

图 5-19 【切割参数】选项卡 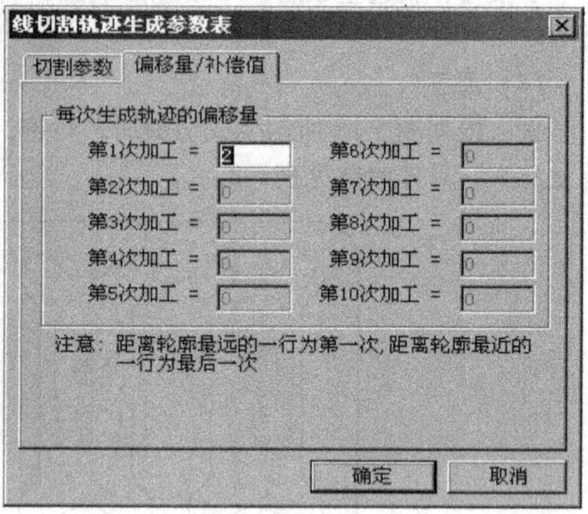   图 5-20 【偏移量/补偿值】选项卡

④ 如图 5-21 所示，单击 P 点，此时沿轮廓方向出现一对反向的箭头（绿色）。

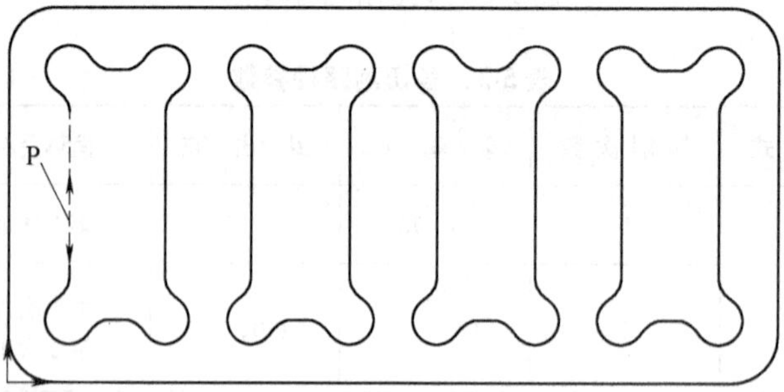

图 5-21 选择切割方向的箭头

⑤ 选择顺时针方向箭头，切割方向拾取完毕后，轮廓全部变为红色虚线，并在轮廓法线方向出现一对反向的箭头（绿色）作为补偿的方向（见图 5-22）。

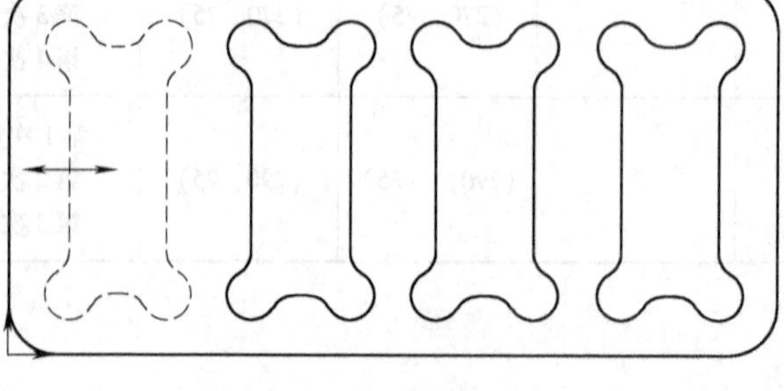

图 5-22 选择补偿方向

⑥ 选择轮廓内侧箭头，作为补偿的方向。

⑦ 输入穿丝点坐标（45，75），回车。

⑧ 按回车键，确认退出点与穿丝点重合，系统生成切割路径 1 的轨迹，如图 5-23 所示。

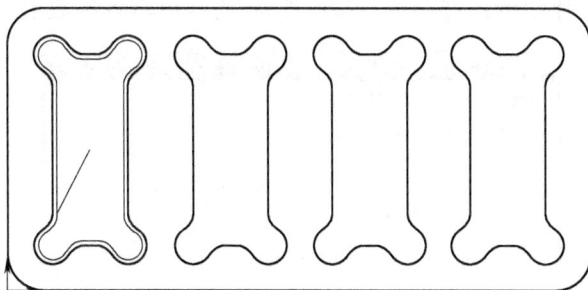

图 5-23 生成切割路径 1 的轨迹

3）用同样的方法生成切割路径 2、切割路径 3 和切割路径 4 的轨迹。生成的轨迹如图 5-24 所示。

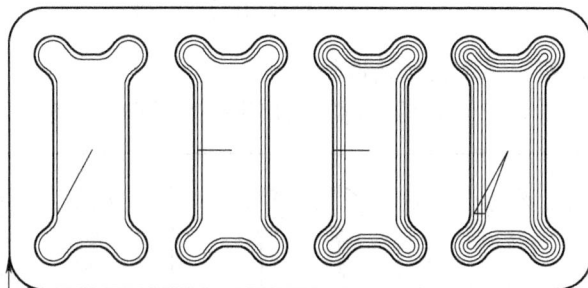

图 5-24 生成的小矩形轮廓轨迹

4）生成切割路径 5 的轨迹。

操作步骤：

① 单击主菜单【线切割】→【轨迹生成】

② 按图 5-25 所示参数填写【切割参数】选项卡。

图 5-25 【切割参数】选项卡

③ 单击【偏移量/补偿量】选项卡，按图 5-26 所示填写各参数值。

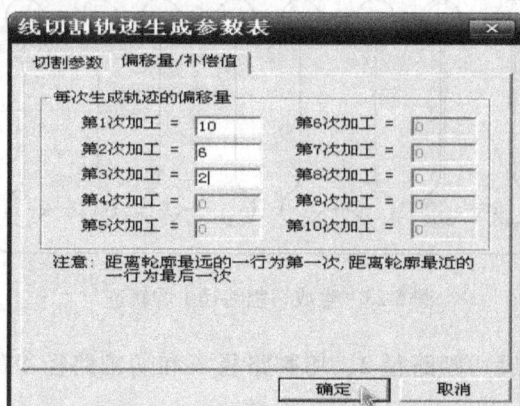

图 5-26 【偏移量/补偿量】选项卡

④ 单击【确定】按钮，系统提示拾取轮廓。

⑤ 如图 5-27 所示，单击 P 点，沿轮廓方向出现一对反向的箭头（绿色）。

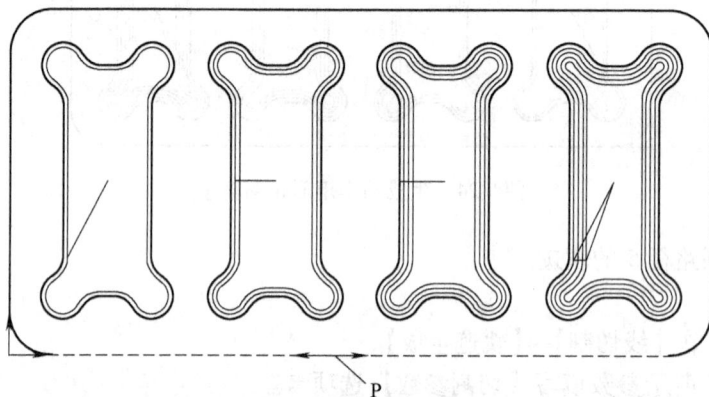

图 5-27 选择切割方向

⑥ 选择逆时针方向的箭头作为切割的方向，此时在轮廓法线方向出现一对反向的箭头（绿色），如图 5-28 所示。

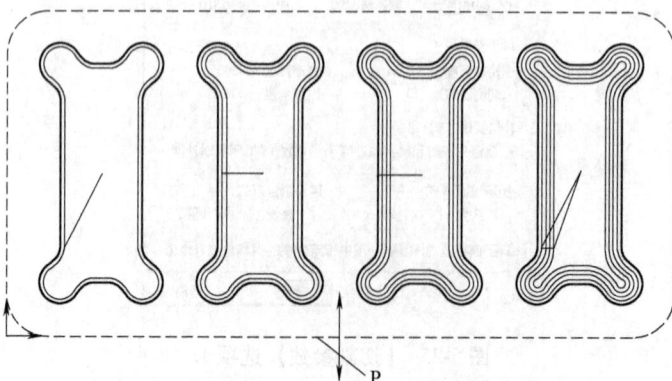

图 5-28 选择补偿方向

⑦ 选择指向轮廓外侧的箭头作为补偿的方向。

⑧ 输入穿丝点（290，25），回车。

⑨ 按回车键，使退出点与穿丝点重合，系统自动生成加工轨迹，如图 5-29 所示。

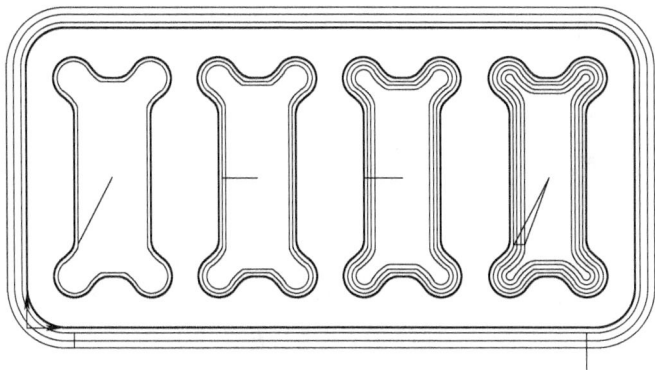

图 5-29 生成大矩形轮廓的轨迹

5.2.2.2 轨迹仿真

（1）功能说明 生成加工轨迹后，系统可以对加工轨迹进行动态或静态的加工仿真。以线框形式表达电极丝沿轨迹的运动，模拟实际加工过程中切割工件的情况。

（2）键盘命令 SMLT。

（3）操作参数说明

1）单击【轨迹仿真】图标按钮 或单击主菜单【线切割】→【轨迹仿真】，系统弹出轨迹仿真立即菜单，该立即菜单提供了静态和连续两种仿真方式，如图 5-30 所示。

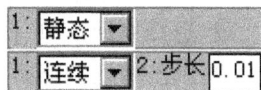

2）在立即菜单【1：】中可选择【连续】或【静态】。如选择静态方式，系统将各加工轨迹线段用阿拉伯数字标出，表明各加工轨迹段的先后顺序，如图 5-31 所示。

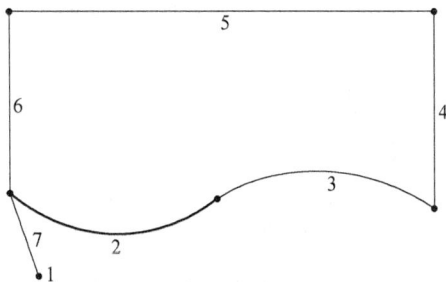

图 5-30 轨迹仿真立即菜单

图 5-31 静态仿真图

如选择连续方式，系统将完整地模拟从起切到加工结束之间的动态全过程（见图 5-32）。修改立即菜单【2：步长】的数值可控制电极丝的仿真运动速度。

注意：在动态仿真过程中，电极丝与工件接触处的红色亮点即表示切割时产生的电火花。

3）选择好轨迹仿真方式后，单击要仿真的加工轨迹，系统便开始进行模拟仿真。

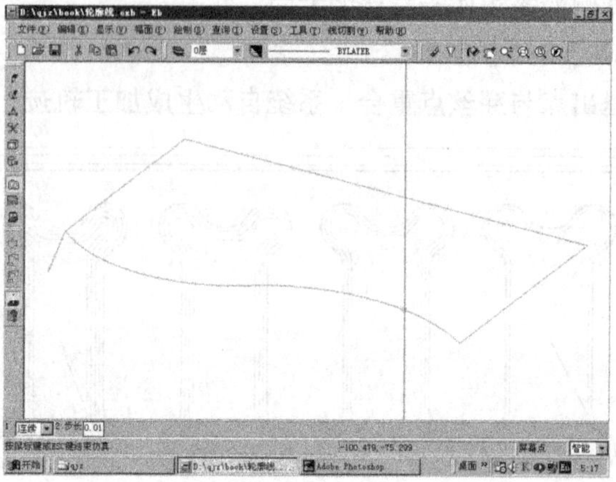

图 5-32　动态仿真图

（4）举例

例：动态仿真切割路径 1 和切割路径 2（见图 5-18）组成的跳步轨迹，静态仿真切割路径 5（见图 5-18）的轨迹。

操作步骤：

1）打开例题文件。

2）静态仿真切割路径 1 和切割路径 2 组成的跳步轨迹。

① 单击主菜单【线切割】→【轨迹仿真】。

② 选择立即菜单【1：】为【静态】。

③ 单击由切割路径 1 和切割路径 2 组成的跳步轨迹，系统用阿拉伯数字表明各加工轨迹段的先后顺序，如图 5-33 所示。

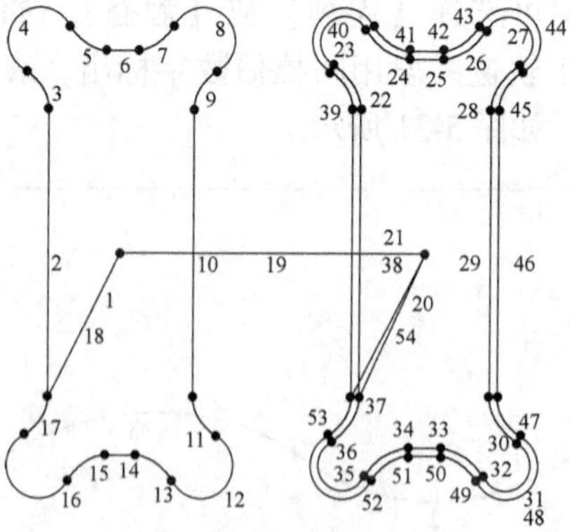

图 5-33　静态仿真跳步轨迹

3）动态仿真切割路径 5 的轨迹。

① 单击主菜单【线切割】→【轨迹仿真】。

② 将轨迹仿真的立即菜单设置为 1：连续 ▼ 2：步长 0.01 。

③ 拾取切割路径 5 的轨迹，系统开始动态模拟切割的全过程（见图 5-34）。

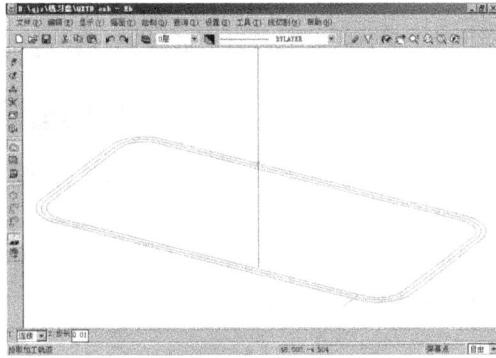

图 5-34　动态仿真切割路径 5 的轨迹

5.2.2.3　查询切割面积

在线切割加工实践中，人们通常以单位时间内的切割面积来衡量实际切割的速度，要想计算某零件线切割加工的工时量，必须先计算该工件的总切割面积。CAXA 线切割的轨迹生成模组提供了切割面积的查询功能，通过该功能可以非常方便地查询加工轨迹的长度和切割面积。

（1）功能说明　CAXA 线切割系统可根据加工轨迹和切割工件的厚度自动计算加工轨迹的长度和实际切割的面积。

（2）键盘命令　CUTAREA。

（3）操作参数说明

1）单击【查询切割面积】图标按钮 或单击主菜单【线切割】→【查询切割面积】，系统在状态栏显示"拾取加工轨迹"。

2）用鼠标拾取要查询长度和面积的加工轨迹，系统弹出输入工件厚度文本框，如图 5-35 所示。

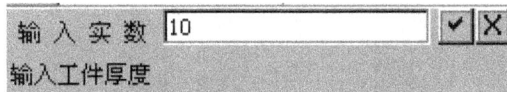

图 5-35　输入工件厚度文本框

3）输入实数后，回车，系统弹出查询结果窗口，如图 5-36 所示。

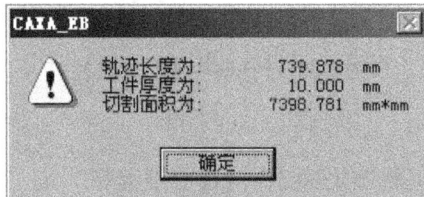

图 5-36　查询结果窗口

该查询结果共有三项内容，分别是轨迹长度、工件厚度和切割面积，仔细查看后，单击【确定】按钮退出查询命令。

（4）举例

例：若工件厚度为 8mm，试查询切割路径 3（见图 5-18）的轨迹长度及切割面积。

操作步骤：

1）单击菜单【线切割】→【查询切割面积】。

2）拾取切割路径 3 的轨迹。

3）输入工件厚度值 8，回车。

4）右击鼠标，弹出查询结果显示窗口，如图 5-37 所示。

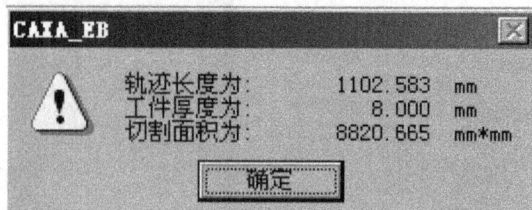

图 5-37　查询结果显示窗口

5.2.3　代码生成

要得到线切割机床的数控程序，就需要进行代码生成处理。所谓代码生成就是结合特定机床把系统生成的加工轨迹转化为机床代码。生成的机床代码可以直接被控制器解读，从而控制机床动作。CAXA 线切割代码生成模组包括生成 3B 代码、生成 4B/R3B 代码、校核 B 代码、生成 G 代码、校核 G 代码、查看/打印代码、粘贴代码七项内容。

代码生成模组不仅可以生成由 G 指令或 B 指令组成的数控程序，还可以将数控程序反读到系统中生成相应的轨迹图形，以校核数控代码的正确性。单击【代码生成】图标按钮 ，系统将弹出【代码生成】工具栏，如图 5-38 所示。CAXA 线切割 B 代码处理模块是针对我国独创的 B 指令数控系统（一般用于高速走丝机床）而设计的，该模块包括生成 3B 代码、生成 4B/R3B 代码及校核 B 代码三大部分。

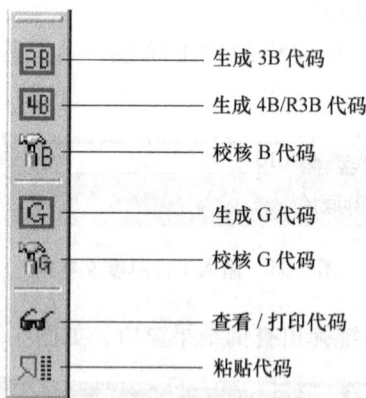

图 5-38　【代码生成】工具栏

5.2.3.1　生成 3B 代码

（1）功能说明　根据加工轨迹生成 3B 格式数控程序。

（2）键盘命令　WPOST。

（3）操作参数说明

1）单击 （生成 3B）图标按钮或单击主菜单【线切割】→【生成 3B 代码】命令选项，系统弹出【生成 3B 加工代码】对话框，如图 5-39 所示。

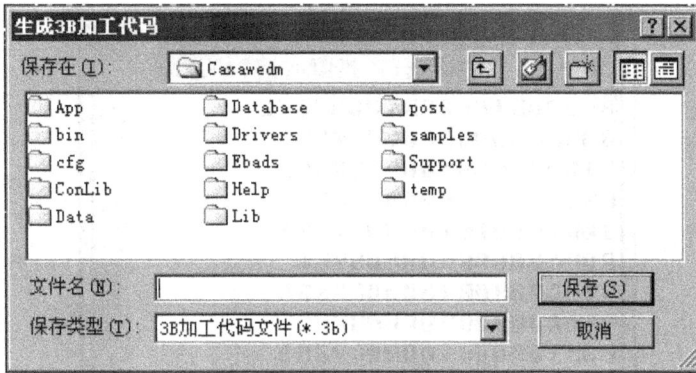

图 5-39 【生成 3B 加工代码】对话框

【生成 3B 加工代码】对话框是要求用户输入生成 3B 代码的文件名,该文件名尽量与 CAD 轮廓文件名保持一致,以便于今后查找。

2)输入文件名后,单击【保存】按钮,系统弹出生成 3B 代码的立即菜单(见图 5-40),并在状态栏显示"拾取加工轨迹"。

图 5-40 生成 3B 代码的立即菜单

立即菜单【1:】共有四个选项,分别是指令校验格式、紧凑指令格式、对齐指令格式、详细校验格式。

指令校验格式是在生成数控程序的同时,将每一轨迹段的终点轨迹坐标同时输出,以供检验程序之用,如图 5-41 所示。

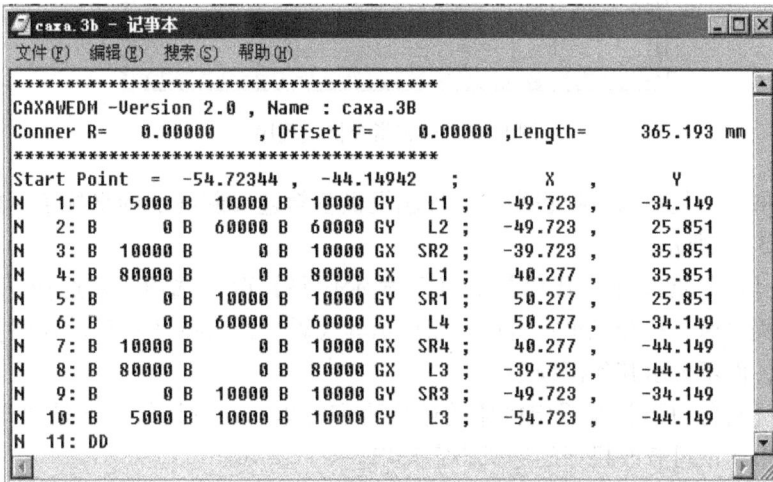

图 5-41 指令校验格式的程序

紧凑指令格式只输出数控程序,并将各指令字符紧密排列,如图 5-42 所示。

图 5-42　紧凑指令格式的程序

对齐指令格式将各程序段相应的代码一一对齐，且每一指令码间用空格隔开，如图 5-43 所示。

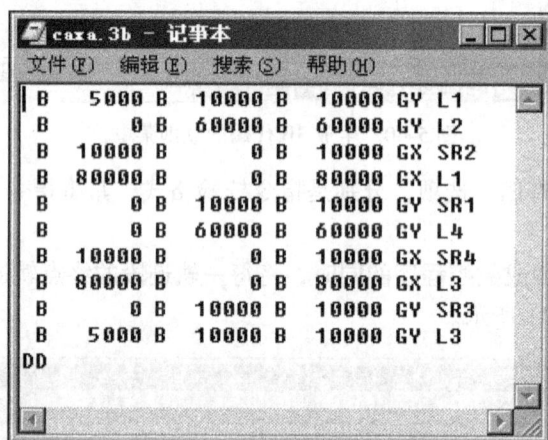

图 5-43　对齐指令格式程序

详细校验格式不但输出数控程序，而且还提供各轨迹段起终点的坐标值、圆心坐标值、半径等，如图 5-44 所示。

立即菜单【2:】有【显示代码】和【不显示代码】两个选项。若选择【显示代码】，则系统在生成程序后，打开记事本窗口，以显示其代码。若选择【不显示代码】，则系统只生成程序文件，而不显示其代码程序。

立即菜单【3:停机码】是设定机床的停机码字符串，在默认状态下是"DD"。用鼠标单击该立即菜单，便可修改机床的停机码字符串。

立即菜单【4:暂停码】是设定机床的暂停码字符串，其默认值是"D"。若想修改暂停码，则单击该立即菜单，输入修改值即可。

注意：停机码和暂停码应根据机床控制系统的程序格式来进行设置。

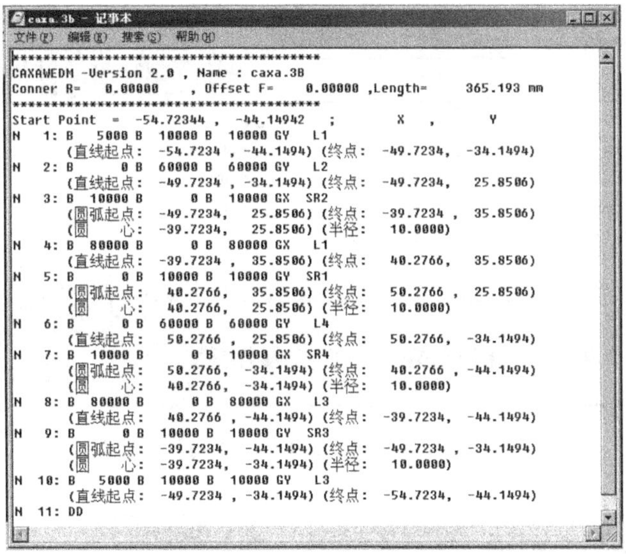

```
caxa.3b - 记事本
文件(F) 编辑(E) 搜索(S) 帮助(H)
****************************************
CAXAWEDM -Version 2.0 , Name : caxa.3B
Conner R=   0.00000    , Offset F=    0.00000 ,Length=     365.193 mm
****************************************
Start Point  =  -54.72344 ,  -44.14942    ;        X    ,       Y
N   1: B   5000 B  10000 B  10000 GY   L1
       (直线起点:  -54.7234 , -44.1494) (终点:  -49.7234,  -34.1494)
N   2: B      0 B  60000 B  60000 GY   L2
       (直线起点:  -49.7234 , -34.1494) (终点:  -49.7234,   25.8506)
N   3: B  10000 B      0 B  10000 GX  SR2
       (圆弧起点:  -49.7234,   25.8506) (终点:  -39.7234 ,  35.8506)
       (圆    心:  -39.7234,   25.8506) (半径:   10.0000)
N   4: B  80000 B      0 B  80000 GX   L1
       (直线起点:  -39.7234 ,  35.8506) (终点:   40.2766,   35.8506)
N   5: B      0 B  10000 B  10000 GY  SR1
       (圆弧起点:   40.2766,   35.8506) (终点:   50.2766 ,  25.8506)
       (圆    心:   40.2766,   25.8506) (半径:   10.0000)
N   6: B      0 B  60000 B  60000 GY   L4
       (直线起点:   50.2766 ,  25.8506) (终点:   50.2766,  -34.1494)
N   7: B  10000 B      0 B  10000 GX  SR4
       (圆弧起点:   50.2766,  -34.1494) (终点:   40.2766 , -44.1494)
       (圆    心:   40.2766,  -34.1494) (半径:   10.0000)
N   8: B  80000 B      0 B  80000 GX   L3
       (直线起点:   40.2766 , -44.1494) (终点:  -39.7234,  -44.1494)
N   9: B      0 B  10000 B  10000 GY  SR3
       (圆弧起点:  -39.7234,  -44.1494) (终点:  -49.7234 , -34.1494)
       (圆    心:  -39.7234,  -34.1494) (半径:   10.0000)
N  10: B   5000 B  10000 B  10000 GY   L3
       (直线起点:  -49.7234 , -34.1494) (终点:  -54.7234,  -44.1494)
N  11: DD
```

图 5-44 详细校验格式的程序

3）选择好生成3B代码立即菜单中的各参数后，即可以拾取加工轨迹，系统允许一次性拾取多个加工轨迹。当拾取多个加工轨迹同时进行代码生成处理时，各轨迹间能根据拾取先后的顺序，自动将前一轨迹的退出点与后一轨迹的穿丝点相互连接起来，实现跳步功能。

4）选择好轨迹后，右击鼠标结束拾取，系统自动生成数控程序。如果在立即菜单【2:】中设定【显示代码】，则系统将弹出一个显示数控代码的记事本窗口，仔细阅读程序后，关闭该窗口。

（4）举例

例：试生成图5-18中切割路径5的轨迹的3B程序。

操作步骤：

1）打开文件。

2）单击主菜单【线切割】→【生成3B代码】。

3）输入生成3B代码的文件名，单击【保存】按钮。

4）设置立即菜单为 1: 指令校验格式 2: 显示代码 3: 停机码 DD 4: 暂停码 D 。

5）拾取切割路径5的轨迹，右击鼠标结束轨迹拾取，系统自动生成3B代码。

5.2.3.2 生成4B/R3B代码

（1）功能说明 根据加工轨迹，生成4B/R3B格式数控程序。

（2）键盘命令 POST4B。

（3）操作参数说明

1）单击图标按钮 4B （生成4B/R3B）或单击主菜单【线切割】→【生成4B/R3B】，系统弹出【生成4B/R3B加工代码】对话框（见图5-45）。

2）输入4B/R3B程序文件名，单击【保存】按钮，系统弹出生成4B/R3B代码的立即菜单，如图5-46所示，并在状态栏显示【拾取加工轨迹】。

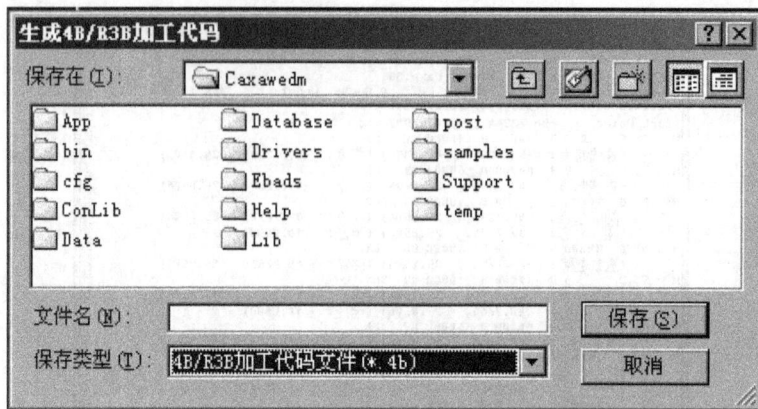

图 5-45　【生成 4B/R3B 加工代码】对话框

图 5-46　生成 4B/R3B 代码的立即菜单

生成 4B/R3B 代码的立即菜单共有 5 项，立即菜单【1：】有 3 个选项，即【R3B 格式】、【4B 格式 1】和【4B 格式 2】，该参数应根据机床设置情况来选择相应的格式，其他 4 项立即菜单参数的选择，在 5.2.3 的 1. 中已经介绍过，这里不再重复。

3）选择好生成 4B/R3B 代码立即菜单中的各参数后，系统要求拾取轨迹。用鼠标单击加工轨迹后，加工轨迹变成红色的虚线。如果一次性拾取多个加工轨迹，系统则自动将各个加工轨迹按照拾取先后的顺序连接起来，实现跳步功能。

4）右击鼠标结束拾取，系统自动生成 4B/R3B 代码。

（4）举例

例：试生成图 5-18 中由切割路径 1 和切割路径 2 组成的跳步轨迹的 R3B 代码。

操作步骤：

1）打开文件。

2）单击【线切割】下拉菜单中的【4B/R3B 代码】命令。

3）在弹出的【生成 4B/R3B 加工代码】对话框中，输入 R3B 代码的文件名，单击【保存】按钮。

4）设置立即菜单为

5）拾取由切割路径 1 和切割路径 2 组成的跳步轨迹，右击鼠标结束轨迹拾取。系统自动生成 R3B 代码程序。

5.2.3.3　校核 B 代码

（1）功能说明　将 B 代码文件反读进来，根据数控代码生成相应的轨迹图形，来检查 B 代码程序的正确性。

（2）键盘命令　WCHECK。

（3）操作参数说明

1）单击【校核 B 代码】图标按钮 ，或单击主菜单【线切割】→【校核 B 代码】，系统弹出【反读 3B/4B/R3B 加工代码】对话框，如图 5-47 所示。

图 5-47　【反读 3B/4B/R3B 加工代码】对话框

2）图 5-47 是要求选择数控程序的路径和文件名。单击【文件类型】下三角按钮，可选择 3B、4B/R3B 或其他格式的文件类型。

3）选择好数控代码的路径及文件名后，单击【打开】按钮，系统将 B 代码反读进来，生成相应的轨迹图形，如图 5-48 所示。

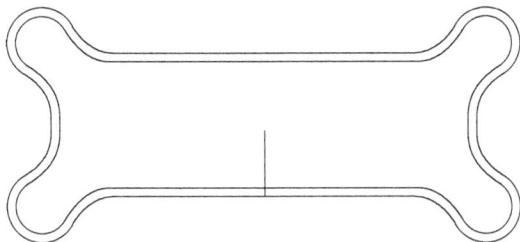

图 5-48　反读的轨迹图形

（4）举例

例：试校核图 5-18 中切割路径 5 的轨迹所生成的 3B 代码文件。

操作步骤：

1）新建一个文件。

2）单击主菜单【线切割】→【校核 B 代码】。

3）在弹出的【反读 3B/4B/R3B 加工代码】对话框中，选择 3B 代码文件。

4）单击【打开】按钮，系统根据所选择的 3B 代码生成其反读轨迹图形，如图 5-49 所示。

图 5-49　B 代码 4 的反读轨迹图

5.3 上机操作

1. 线切割样板工艺参数的确定

（1）切割加工路径的确定 本任务是针对车刀对刀样板的外轮廓切割，切割时电极丝中心的运动轨迹应向轮廓线外侧偏移。为方便操作，采用从工件毛坯边缘处直接切入的方法，穿丝点与切割方向按图5-50所示来设置，这样可以有效保持工件在整个切割过程中的刚性。

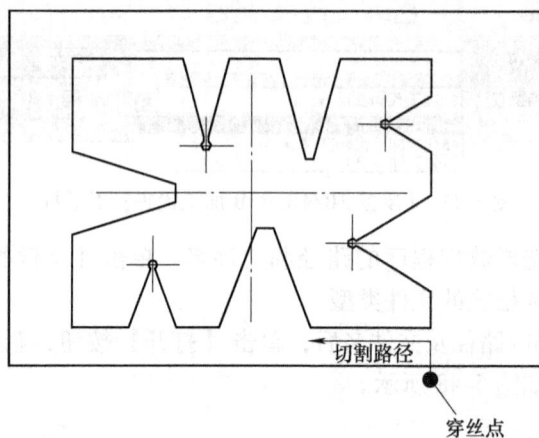

图 5-50 切割加工路径

（2）确定加工电参数 表5-3提供的电参数仅供参考，实际加工中可根据加工条件和机床性能来选择电参数。

表 5-3 切割角度样板凹模的电参数

机床类别	高速走丝机床
切割次数	一次切割成形
脉冲宽度	12μs
脉冲间隔	60μs
加工电流	2A
脉冲电压	80V

（3）电极丝的选择 见表5-4。

表 5-4 电极丝的选择

项目	高速走丝机床
材料	钼
直径	0.16mm

（4）偏移量/补偿值的确定（见表5-5）　偏移量由电极丝直径和单边放电间隙决定，偏移量 = 电极丝直径/2 + 单边放电间隙 + 加工预留量 = 0.16mm/2 + 0.015mm + 0 = 0.095mm

表5-5　切割角度样板凹模的补偿量　　　　　　　　　　（单位：mm）

机床类别	高速走丝机床
切割次数	一次切割成形
电极丝半径	0.08
单边放电间隙	0.015
加工预留量	0
偏移量	0.095
偏移量计算公式	偏移量 = 电极丝半径 + 单边放电间隙 + 加工预留量

（5）工作液的选择　高速走丝机床采用专用乳化油作为工作液。

2. 生成轨迹及轨迹仿真

（1）生成加工轨迹　操作步骤：

1）打开车刀对刀样板的图形文件。

2）单击【轨迹生成】图标按钮 🖱，系统弹出【线切割轨迹生成参数表】对话框。

3）按图5-51和图5-52所示填写各参数。

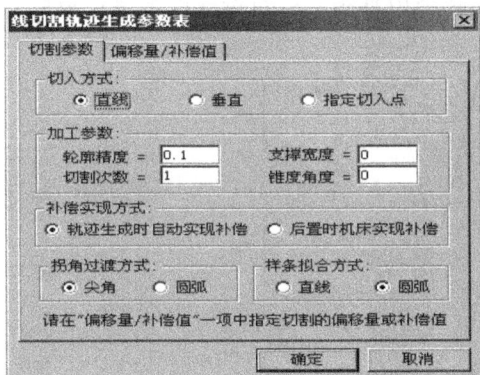

图5-51　切割参数选项卡　　　　　　　图5-52　偏移量/补偿值选项卡

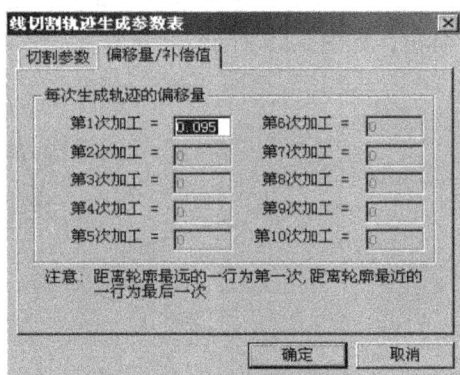

在加工参数一栏中，因为角度样板轮廓中不存在样条曲线，也没有锥度加工，所以轮廓精度可以是任意值，锥度角度为零。由于在高速走丝机床上切削角度样板无需进行多次切割，所以在切割次数文本框中填1。【支撑宽度】选项失效。【拐角过渡方式】可任定。因为轮廓无样条线，所以【样条拟合方式】可忽略。在【偏移量/补偿值】选项卡中，输入第1次补偿值0.095。选择好各参数后，单击【确定】按钮，系统提示拾取轮廓。

4）按空格键，在弹出的拾取工具菜单中选择【链拾取】，然后用鼠标单击L1直线，此时沿L1直线方向上出现一对反向的箭头（红色），如图5-53所示。

5）用鼠标单击顺时针方向的箭头，选择搜索方向后，在轮廓的法线方向上出现一对反向的箭头（绿色）（见图5-54），并在状态栏显示"选择切割的侧边或补偿方向"。

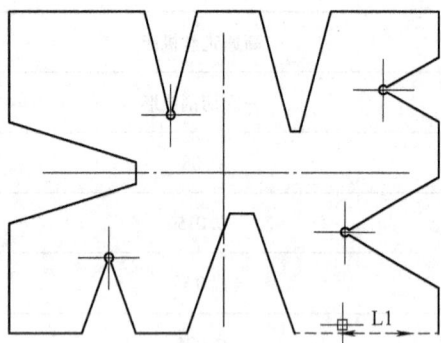

图5-53 选择切割方向

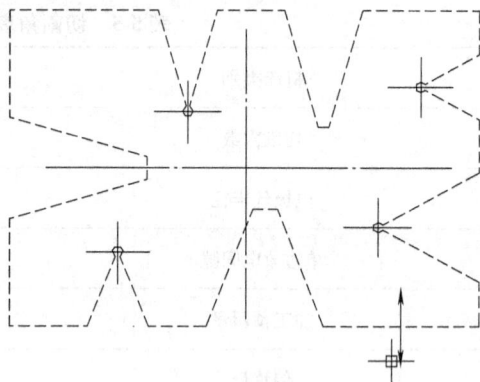

图5-54 选择补偿量的方向

6）选择轮廓外侧的箭头，表示补偿量的方向指向轮廓外侧。

7）输入穿丝点（24，27.5），回车。

8）右击，使穿丝点与退回点重合，系统自动生成加工轨迹。

（2）加工轨迹仿真   操作步骤：

1）打开车刀角度样板轨迹文件。

2）单击屏幕左侧的【轨迹仿真】图标菜单 ▨ ，弹出仿真立即菜单。

3）选择【立即菜单1：】为【静态】。

4）选择高速走丝机床的加工轨迹，系统生成静态仿真图，各轨迹线段的顺序以阿拉伯数字标出，如图5-55所示。

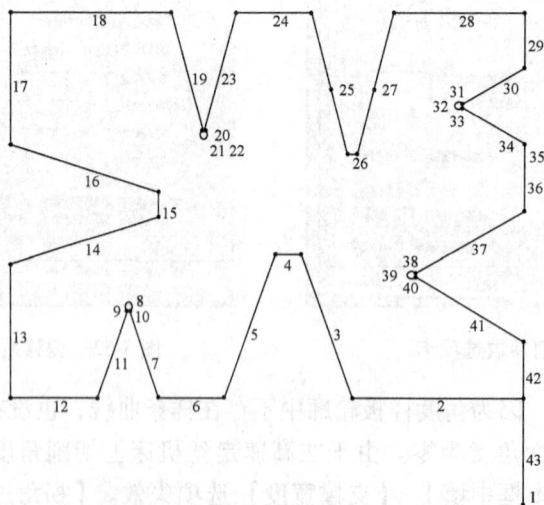

图5-55 静态仿真图

5）修改仿真立即菜单为 1:连续 ▾ 2:步长 0.01 。

6）拾取加工轨迹，系统动态模拟线切割的加工过程。

3. 生成加工代码及传输程序

（1）生成 3B 代码（一般用于高速走丝机床的数控系统）

1）打开轨迹文件。

2）单击主菜单【线切割】→【生成 3B 代码】，系统弹出【生成 3B 加工代码】对话框。

3）输入 3B 代码的文件名，单击【保存】按钮。

4）系统弹出生成 3B 代码的立即菜单，填写立即菜单为

1:｜详细校验格式 ▼｜ 2:｜显示代码 ▼｜ 3:停机码｜DD｜ 4:暂停码｜D｜　　　　｜。

5）拾取加工轨迹，然后单击右键结束拾取，系统自动生成 3B 代码。

（2）传输代码　生成代码文件后，根据线切割控制系统的不同而选用不同的传输方法，一般来说传输 3B 代码和传输 G 代码的方法是不同的。另外在传输代码之前，必须根据机床控制系统传输方式来制作相应的通信电缆。

注意：用于连接计算机与机床控制器的通信电缆的长度最好不超过 5m。

运用同步方式传输角度板 3B 代码的操作步骤：

1）单击主菜单→【线切割】→【代码传输】→【同步传输】。

2）选择要传输的 3B 代码文件。

3）操作机床控制器使其处于收信状态，并确定通信电缆连接无误。

4）按回车键或单击鼠标键，开始传输 3B 代码文件。

5）传输完毕，系统显示"传输结束"。

6）将机床控制器复位，并在控制器上检查程序的条数与程序中的条数是否一致。

4. 样板的切割加工与检验

（1）工件的装夹　由于加工车刀角度样板的材料一般选择钢板或不锈钢片，其厚度一般为 1~2mm，考虑到加工刚性的问题，建议按图 5-56 所示进行装夹。

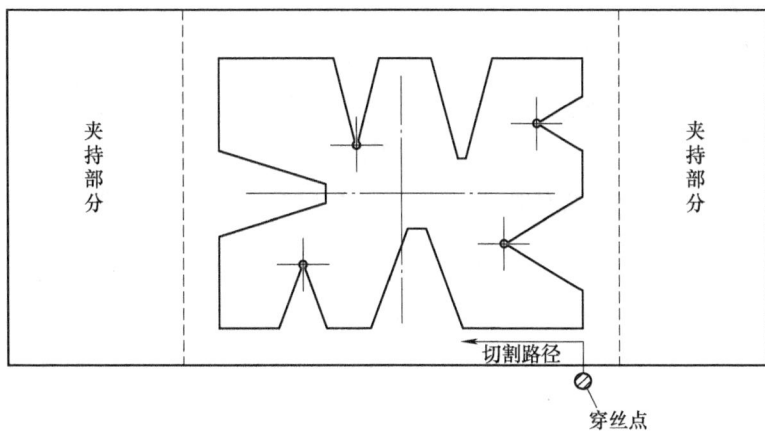

图 5-56　角度样板的装夹

（2）将电极丝移至穿丝点　首先在靠近工件的穿丝点处作个标记，然后开启机床走丝电动机和高频电源（注意：电压幅值、脉冲宽度和峰值电流均打到最小，且不开工作液），手动移动电极丝使电极丝靠近工件的标记点，在出现火花的瞬时，后退 0.5mm。

（3）切割　调整好电极丝的张紧力，准备切割。首先打开脉冲电源，选择合理的电参

数，开启控制器，确定运丝机构和冷却系统工作正常，操作控制器，执行程序。观察加工中火花的状态，确保工作液正确喷射到加工区域。将加工过程参数填写到表 5-1 中。

（4）加工完毕　将工件取下，清洗干净，然后用游标万能角度尺测量相关尺寸，并将结果填写在表 5-1 中。

巩固练习

1. 基础题

1）什么是线切割加工轨迹？

2）轮廓线一般可分为哪三大类？试分别绘制三类轮廓的示意图。

3）线切割从穿丝点到加工起始点的切入方式有哪几种方式？有何区别？

4）CAXA 线切割系统的补偿实现方式有哪两种？有何区别？

5）CAXA 线切割系统的拐角过渡方式有哪两种？有何区别？

6）轮廓的拾取工具菜单有哪几项内容？各有何区别？

2. 上机题

1）在机床加工完成图 5-57 所示五角星的加工。

2）在机床加工完成图 5-58 所示太极零件的加工。

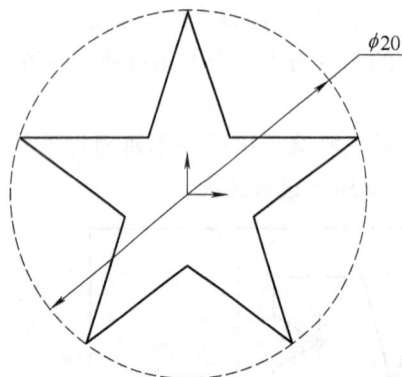

图 5-57　"五角星"零件图

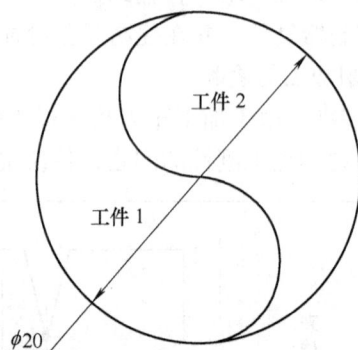

图 5-58　"太极"零件图

任务6　奔驰标志轨迹跳步切割

学习指南

1. 掌握轨迹跳步程序的生成方法。
2. 掌握代码传输方法，学会电缆传输的接线方法。
3. 了解影响切割速度的主要因素。
4. 能够设计线切割的加工路径。
5. 能在线切割机床上运行轨迹跳步程序。

6.1　奔驰标志加工任务书

1）绘制图 6-1 所示的奔驰标志零件图。
2）生成轨迹，并对各轨迹进行跳步操作。
3）生成奔驰标志 3B 代码。
4）在线切割机床加工奔驰标志。
5）检测零件，并将检测结果填写在表 6-1 中。

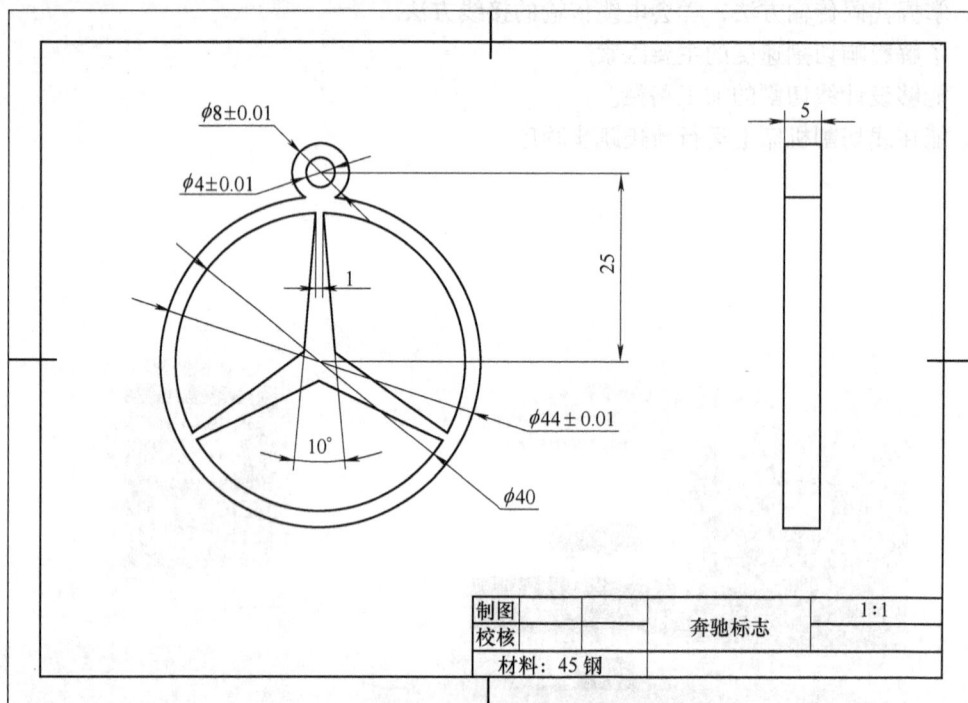

图 6-1　奔驰标致零件图

表 6-1　奔驰标志加工检测项目

姓　名		学　号		钼丝直径	
加工材料		材料厚度		功率管数	
峰值电压		峰值电流		脉冲宽度	
脉冲间隔		占空比		理论偏移量	
实测偏移量		切割速度		走线速度	

序号	测量项目	实际测量结果	是否合格	不合格原因分析	检测量具
1	$\phi44$mm ±0.01mm				25~50mm 外径千分尺
2	$\phi8$mm ±0.01mm				0~25mm 外径千分尺
3	$\phi4$mm ±0.01mm 孔				$\phi4$mm 塞规

6.2　知识摘要

6.2.1　轨迹跳步

当同一零件存在多个加工轨迹时，为了确保各轨迹间的相对位置固定，以切割出合格的工件，CAXA 线切割轨迹生成模块提供了轨迹跳步功能。

（1）功能说明　通过跳步线将各个加工轨迹连接成一个跳步轨迹。

（2）键盘命令　LINK。

（3）操作参数说明

1）单击主菜单【线切割】→【轨迹跳步】，或在【轨迹生成】工具栏中单击 （轨迹跳步）图标按钮，系统在状态栏显示【拾取加工轨迹】。

拾取轨迹可使用拾取工具菜单，当系统提示拾取轨迹时，按空格键可弹出轨迹拾取工具菜单，如图 6-2 所示。

拾取工具菜单共有五个选项，分别为拾取所有、拾取添加、取消所有、拾取取消和取消尾项。

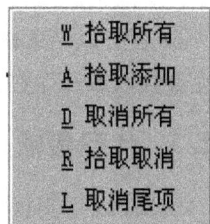

① 拾取所有：将所有生成的轨迹都拾取上。

② 拾取添加：挨个拾取各个轨迹，放入选择集。

③ 取消所有：取消所有已经拾取的加工轨迹。

④ 拾取取消：从拾取集中取消某些轨迹。

⑤ 取消尾项：取消最后拾取的一段加工轮廓。

图 6-2　拾取工具菜单

2）拾取好各加工轨迹后，右击鼠标，结束加工轨迹拾取，系统自动将各个轨迹按照拾取先后的顺序连接成一个跳步加工轨迹。各个轨迹的连接采用尾首相接法，即第一个加工轨迹的退出点与第二个加工轨迹的穿丝点相连接，依次类推。图 6-3 显示了跳步前轨迹与跳步后轨迹的区别。

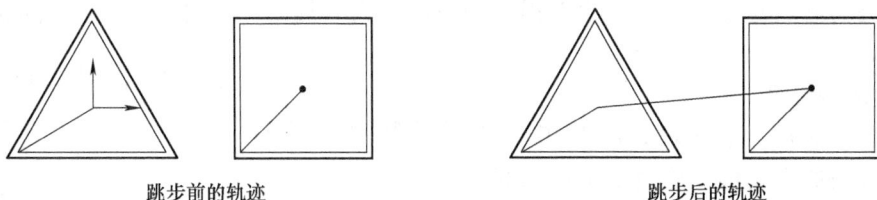

跳步前的轨迹　　　　　　　　　　　　　　跳步后的轨迹

图 6-3　轨迹跳步示意图

6.2.2　取消跳步

（1）功能说明　将用【轨迹跳步】功能生成的跳步轨迹打散成各个独立的加工轨迹。

（2）键盘命义　UNLINK。

（3）操作参数说明

1）单击【取消跳步】图标菜单 ，或单击主菜单【线切割】→【取消跳步】，系统在状态栏显示"拾取跳步加工轨迹",拾取跳步轨迹可使用轨迹拾取工具菜单,也可直接拾取。

2)拾取好跳步轨迹后,右击鼠标结束命令,系统自动将所选择的跳步轨迹分解成各个独立的加工轨迹。

(4)举例

例:取消图 5-18 中切割路径 3、切割路径 4 和切割路径 5 的跳步 5 的跳步轨迹。

操作步骤:

1)打开跳步轨迹文件。

2)取消由切割路径 3、切割路径 4 和切割路径 5 组成的跳步轨迹。

① 单击主菜单【线切割】→【取消跳步】。

② 拾取由切割路径 3、切割路径 4 和切割路径 5 组成的跳步轨迹。

③ 右击以结束跳步加工轨迹的拾取,跳步轨迹被打散成三个独立的轨迹,如图 6-4 所示。

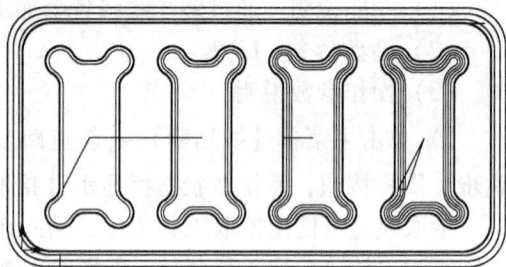

图 6-4 取消跳步

6.2.3 代码传输

CAXA 线切割代码传输与后置设置模组可分为代码传输与后置设置两大部分。代码传输包括应答传输、同步传输、串口传输、纸带传孔四项功能。后置设置包括机床设置、后置设置、R3B 后置设置三项功能。

在 CAXA 线切割主窗口中,单击屏幕左侧的【传输与后置】图标按钮，系统弹出图 6-5 所示的【后置设置】工具栏。

代码传输是将数控代码通过通信电缆直接从计算机传输到数控机床上,这解决了手工键盘输入的繁琐性和易出错性,节省了用键盘输入程序的时间和检查程序的时间,大大提高了生产率。

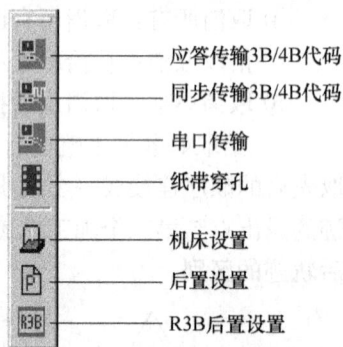

应答传输3B/4B代码
同步传输3B/4B代码
串口传输
纸带穿孔
机床设置
后置设置
R3B后置设置

图 6-5 【后置设置】工具栏

6.2.3.1 应答传输

(1)功能说明 将 3B 或 4B 加工代码以模拟电报头的方式传输给线切割控制器,由机床控制器输出的脉冲信号控制计算机发送数据的速度。计算机并口与线切割控制器通信口的接线如图 6-6 所示。其中 D0、D1、D2、D3、D4 对应控制器接口五根接收数据线 i1、i2、i3、i4、i5,详见机床控制器说明书。

注意:计算机并口的 25 针与 11 针一定要短接。

(2)键盘命令 TRANS3B。

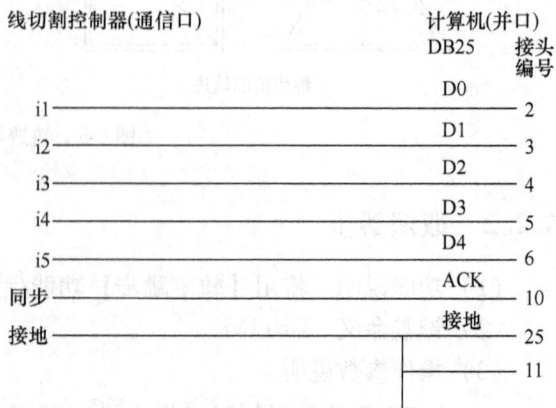

线切割控制器(通信口)　　计算机(并口)
DB25 接头编号
D0 — 2
i1 D1 — 3
i2 D2 — 4
i3 D3 — 5
i4 D4 — 6
i5 ACK — 10
同步 接地 — 25
接地 — 11

图 6-6 应答传输接线图

（3）操作参数说明

1）单击【应答传输 3B/4B 代码】图标按钮 ▣，或单击主
菜单【线切割】→【代码传输】→【应答传输】。如果在执行应答传
输之前系统已存在当前代码文件，系统则弹出一个立即菜单（见
图 6-7），要求选择传输当前代码文件或已存在的代码文件。

图 6-7　应答传输立即菜单

如果当前代码文件不存在，系统则自动选择
传输已存在的代码，弹出【选择传输文件】对话
框（见图 6-8）。

2）选择要传输代码文件的路径和名称，单击
【打开】按钮，系统提示"按 ENTER 或单击鼠标
键开始传输 ESC 退出"。

3）按回车键，系统在提示状态栏显示"正在
检测信号状态 ESC 退出"，表示计算机正在确定机
床发出的信号波形，并发送测试码。此时操作机

图 6-8　【选择传输文件】对话框

床控制器让控制器读入信号，如果控制器发出的信号状态正常，说明系统的测试码被正确发
送，系统则开始正式传输文件代码，并在状态栏下提示"正在传输"；如果机床接受信号已
发出而系统总处于检测机床信号状态，则说明计算机无法识别机床信号，此时可按 ESC 键
退出后再进行检查。

6.2.3.2　同步传输

（1）功能说明　用模拟光电头的方式，将生成的 3B、4B 加工代码快速同步传输给线切
割机床。由计算机发出同步信号驱动机床
接收数据，在向机床发送数据之前，一定
要先将机床置于收信状态，接线方法如
图 6-9 所示。

注意：计算机并口的 25 针与 11 针一定
要短接。

（2）键盘命令　SYN3B。

（3）操作参数说明

1）单击【同步传输】图标按钮 ▣，
或单击主菜单【线切割】→【代码传输】→
【同步传输】。

2）选择要传输的文件。

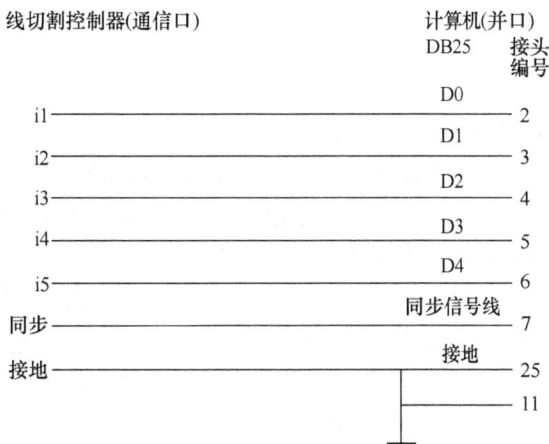

图 6-9　同步传输接线图

3）将机床控制器处于收信状态，并确定计算机与控制器的通信电缆连接无误。

4）按回车键或单击鼠标，开始传输 B 代码。

5）传输完毕，系统在状态栏显示"传输结束"，表示代码传输已成功。

6.2.3.3　串口传输

（1）功能说明　将加工代码以计算机串口通信的形式传输给线切割控制器，适用于有
标准通信接口的控制器。

（2）操作参数说明

1）单击【串口传输】图标按钮，或单击【线切割】→【代码传输】→【串口传输】命令，系统弹出【串口传输】对话框，如图 6-10 所示。

【串口传输】对话框可设置数据通信的波特率、奇偶校验数据位、停止位数、端口、反馈字符、握手方式、结束代码、代码十进制形式、换行符的确定等。设置通信参数必须严格按照控制器的串口参数来设置，确保发送方（如计算机）和接收方（如控制器）两者的参数设置相同。

2）确定好各参数后，单击【确认】按钮，即弹出【选择传输文件】对话框，如图 6-11 所示。被传输文件的格式可以是 ISO 文件、3B 代码文件、4B 代码文件、文本文件及其他类型的文件。

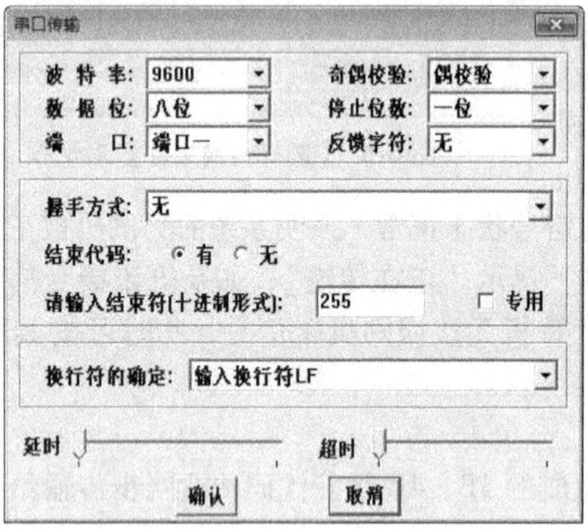

图 6-10　【串口传输】对话框 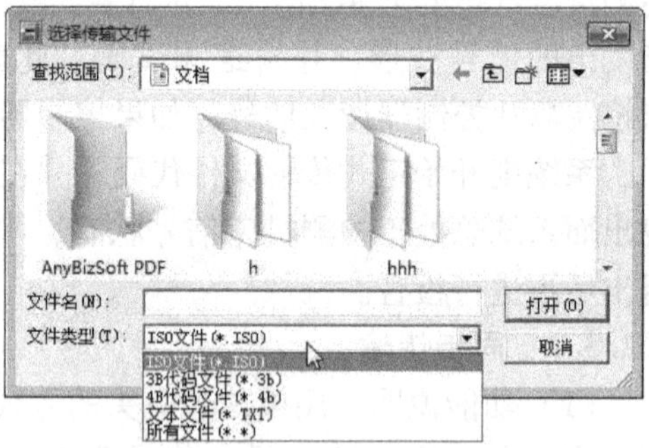　　　　　　　图 6-11　【选择传输文件】对话框

3）选择文件及路径后，单击【确定】按钮，系统在状态栏中显示"单击鼠标键或按 ENTER 键开始传输 ESC 退出"。

4）确保控制器已处于正常接收状态，按回车键开始传输。

5）传输完毕，系统显示"传输结束"，表示代码传输已成功。

6.2.3.4　纸带穿孔

（1）功能说明　将生成的 3B 加工代码传输给纸带穿孔机，穿孔机根据加工代码对纸带进行打孔处理，利用此方式进行通信的控制器目前已很少见。本系统的纸带穿孔功能目前只支持长江无线电厂生产的 JP-100K 型穿孔机。

（2）键盘命令　PUNCH3B。

（3）操作参数说明

1）单击【纸带穿孔】图标按钮，或单击主菜单【线切割】→【代码传输】→【纸带穿孔】，系统弹出【选择传输文件】对话框。

2）选择要传输的代码文件，并确认穿孔机已处于工作状态，单击【确定】按钮，系统提示"正在打纸带"。

3）纸带穿孔完毕，系统显示"传输结束"，命令结束。

6.2.3.5　传输参数设置

（1）功能说明　用于设置应答传输和同步传输的参数。

（2）操作参数说明

单击【线切割】→【代码传输】→【传输设置】，系统弹出【传输参数设置】对话框，如图 6-12 所示。

该对话框分为三个部分：应答传输设置、同步传输设置和公共参数设置。

1）应答传输设置。

① 有效电平：分为低电平有效和高电平有效两个单选框。

② 暂停码：可输入与控制器相应的暂停码。

③ 需要启停信号：在该框内打√，则要求有启停信号，否则就不需要启停信号。

2）同步传输设置。

① 发送端口：有扩展并口和系统并口两个单选框。

② 有效电平：分低电平有效和高电平有效两个单选框。

③ 同步脉冲宽度：可输入同步脉冲的宽度值，单位是 ms。

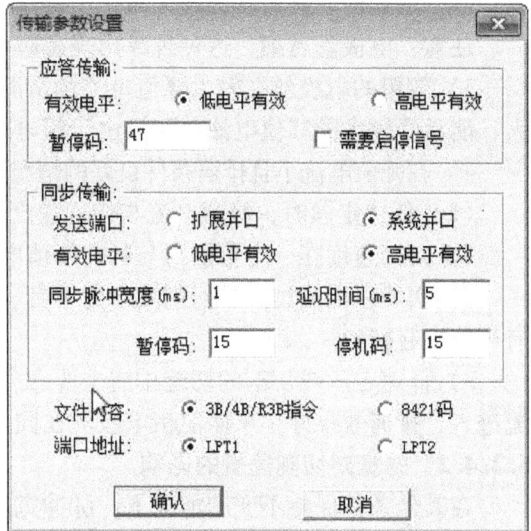

图 6-12　【传输参数设置】对话框

④ 延迟时间：可输入脉冲延迟的时间，单位是 ms。

⑤ 暂停码：输入暂停码。

⑥ 停机码：输入停机码。

3）公共参数设置。

① 文件内容：指程序代码的格式，有 3B/4B/R3B 指令和 8421 码两个单选框。

② 端口地址：可以选择计算机的通信端口 LPT1 或 LPT2。

6.2.4　影响切割速度的主要因素

6.2.4.1　峰值电流对切割速度的影响

在其他条件保持不变的情况下，峰值电流对切割速度的影响如图 6-13 所示。

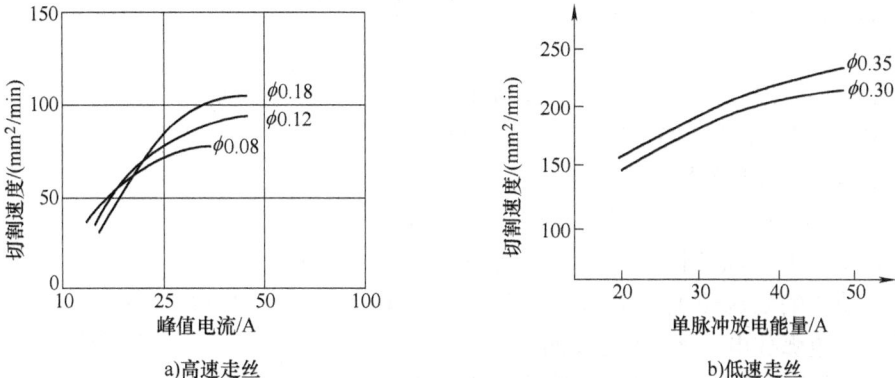

a)高速走丝　　　b)低速走丝

图 6-13　峰值电流与切割速度

（1）高速走丝时，峰值电流与切割速度的关系（见图6-13a）

1）切割速度在一定范围内，随脉冲峰值电流的增大而增大。

2）当峰值电流大到一定程度时，由于加工电流增大，电蚀产物浓度增加，会影响加工稳定性，从而使切割速度的增大减慢，甚至会导致切割速度因峰值电流的增大而下降。

注意：电极丝越细，这种现象出现得越早。

3）较粗的电极丝在较大峰值电流的情况下仍可稳定加工，主要是因为电极丝横截面积大，能承受较大的峰值电流，而且由于粗电极丝加工切缝较宽，也有助于电蚀产物的排出。

4）在峰值电流小且排屑条件良好的情况下，细电极丝的切割速度会比粗电极丝的高一些。

（2）低速走丝时，峰值电流与切割速度的关系（见图6-13b）

1）切割速度在一定范围内与脉冲峰值电流成比例增加。

2）当峰值电流过大且切割液状况不良，使电蚀产物不易排出时，切割速度会减慢，并有可能引起断丝。

3）低速走丝线切割的切缝排屑主要靠高压冲淋强制排屑，电极丝粗一点有利于高压水流进入，排屑效果好，从而使粗电极丝在同等条件下的切割速度比细电极丝的高一些。

6.2.4.2 脉宽对切割速度的影响

在其他条件保持不变的情况下，脉冲宽度对切割速度的影响如图6-14所示。

1）切割速度随着脉冲宽度的增加而增加。

2）当脉冲宽度增大到一定范围时，切割速度将明显偏离其正比关系，甚至会导致切割速度因脉冲宽度的增大而下降。

3）脉冲宽度过大，可能会使正常的脉冲放电状态转变为瞬间电弧放电，从而烧坏工件或断丝。

4）由于低速走丝时排屑条件差，所以一般不采用增加脉冲宽度的方法来提高切割速度，而是以短脉冲高峰值电流的方式来提高切割速度。

5）低峰值电流的情况下，脉冲宽度过大会导致热量向工件内部传散，这样不仅会影响切割速度，还会影响加工表面热影响层的厚度。

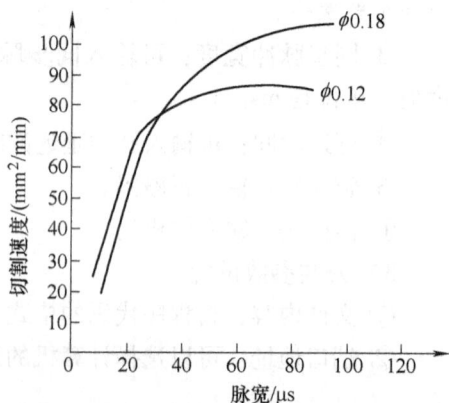

图6-14 脉冲宽度与切割速度

6.2.4.3 脉冲间隔对切割速度的影响

在其他条件保持不变的情况下，脉冲间隔对切割速度的影响如图6-15所示。

1）切割速度随着脉冲间隔的减小而增加。

2）当脉冲间隔远大于脉冲宽度时，脉冲间隔的减小会使切割速度成比例增大。

3）当脉冲间隔与脉冲宽度差不多时，脉冲间隔过小会使切割中的电蚀产物浓度剧增而使加工变得不稳定，严重影响切割速度的提高，甚至因脉冲间隔过小而产生电弧放电，使电极丝烧断。

4）在高速走丝情况下，其脉冲峰值电流一般都

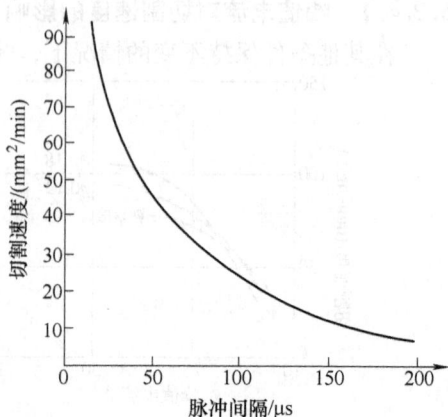

图6-15 脉冲间隔与切割速度

要在 20A 以下，脉冲间隔一般为脉冲宽度的 4~8 倍为佳。

　5）当工件较厚时，排屑条件恶劣，可以适当增加脉冲间隔，降低加工电流和切割速度，以提高切割稳定性。

　6）高速走丝线切割机床在脉冲峰值电流≤20A 时，其脉冲宽度与脉冲间隔的比值可参考表 6-2。

表 6-2　脉冲宽度与脉冲间隔比

电源波形	方　波			分　组　脉　冲			高低压分组脉冲		
厚度 材料	普通厚度	大厚度	超厚度	普通厚度	大厚度	超厚度	普通厚度	大厚度	超厚度
Cr12	1:3	1:5	1:7	1:3	1:4	1:6	1:3	1:4	1:5
Cr12MoV CrWMn	1:4	1:6	1:8	1:4	1:5	1:7	1:4	1:5	1:6
H62	1:2	1:4	1:5	1:2	1:3	1:5	1:2	1:4	1:5
纯铜	1:3	1:5	1:7	1:3	1:4	1:7	1:3	1:4	1:6
硬质合金	1:5	1:6	1:7	1:4	1:5	1:8	1:4	1:5	1:6
铸铁	1:5	1:6	1:7	1:4	1:6	1:9	1:4	1:5	1:6
不锈钢	1:4	1:6	1:8	1:4	1:6	1:8	1:4	1:5	1:7
电工纯铁	1:4	1:6	1:8	1:4	1:5	1:7	1:4	1:5	1:6
硅钢片	1:5	1:7	1:9	1:5	1:6	1:9	1:4	1:5	1:6

6.2.4.4　开路电压对切割速度的影响

　开路电压又称空载电压，开路电压对切割速度的影响如图 6-16 所示。

　1）一般情况下，开路电压的升高会使切割速度显著提高，因为空载电压的升高会使脉冲峰值电流和平均加工电流提高。

　2）当开路电压升高到一定程度时，电蚀产物浓度增加，排屑条件恶化，影响切割速度的提高，此时我们可以增大电极丝的直径来改善排屑条件。

　3）若开路电压过低（如<50V），则会因为放电间隙过小而无法稳定加工。

　4）在其他条件保持不变的情况下，开路电压越高，放电间隙就越大。提高开路电压有助于增大放电间隙，改善排屑条件，从而有助于切割速度的提高。

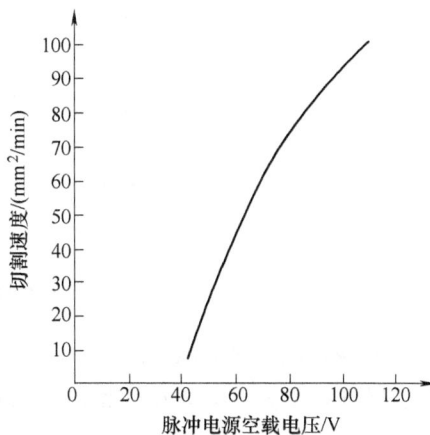

图 6-16　开路电压与切割速度

　5）在高速走丝时，用乳化油作为工作液，此时最高开路电压不宜超过150V；而低速走丝时用去离子水作为工作液，并采用高压喷射强行排屑，故此时开路电压可以提高到350V。

6.2.5　线切割的加工路径

6.2.5.1　穿丝孔的确定

　不同的工件，加工穿丝孔的位置是不同的。

1）当切割带有封闭型孔的凹模工件时，对于小的型孔切割，穿丝孔可设在型孔中心，这样可准确地加工穿丝孔；对于大的型孔切割，穿丝孔可设在靠近加工轨迹的边角处，注意无用的切入行程不要太长，否则浪费加工时间，如图 6-17 所示。在同一工件上要切割出两个以上模孔时，应设置在各自独立的穿丝孔，不可仅设一个穿丝孔就一次切割出所有模孔。

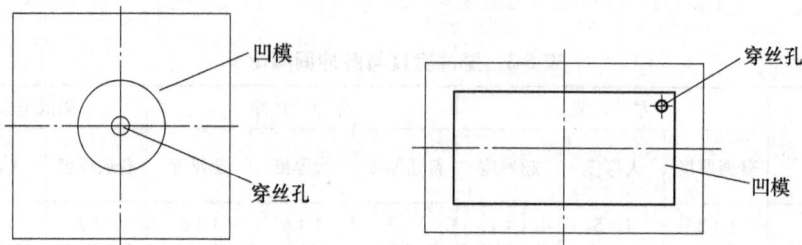

图 6-17　凹模加工穿丝孔的位置

2）在切割凸模外形时，应将穿丝孔选在型面外，设在加工起点处。许多模具制造者在切割凸模类外形工件时，常不加工穿丝孔，直接从材料的侧面切入，这样在切入处产生缺口，残余应力从切入口向外释放，易使凸模变形（见图 6-18a）。最好加工穿丝孔，从工件内对凸模进行封闭切割（见图 6-18b）。切割窄槽时，穿丝孔应设在图形的最宽处，不允许穿丝孔与切割轨迹发生相交现象。切割大型凸模时，可沿加工轨迹设置数个穿丝孔，以便切割中发生断丝时能够就近重新穿丝，继续切割。

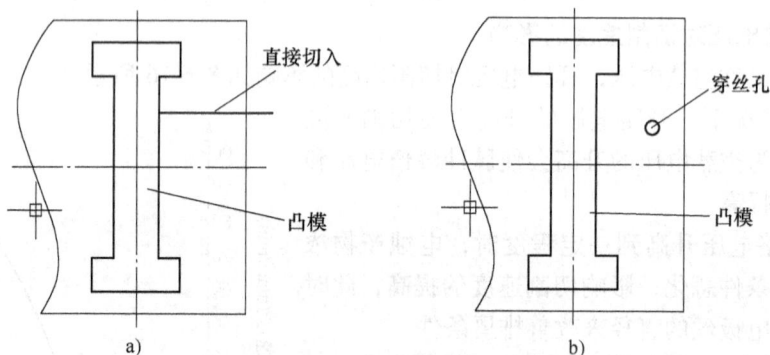

图 6-18　凸模加工穿丝孔的位置

穿丝孔的直径大小要适宜，一般为 $\phi 2 \sim 8mm$。若孔径过小，既增加钻孔难度又不方便穿丝；若孔径太大，则会增加钳工工作量。如果要求切割的型孔数较多，孔径太小，排布较为密集，则应采用较小的穿丝孔（$\phi 0.3 \sim 0.5mm$），以避免各穿丝孔相互打通或发生干涉现象。

6.2.5.2　切割路线的确定

（1）切割轨迹与工件轮廓的关系　工件的电火花线切割加工轨迹是尺寸均匀、宽窄不等的切缝。因此，切割对象的轮廓尺寸与电极丝中心运动轨迹存在着尺寸差异。为了使加工图形的轮廓尺寸满足图样设计要求，必须使电极丝中心的运动轨迹偏离该尺寸一个固定值。例如切割凸型时，电极丝的中心运动轨迹必须大于工件的轮廓尺寸，并从图形的外部向内切入，如图 6-19a 所示；切割凹型时，电极丝的运动轨迹必须小于工件的轮廓尺寸，并从图形的内部向外切入，如图 6-19b 所示。

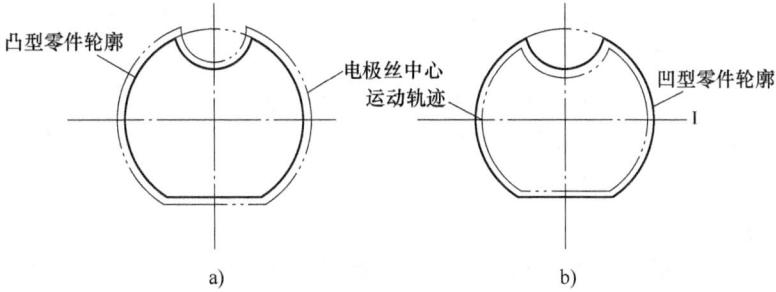

图 6-19　电极丝中心运动轨迹与加工轮廓的关系
a）凸型加工　b）凹型加工

（2）切割路线的确定　在整块材料上切割工件时，材料的边角处变形较大（尤其是淬火钢和硬质合金），因此确定切割路线时，应尽量避开坯料的边角处。在加工某些凸型零件时，切割路线错误容易使工件产生变形而导致加工误差，如图 6-20a 所示。若按照图 6-20b 的切割路线加工，则可在大部分切割时间内保持工件的夹持刚度，使之免于变形。一般情况下，合理的切割路线应使工件与其夹持部位分离的切割段安排在总的切割程序末端。

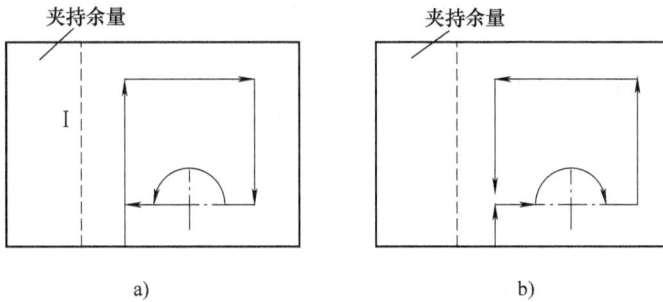

图 6-20　切割路线的确定

对于工件变形的影响不突出的图形，则可按照图样的尺寸标注方向确定切割路线。不同的工件在图样设计和绘制时，尺寸沿顺时针方向标注或沿逆时针方向标注。在实施轨迹控制的编程计算时，是否遵循设计图样的尺寸标注方向，其编程的繁简程度差异很大。为了简便计算，切割路线按图样的绘制方向和尺寸标注的方向最为有利。图 6-21a 标注方向有利于顺

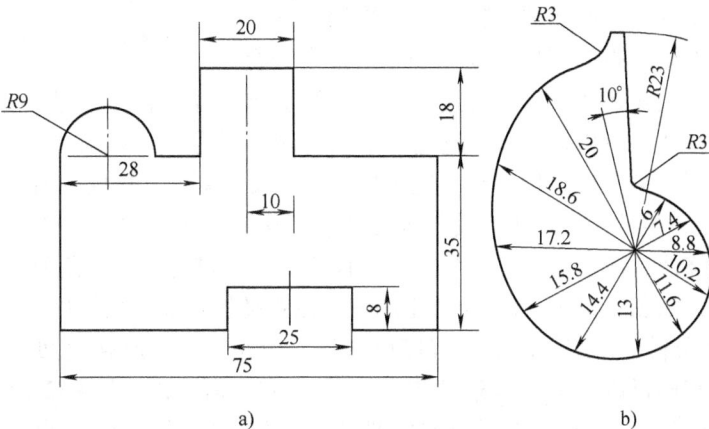

图 6-21　图样尺寸标注法对切割路线的影响

时针切割路线的计算;图 6-21b 的尺寸标注方向有利于逆时针切割路线的计算。

6.2.5.3　加工路径的优化

电火花线切割加工路径的合理与否关系到工件变形的大小。因此,优化加工路径有利于提高电火花线切割加工质量、缩短加工时间。加工路径的安排应避免工件在加工过程中应力变形的影响,并遵循以下原则。

(1) 加工起点的确定

1) 一般情况下,最好将加工起点安排在靠近夹持端,将工件与其夹持部分分离的切割段安排在加工路径的末端,将暂停点设在靠近工件夹持端部位。

2) 加工路径的起始点应选择在工件表面较为平坦、对工作性能影响较小的部位。对于精度要求较高的工件,最好将加工起点取在坯件上预制的穿丝孔中,不可从坯件外部直接切入,以免引起工件切开处发生变形。

(2) 进刀点的确定

1) 从加工起点至进刀点路径要短,如图 6-22 所示。

2) 进刀点从工艺角度考虑,放在棱边处为好。

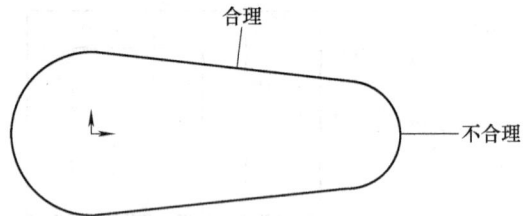

3) 进刀点应避开有尺寸精度要求的地方,如图 6-23 所示。

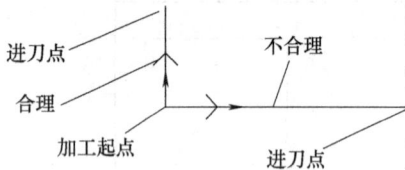

图 6-22　进刀点路径要短　　　　　图 6-23　进刀点应避开有尺寸精度要求的地方

4) 进刀线应避免与程序第一段、最后一段重合或构成小夹角,如图 6-24 所示。

(3) 加工路径的优化

1) 为减小工件变形,加工路径与工件外形应保持一定的距离,一般应大于 5mm。

2) 对于一些形状复杂、壁厚或截面变化大的凹模型腔零件,为减小变形,保证加工精度,宜采用二次切割法。通常,精度要求高的部位留 2～3mm 余量先进行

图 6-24　进刀线避免构成小夹角

粗切割,待工件释放较多变形后,再进行精切割至要求尺寸。若为了进一步提高切割精度,在精切割之前,留 0.20～0.30mm 余量进行半精切割,即为三次切割法,第一次为粗切割,第二次为半精切割,第三次为精切割。这是提高模具线切割加工精度的有效方法。

3) 电极丝是个柔性体,加工时受放电压力、工作液介质压力等的作用,会造成加工区间的电极丝向后挠曲,滞后于上、下导丝口一段距离,在进行拐角切割时,会抹去工件轮廓的尖角造成塌角,如图 6-25 所示。为防止塌角,在路径优化上可采用以下方法。

① 在外面的余料上过切,即沿原程序段多切一段距离,再原路返回。在这个过切过程中,电极丝已回直侧可以加工出清晰的尖角。如图 6-26 所示的 A1→A2 段,使电极丝切割的最大滞后点达到程序 A1 点,然后再前进到附加点 A2,并返回至 A1 点,接着再执行原程序,便可切割出尖角。

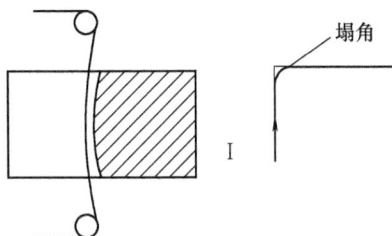

图 6-25　电极丝造成塌角　　　　　　图 6-26　过切

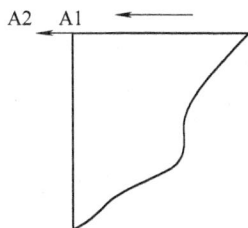

② 增加附加程序的加工路径，如图 6-27 所示，便可切割出清晰的尖角。

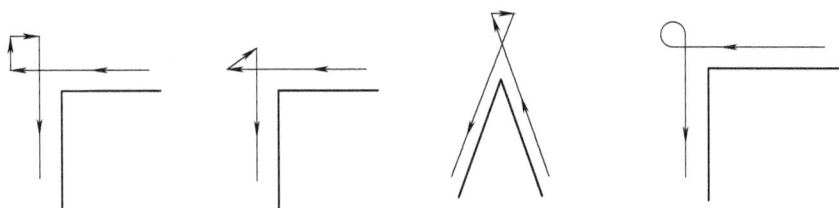

图 6-27　增加附加程序的加工路径

③ 若发现图样要求的内圆角半径小于切割时的偏移量，将会造成圆角处"根切"现象。因此，应明确图样轮廓中最小圆角必须大于最后一遍修切的偏移量，否则应选择直径更细的电极丝。

6.3　上机操作

1. 绘制奔驰标志图形

操作步骤：

1）单击【基本曲线】模块中的【直线】命令，在立即菜单中选择【两点线】方式，做一条 Y 轴辅助线，长度为 25mm，如图 6-28 所示。

图 6-28　绘制 Y 轴辅助线

2）再次执行【直线】命令，在立即菜单中选择【平行线】方式，绘制两条分别与 Y 轴辅助线相距 0.5mm 的辅助线，如图 6-29 所示。

3）单击【基本曲线】模块中的【圆】命令，在立即菜单中选择【圆心_半径】方式，绘制四个圆，其半径分别为 $R22mm$、$R20mm$、$R4mm$、$R2mm$，如图 6-30 所示。

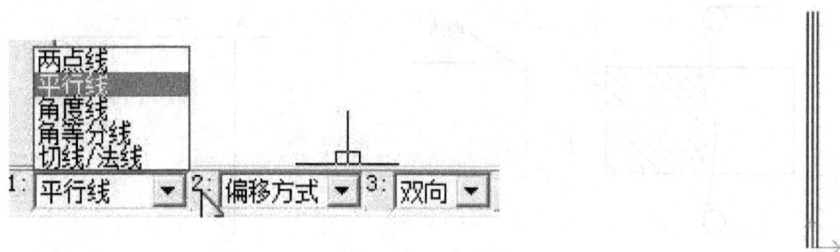

图 6-29　绘制两条平行线

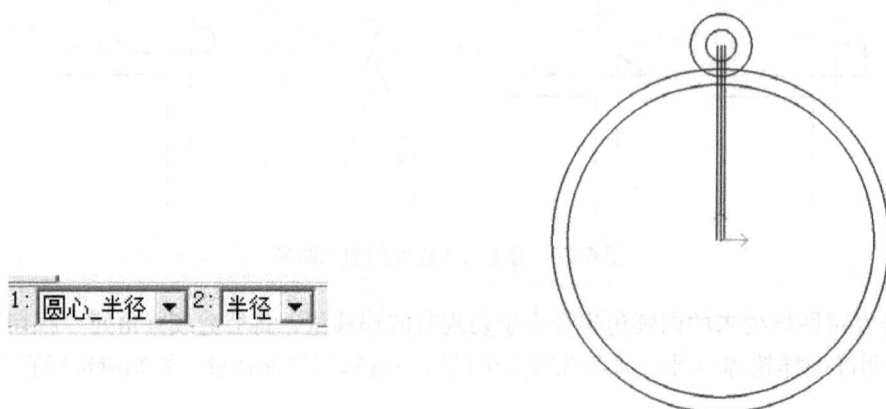

图 6-30　绘制四个圆

4）单击【基本曲线】模块中的【直线】命令，在立即菜单中选择【角度线】方式，以 0.5mm 的两条辅助线与 R20mm 圆的两个交点为起点，分别各向两侧做角度线，与 X 轴夹角分别为 265°与 275°，如图 6-31 所示。

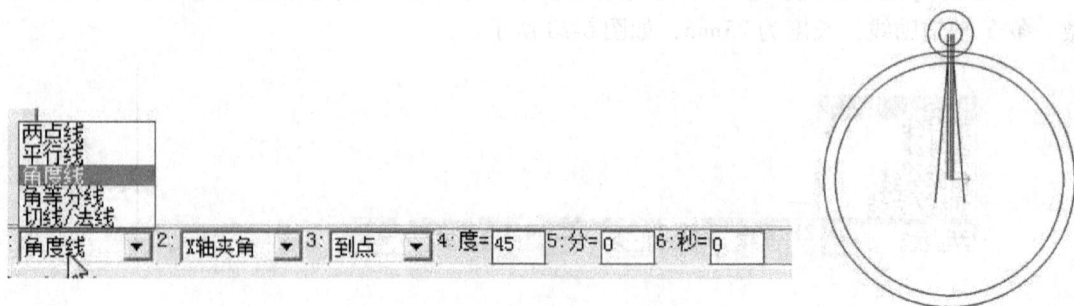

图 6-31　绘制两条角度线

5）单击【曲线编辑】模块中的【阵列】命令，在立即菜单中选择【圆形阵列】，拾取 265°与 275°的两条角度线，然后以（0，0）点为圆形阵列中心，完成阵列，如图 6-32 所示。

图 6-32 阵列

6）单击【曲线编辑】模块中的【裁剪】命令🔧，对图形中多余线段进行裁剪，并删除多余的线条。绘制完毕的奔驰标志如图 6-33 所示。

2. 线切割奔驰标志工艺参数的确定

根据图 6-34 所示的奔驰标致加工轨迹图，生成切割加工轨迹，加工参数见表 6-3。

图 6-33 绘制完毕的图形

图 6-34 切割路径示意图

表 6-3 各切割路径参数

切割路径	切入方式	穿 丝 点	退 出 点	偏移量/补偿值
切割路径 1	直线	(-9.731, 5.618)	(-9.731, 5.618)	偏移量 = 钼丝半径 + 放电间隙 0.01mm（内轨迹）
切割路径 2	直线	(9.731, 5.618)	(9.731, 5.618)	偏移量 = 钼丝半径 + 放电间隙 0.01mm（内轨迹）
切割路径 3	直线	(0, -11.236)	(0, -11.236)	偏移量 = 钼丝半径 + 放电间隙 0.01mm（内轨迹）
切割路径 4	垂直	(9.731, 25)	(9.731, 25)	偏移量 = 钼丝半径 + 放电间隙 0.01mm（外轨迹）

3. 生成奔驰标志切割轨迹

操作步骤：

1）打开奔驰标志的图形文件。

2）生成切割路径 1 的轨迹

① 单击主菜单【线切割】→【轨迹生成】。

② 按图 6-35 所示填写【切割参数】选项卡。

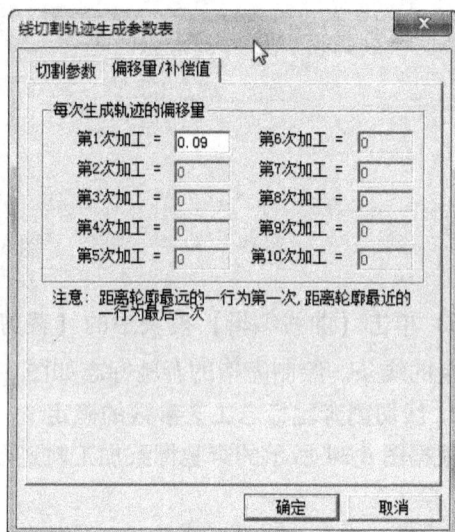

③ 按图 6-36 所示填写【偏移量/补偿值】选项卡。

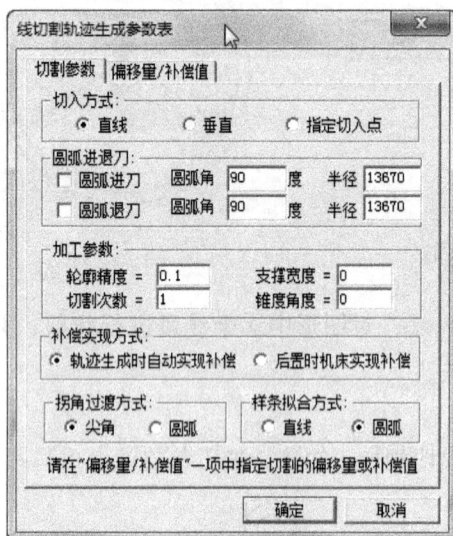

图 6-35　【切割参数】选项卡　　　　图 6-36　【偏移量/补偿值】选项卡

④ 单击【确定】按钮。

⑤ 如图 6-37 所示，单击 P 点，沿轮廓 1 方向出现一对反向的箭头（绿色）。

⑥ 选择顺时针方向箭头，切割方向拾取完毕。此时在轮廓法线方向出现一对反向的箭头（绿色），系统提示"选择加工的侧边或补偿方向"，如图 6-38 所示。

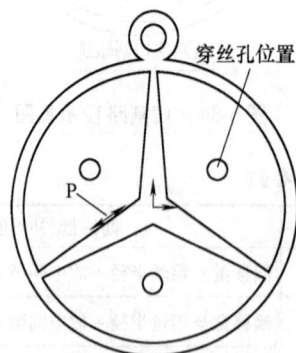

图 6-37　选择切割方向的箭头　　　　图 6-38　选择补偿方向

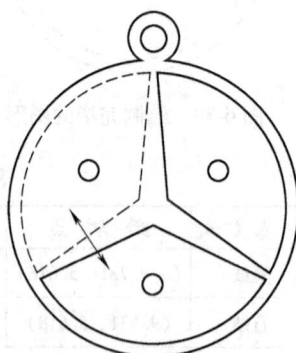

⑦ 选择轮廓 1 内侧箭头作为补偿的方向。

⑧ 输入穿丝点坐标，回车。

⑨ 按回车键，确认退出点与穿丝点重合，系统生成切割路径 1 的轨迹，如图 6-39 所示。

3）用同样的方法生成切割路径 2、切割路径 3 的轨迹。生成的轨迹如图 6-40 所示。

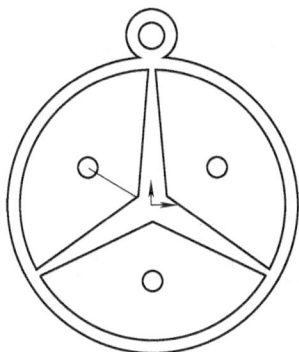

图 6-39　生成切割路径 1 的轨迹

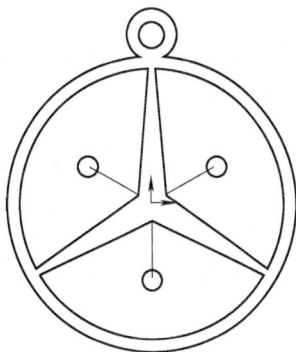

图 6-40　生成的内轮廓轨迹

4）生成切割路径 4 的轨迹。

① 如图 6-41 所示，单击 P1 点，沿轮廓方向出现一对反向的箭头（绿色）。

② 选择逆时针方向的箭头作为切割的方向，此时在轮廓法线方向出现一对反向的箭头（绿色），如图 6-42 所示。

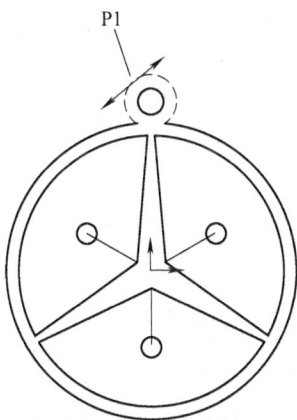

图 6-41　选择切割方向

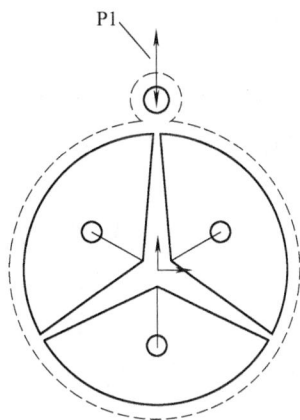

图 6-42　选择补偿方向

③ 选择指向轮廓外侧的箭头作为补偿的方向。

④ 输入穿丝点坐标，回车。

⑤ 按回车键，使退出点与穿丝点重合，系统自动生成加工轨迹如图 6-43 所示。

4. 奔驰标志轨迹跳步

将图 6-34 所示的切割路径 1、切割路径 2、切割路径 3 和切割路径 4 的轨迹组成一个跳步轨迹。

操作步骤：

1）打开奔驰标志轨迹文件。

2）单击主菜单【线切割】→【轨迹跳步】。系统在状态栏上显示"拾取加工轨迹"。

3）依次拾取切割轨迹 1、切割轨迹 2、切割轨迹 3、切割轨

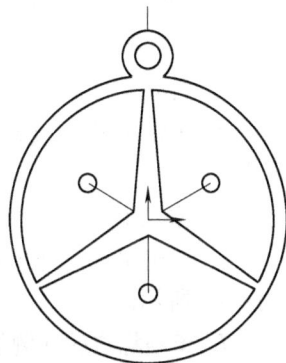

图 6-43　生成外轮廓的轨迹

迹4。

4) 右击鼠标，结束加工轨迹拾取，系统生成跳步轨迹如图6-44所示。

5. 奔驰标志轨迹仿真

操作步骤：

1) 单击主菜单【线切割】→【轨迹仿真】。

2) 将轨迹仿真的立即菜单设置为 1: 连续 ▼ 2:步长 0.01 。

3) 拾取跳步轨迹，系统开始动态模拟切割的全过程，如图6-45所示。

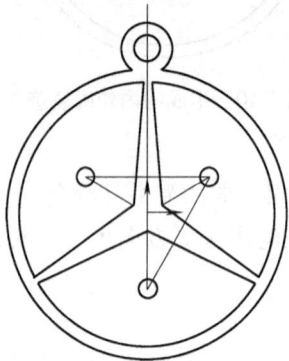

图6-44　生成切割路径1、2、3、4的跳步轨迹　　　图6-45　动态仿真切割路径的轨迹

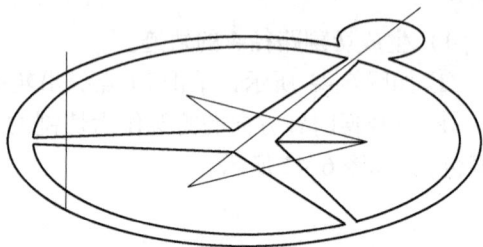

6. 查询奔驰标志总切割面积

操作步骤：

1) 单击【查询切割面积】图标按钮 📷 ，或单击主菜单【线切割】→【查询切割面积】，系统在状态栏显示"拾取加工轨迹"。

2) 用鼠标拾取要查询长度及面积的加工轨迹，系统弹出输入工件厚度文本框，如图6-46所示。

该查询结果共有三项内容，分别是轨迹长度、工件厚度和切割面积，仔细查看后，单击【确定】按钮，退出查询命令。

图6-46　输入工件厚度文本框

3) 若工件厚度为5mm，试查询切割路径3的轨迹长度及切割面积。

操作步骤：

① 打开文件。

② 单击主菜单【线切割】→【查询切割面积】。

③ 输入工件厚度值5，回车。

④ 右击鼠标，弹出查询结果显示窗口，如图6-47所示。

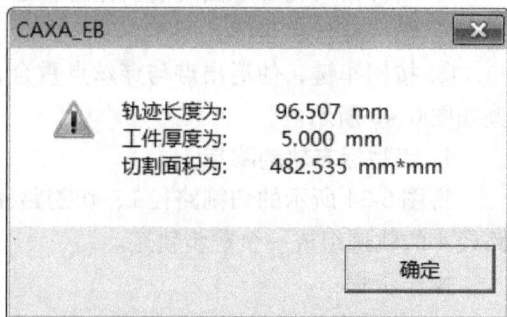

图6-47　查询结果显示窗口

7. 奔驰标志的切割加工与检验

(1) 划线并钻穿丝孔　根据预设置的穿丝孔来划线，打样冲，并在穿丝孔位置钻孔。

(2) 工件的装夹　由于加工奔驰标志的材料一般选择钢板或不锈钢片，其厚度一般为

5mm，考虑到加工刚性的问题，建议按图6-48所示进行装夹。

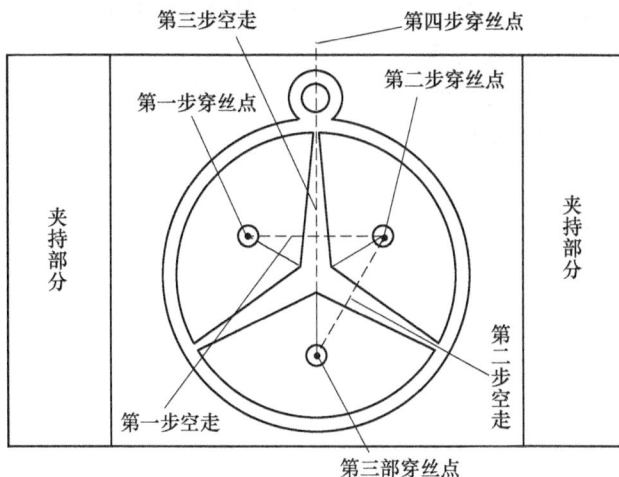

图6-48　奔驰标志的装夹

（3）将电极丝移至穿丝点　首先将钼丝穿入预打的穿丝孔内，并通过控制器的自动找圆心功能找到圆心。

（4）切割

1）调整好电极丝的张紧力，准备切割。首先打开脉冲电源，选择合理的电参数，开启控制器，确定运丝机构和冷却系统工作正常，操作控制器，执行程序。观察加工中火花的状态，以确保工作液正确喷射到加工区域。

2）在第一个图形切割完成后，将电极丝从奔驰工件中间卸下，在控制器上执行下一步空走程序，跳步完成后，将电极丝穿入第二个穿丝孔内，通过控制器继续切割，依次按照同样的方法完成第三步及第四步的切割，将加工过程参数填写到表6-1中。

（5）加工完毕　将工件取下，清洗干净，然后用千分尺及塞规测量相关尺寸，并将结果填写在表6-1中。

巩固练习

1. 基础题

1）试述一下CAXA线切割系统中轨迹跳步和取消跳步的操作步骤。

2）请绘制"应答传输"方式控制器与计算机并口的接线图。

3）请绘制"同步传输"方式控制器与计算机并口的接线图。

4）试述峰值电流对切割速度的影响。

5）试述脉冲宽度对切割速度的影响。

6）试述脉冲间隔对切割速度的影响。

7）试述开路电压对切割速度的影响。

8）如何确定穿丝孔的位置？

9）加工路线的优化原则有哪些？

2. 上机题

1）绘制图 6-49 所示的定位拉环零件，并根据图形生成加工轨迹，对生成的轨迹进行跳步操作，然后在机床上完成切割任务。

2）绘制图 6-50 所示的定位挡圈零件，并根据图形生成加工轨迹，对生成的轨迹进行跳步操作，然后在机床上完成切割任务。

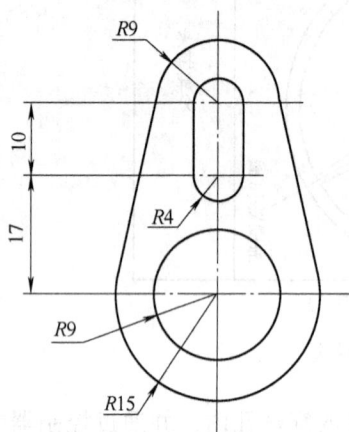

图 6-49　定位拉环

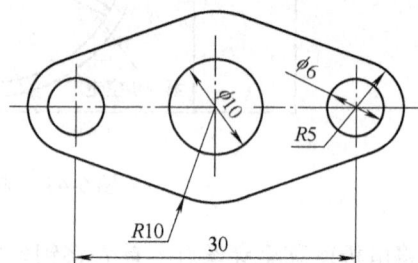

图 6-50　定位挡圈

任务7 线切割冲压模具

学习指南

1. 掌握冲压模具切割方法。
2. 懂得线切割冲压模具的切割要求。
3. 线切割冲压模具的凹模与凸模的配合要求及补偿参数的设置。

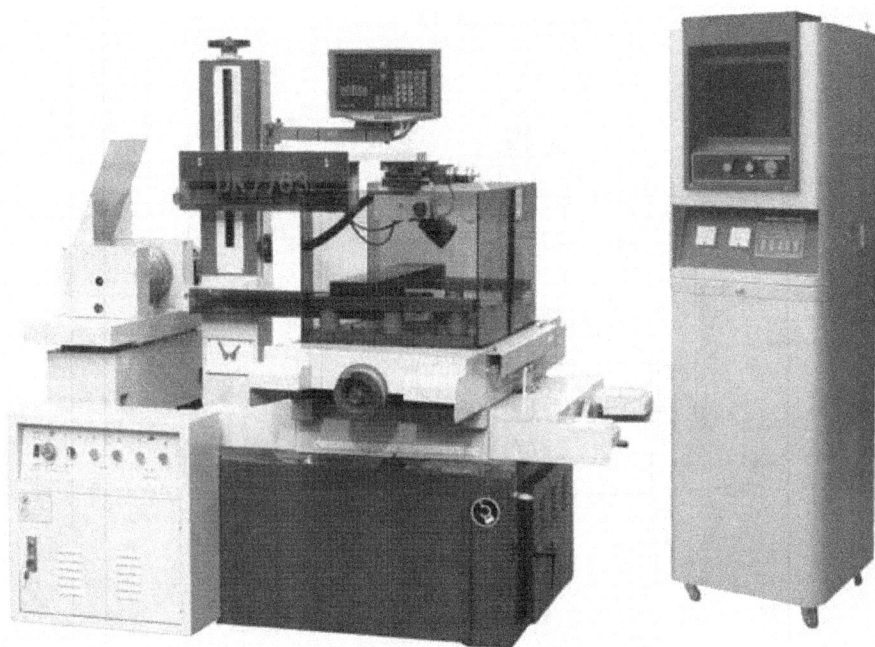

7.1　冲压模具加工任务书

1）绘制点钞机弹性压轮支架零件图，如图 7-1 所示。

2）完成点钞机弹性压轮支架凹模与凸模线切割工艺的安排。

3）在线切割机床上完成凸、凹模零件的切割加工。

4）检测凸、凹模零件的刃口尺寸，并将检测结果填写在表 7-1、表 7-2 中。

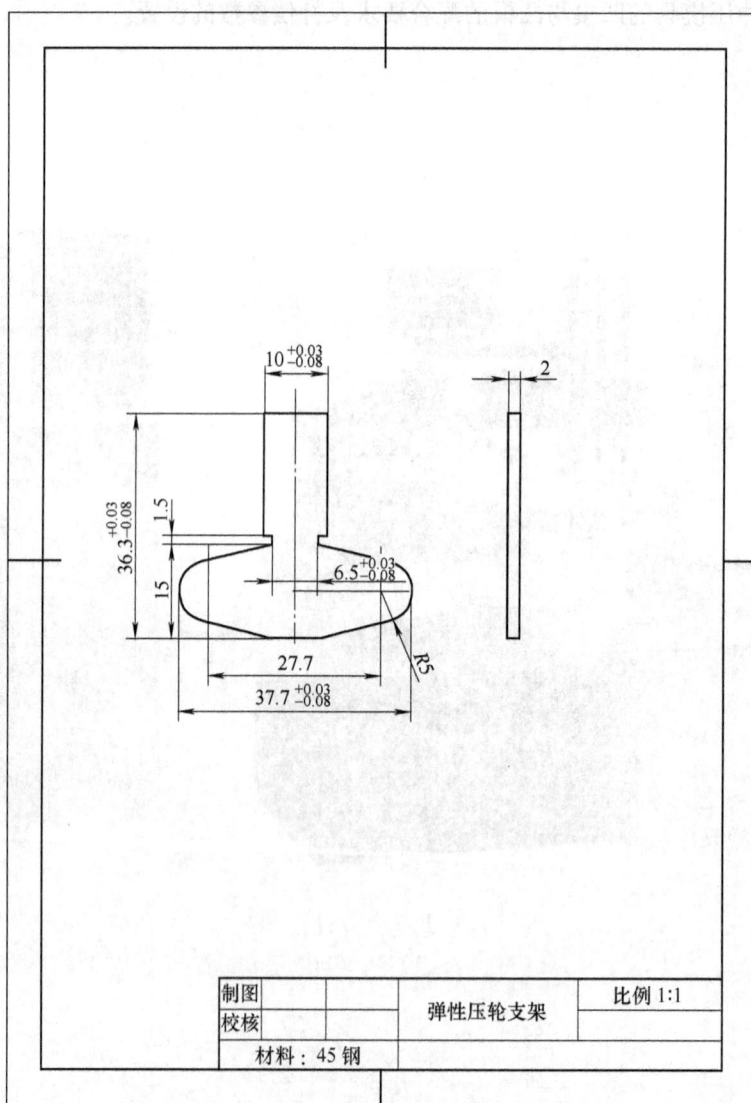

制图			弹性压轮支架	比例 1:1
校核				
材料：45 钢				

图 7-1　弹性压轮支架

表 7-1　弹性压轮支架凹模加工检测项目

姓　名		学　号		钼丝直径	
加工材料		材料厚度		功率管数	
峰值电压		峰值电流		脉冲宽度	
脉冲间隔		占空比		理论偏移量	
实测偏移量		切割速度		走线速度	

序号	凹模测量项目	实际测量结果	是否合格	不合格原因分析	检测量具
1	$37.7^{+0.03}_{-0.08}$ mm				25～50mm 内测千分尺
2	$6.5^{+0.03}_{-0.08}$ mm				5～30mm 内测千分尺
3	$36.3^{+0.03}_{-0.08}$ mm				25～50mm 内测千分尺
4	$10^{+0.03}_{-0.08}$ mm				5～30mm 内测千分尺

表 7-2　弹性压轮支架凸模加工检测项目

姓　名		学　号		钼丝直径	
加工材料		材料厚度		功率管数	
峰值电压		峰值电流		脉冲宽度	
脉冲间隔		占空比		理论偏移量	
实测偏移量		切割速度		走线速度	

序号	凸模测量项目	实际测量结果	是否合格	不合格原因分析	检测量具
1	$37.7^{-0.14}_{-0.16}$ mm				25～50mm 外径千分尺
2	$6.5^{-0.14}_{-0.16}$ mm				0～150mm 带表游标卡尺
3	$36.3^{-0.14}_{-0.16}$ mm				25～50mm 外径千分尺
4	$10^{-0.14}_{-0.16}$ mm				0～25mm 外径千分尺
5	$15^{-0.14}_{-0.16}$ mm				0～150mm 带表游标卡尺
6	$1.5^{-0.14}_{-0.16}$ mm				0～150mm 带表游标卡尺

7.2　知识摘要

7.2.1　冲裁工艺及冲裁模具简介

1. 冲裁工艺

冲裁工艺是利用压力使材料在规定的区域内受到剪切而与母体产生分离的一种加工方式。通常，这种规定区域是通过模具的形式得以实施的，故此类模具也被称为冲裁模具。

利用冲裁工艺实现板材成形的种类很多，比如落料、冲孔、切断、切边、切口等，其中应用得最多的是落料和冲孔。

1）落料：落料是指从母体板料上冲裁下所需形状的零件（或毛坯）。

2）冲孔：冲孔是指在零件（或毛坯）上冲出所需形状的孔（冲去部分为废料）。

现实加工中，我们经常设计成复合模具，让落料和冲孔在同一过程同一时间内完成，如

图 7-2 所示。

2. 冲裁变形过程

冲裁变形过程如图 7-3 所示，大致可分为三个阶段：

1）弹性变形阶段。当凸模下压接触板料时，材料将产生短暂的、轻微的弹性变形（见图 7-3a），此时如果提升凸模，变形将完全消失。

2）塑形变形阶段。凸模继续下压，板料变形区的应力将继续增大。当应力状态满足屈服极限时，材料便进入塑性变形阶段，如图 7-3b 所示。这一阶段突出的特点是材料只发生塑性流动，而不产生任何裂纹，凸模继续切入板料，同时将板料的下部挤入凹模孔内。

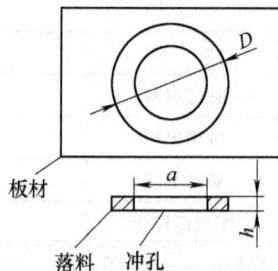

图 7-2 零件图

3）断裂分离阶段。图 7-3c 所示为断裂分离的过程，当凸模切入板料达到一定深度时，在凹模侧壁靠近刃口处的材料首先出现裂纹。这表明塑性剪切变形的终止和断裂分离过程的开始。整个冲裁件如图 7-3d 所示。

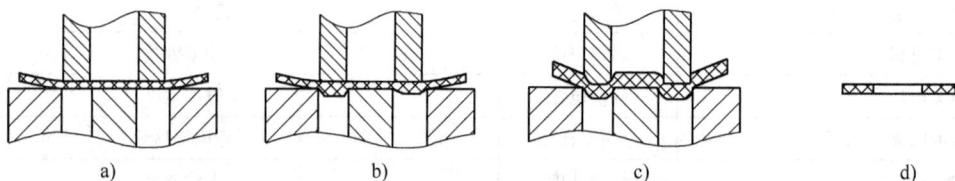

图 7-3 冲裁变形过程

3. 冲裁件质量要求

冲裁件质量要求主要包括尺寸精度、断面质量和毛刺。

1）尺寸精度。冲裁模具的制造精度对冲裁件尺寸精度的影响最直接。冲裁模具的加工精度越高，冲裁件的精度也就越高。由于在冲裁过程中材料产生一定的弹性变形，所以冲裁结束后发生"回弹"现象，使落料件尺寸与凹模尺寸不符，冲孔的尺寸与凸模尺寸不符，从而影响其精度。对于比较软的材料，弹性变形量较小，冲裁后的回弹值也较小，因而零件精度较高。对于硬的材料，情况则正好相反。

材料相对厚度，即厚度直径比（相对厚度＝厚度/工件直径），其比值越大，弹性变形就越小，因而冲裁零件尺寸精度也就越高。

冲裁间隙对冲裁件的精度影响很大。落料时，如间隙过大，则材料除受剪切外还产生拉伸弹性变形，冲裁后由于"回弹"将使冲裁件尺寸有所减小，减小的程度也随着间隙的增大而增加。如间隙过小，则材料除受剪切外还产生压缩弹性变形，冲裁后由于"回弹"而使冲裁件尺寸有所增大，增大的程度随着间隙的减小而增加。冲孔时的情况与落料时的正好相反，即间隙越大，则冲孔尺寸越大，间隙越小，则冲孔尺寸越小。一般来说，冲裁件尺寸越小，形状越简单，精度越高。

2）断面质量。对于断面质量起决定作用的是冲裁间隙。若间隙选用合理，则冲裁时上、下刃口处所产生的裂纹就能重合。

当间隙值过小或过大时，就会使上、下裂纹不能重合。间隙过小时，凸模刃口附近的裂纹比合理间隙时向外错开一段距离，上、下裂纹中间的一部分材料，随着冲裁的进行，将被第二次剪切，在断面上形成第二光亮带。间隙过大时，凸模刃口附近的裂纹比合理间隙时向里错开一段距离，材料受很大拉伸，使断面光亮带减小，毛刺、圆角和锥度都会增大。

　　3）毛刺。凸模或凹模磨钝后，其刃口处形成圆角。在冲裁时，冲裁件的边缘就会出现毛刺。在冲裁工作中，产生很大的毛刺是不允许的，应查明原因加以解决。如有不可避免的微小毛刺出现，则应在冲裁后设法消除。

4. 凸模与凹模的配合间隙

　　冲裁模具的凸模与凹模一般都设计成贯穿形状，以方便落料。其制作方法一般都采用电火花线切割加工来完成。电火花线切割的更大优点是工具与工件不直接接触，加工过程与材料硬度无关。这样，材料就可以预先进行热处理和外形尺寸的加工，避免了后续热处理等因素对凸模与凹模精度的影响。

　　冲裁间隙是指凸模和凹模刃口部分尺寸之差。其双面间隙用 Z 来表示，单面间隙为 $Z/2$，如图 7-4 所示。冲裁间隙的大小对冲裁件的断面质量、冲裁力、模具寿命等影响很大，所以冲裁间隙是冲裁模设计中一个很重要的工艺参数。

　　设计模具时一定要选择合理的间隙，使冲裁件的断面质量较好，所需冲裁力较小，模具寿命较高。在实际生产中，通常是选择一个适当的范围作为合理间隙，只要间隙在这个范围内，就可以冲出良好的零件。这个范围的最小值称为最小合理间隙，最大值称为最大合理间隙。考虑模具在使用过程中的磨损使间隙增大，所以设计与制造新模具时，应采用最小合理间隙。

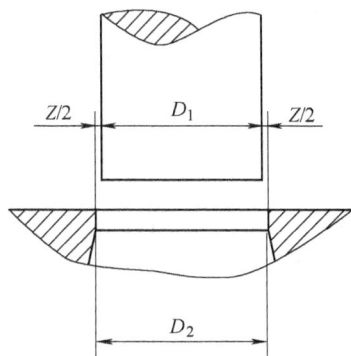

图 7-4　冲裁间隙

　　表 7-3 所提供的经验数据为落料、冲孔模的初始间隙，可用于一般条件下的冲裁。表中

表 7-3　常用材料落料、冲孔模初始双面间隙

材料名称	45、T7、T8（退火）、65Mn（退火）、磷青铜（硬）、铍青铜（硬）		10、15、20 冷轧钢带，30 钢板，H62、H68（硬），2A12（硬铝），硅钢片		Q215、Q235 钢板，08、10、15 钢板，H62、H68（半硬），纯铜（硬），磷青铜（软），铍青铜（软）		H62、H68（软），纯铜（软），防锈铝 3A21、5A02，软铝 1060、1050A、1035、1200、2A12（退火），铜母线，铝母线		酚醛环氧层压玻璃布板、酚醛层压纸板		钢纸板（反白板）绝缘纸板橡胶板	
力学性能	硬度≥190HBW $\sigma_b \geq 700MPa$		硬度 = 140 ~ 190HBW $\sigma_b = 400 \sim 600MPa$		硬度 = 70 ~ 140HBW $\sigma_b = 300 \sim 400MPa$		硬度≤70HBW $\sigma_b \leq 300MPa$		—		—	
厚度 t	初始间隙 Z/mm											
	Z_{min}	Z_{max}	Z_{min}	Z_{max}	Z_{min}	Z_{max}	Z_{min}	Z_{max}	Z_{min}	Z_{max}	Z_{min}	Z_{max}
0.1	0.015	0.035	0.01	0.03	*	—	*	—	*	—		
0.2	0.025	0.045	0.015	0.035	0.01	0.03	*	—	*	—		
0.3	0.04	0.06	0.03	0.05	0.02	0.04	0.01	0.02	*	—	*	—
0.5	0.08	0.10	0.06	0.08	0.04	0.06	0.025	0.045	0.01	0.02		
0.8	0.13	0.16	0.10	0.13	0.07	0.10	0.045	0.075	0.015	0.03		

（续）

厚度 t	初始间隙 Z/mm											
	Z_{min}	Z_{max}	Z_{min}	Z_{max}	Z_{min}	Z_{max}	Z_{min}	Z_{max}	Z_{min}	Z_{max}	Z_{min}	Z_{max}
1.0	0.17	0.20	0.13	0.16	0.10	0.13	0.065	0.095	0.025	0.04	0.01~0.03	0.015~0.045
1.2	0.21	0.24	0.16	0.19	0.13	0.16	0.075	0.105	0.035	0.05		
1.5	0.27	0.31	0.21	0.25	0.15	0.19	0.10	0.14	0.04	0.06		
1.8	0.34	0.38	0.27	0.31	0.20	0.24	0.13	0.17	0.05	0.07		
2.0	0.38	0.42	0.30	0.34	0.22	0.26	0.14	0.18	0.06	0.08		
2.5	0.49	0.55	0.39	0.45	0.29	0.35	0.18	0.24	0.07	0.10		
3.0	0.62	0.68	0.49	0.55	0.36	0.42	0.23	0.29	0.10	0.13	0.04	0.06
3.5	0.73	0.81	0.58	0.66	0.43	0.51	0.27	0.35	0.12	0.16		
4.0	0.86	0.94	0.68	0.76	0.50	0.58	0.32	0.40	0.14	0.18		
4.5	1.00	1.08	0.78	0.86	0.58	0.66	0.37	0.45	0.6	0.20	—	—
5.0	1.13	1.23	0.90	1.00	0.65	0.75	0.42	0.52	0.18	0.23	0.05	0.07
6.0	1.40	1.50	1.10	1.20	0.82	0.92	0.53	0.63	0.24	0.29		
8.0	2.00	2.12	1.60	1.72	1.17	1.29	0.76	0.88	—	—	—	—
10	2.60	2.72	2.10	2.22	1.56	1.68	1.02	1.14	—	—	—	—
12	3.30	3.42	2.60	2.72	1.97	2.09	1.30	1.42				

初始间隙的最小值 Z_{min} 相当于最小合理间隙数值，而初始间隙的最大值 Z_{max} 是考虑凸、凹模的制造公差，在 Z_{min} 的基础上所增加的数值。表 7-3 中有 ＊ 号处均系无间隙。

此外，也可以采用下述经验公式计算出合理间隙 Z 的数值：

$$Z = ct$$

式中　t——材料厚度（mm）；

　　　c——系数，与材料性能及厚度有关，见表 7-4。

表 7-4　材料、厚度与系数

厚度＼材料	软钢、纯铁	铜、铝合金	硬钢
当 $t < 3$mm 时	$c = 6\% \sim 9\%$	$c = 6\% \sim 10\%$	$c = 8\% \sim 12\%$
当 $t > 3$mm 时	$c = 15\% \sim 19\%$	$c = 16\% \sim 21\%$	$c = 17\% \sim 25\%$

冲裁件质量要求较高时，其间隙应取小值；反之可取大间隙，以降低冲压力，提高模具寿命。由于各类间隙之间没有绝对的界限，因此必须根据冲裁件尺寸与形状、模具材料、加工方法以及冲压方法、速度等因素适当增减间隙值，例如：

1）在相同的条件下，非圆形比圆形间隙大，冲孔比落料间隙大。

2）直壁凹模比锥口凹模间隙大。

3）高速冲压时，模具易发热，间隙应增大，当行程次数超过 200 次/min 时，间隙值应增大 10% 左右。

4）冷冲压时的间隙比热冲压时的要大。

5）冲裁热轧硅钢板比冷轧硅钢板的间隙大。

6）用电火花加工的凹模，其间隙比用磨削加工的凹模小 0.5% ~ 2%。

5. 冲裁模刃口尺寸计算的基本原则

冲裁件的尺寸精度主要取决于模具刃口的尺寸精度，模具的合理间隙值也要靠模具刃口尺寸及制造精度来保证。正确确定模具刃口尺寸及其制造公差，是设计冲裁模主要任务之一。

从生产实践中可以发现：

1）由于凸模、凹模之间存在间隙，所以使落下的料或冲出的孔都带有锥度，且落料件的大端尺寸等于凹模尺寸，冲孔件的小端尺寸等于凸模尺寸。

2）在测量与使用中，落料件是以大端尺寸为基准，冲孔孔径是以小端尺寸为基准。

3）冲裁时，凸模、凹模要与冲裁件或废料发生摩擦，凸模越磨越小，凹模越磨越大，结果使间隙越来越大。由此在决定模具刃口尺寸及其制造公差时需考虑下述原则：

① 落料件尺寸由凹模尺寸决定，冲孔时孔的尺寸由凸模尺寸决定。故设计落料模时，以凹模为基准，间隙取在凸模上；设计冲孔模时，以凸模为基准，间隙取在凹模上。

② 考虑到冲裁中凸模、凹模的磨损，设计落料模时，凹模基本尺寸应取尺寸公差范围的较小尺寸；设计冲孔模时，凸模基本尺寸则应取工件孔尺寸公差范围内的较大尺寸。这样，在凸模、凹模磨损到一定程度的情况下，仍能冲出合格制件。凸模、凹模间隙则取最小合理间隙值。

7.2.2 冲裁工艺路线及线切割加工顺序

1. 冲裁模设计制造需要考虑的因素

1）确定被冲裁件的材质、料厚及冲制质量要求。

2）根据冲制件的形状尺寸计算冲裁压力。

3）确定合适冲压设备。

4）根据冲压力、设备闭合高度及冲裁方式进行模具结构设计。

5）根据冲裁批量及精度要求选择合适模具材料。

6）用机加工的方法将模坯加工至适当尺寸。

7）若有需要，应在热处理前钻穿丝孔。

8）材料热处理。

9）用线切割加工。

2. 凸模、凹模工艺路线

无论是加工凸模还是加工凹模，都必须准备模坯，然后进行电火花线切割加工，其基本工艺路线如下：

1）下料。

2）退火：消除内应力，并改善其加工性能。

3）模坯粗加工：刨或铣模坯上、下面和四个侧面，并留有 0.5mm 左右的加工余量。

4）模坯精加工：用平面磨床磨上、下面和四个侧面，表面粗糙度为 $Ra0.8 ~ 0.4\mu m$。

5）划线：钳工按图样划出坐标位置线。

6）攻丝打孔：按图样要求攻丝和钻孔（包括穿丝孔）。

7）热处理：按图样要求淬火。

8）磨上下面：磨去模坯上的氧化膜，并消除热处理变形影响（凹模除上、下面之外，还需磨四个侧面）。

9）电火花线切割：按图样要求编程，并加工出所需模具（凸模或凹模）。

10）模具精修：模具光整加工，保证刃口锋利。

3. 冲模加工顺序

冲模一般由凸模、凹模、凸模固定板、卸料板、侧刃、侧导板等组成。

用线切割机加工冲裁模时，其原则是先切割卸料板、凸模固定板等非主要件，然后再切割凸模、凹模等主要件。"先次要后主要"的方法可检验加工中是否存在错误，同时也可以检验机床和控制系统的工作情况，发现问题可及时纠正。

如果圆柱销将凹模、凸模固定板、凹模、卸料板组合起来可以一次加工，这要求冲裁的材料厚度最好在0.5mm以下。如果在0.5mm以上，凹模与卸料板可一起切割，但凸模和凸模固定板应单独切割。组合线切割的优点是：固定板、凹模、卸料板孔形尺寸一致，不但保证了凹模与凸模间隙配合的一致，而且还节省了加工时间。

4. 电火花线切割加工顺序

1）对工件图样进行审核、分析，确定工艺方法并估算加工工时。

2）工艺准备，包括机床调整、工作液的选用，电极丝的选择及校正，工件准备等。

3）加工参数选择，包括脉冲参数及进给速度调节等。

4）程序编制及校验。

5）电火花线切割加工完成之后，需根据设计要求进行表面处理，并检验其加工质量。

7.2.3　冲压模具线切割加工要求

在模具加工中，电火花线切割加工技术得到了广泛的应用，但在线切割加工过程中，模具易产生变形和裂纹，造成零件的报废，使得成本增加。

变形和开裂的原因是多方面的，如材料问题、热处理问题、结构设计问题、工艺安排问题及线切割时工件的装夹和切割线路选择的问题等。

1. 产生变形及裂纹的主要因素

（1）与零件结构有关的因素

1）凡窄长形状的凹模、凸模易产生变形，其变形量的大小与形状复杂程度、长宽比、型腔与边框的宽度比有关。形状越复杂，长宽比及型腔与边框宽度比越大，其模具变形量越大。变形的规律是型腔中部瘪入，凸模通常是翘曲。

2）凡是形状复杂清晰尖角的淬火型腔，在尖角处极易产生裂纹，甚至易出现炸裂现象。其出现的频率与材料的成分、热处理工艺等有关。

3）圆筒形壁厚较薄的零件，若在内壁进行切割，则易产生变形，一般由圆形变为椭圆形。

4）由零件外部切入的较深槽口，易产生变形，变形的规律为口部内收，变形量的大小与槽口的深度及材料性质有关。

（2）与热加工工艺有关的因素

1）模具毛坯在锻造时始锻温度过高或过低，终锻温度偏低的零件。

2）终锻温度过高，晶粒长大，终锻后冷却速度过慢，有网状碳化物析出的模坯。

3）锻坯退火没有按照球化退火工艺进行，球化珠光体超过5级的零件。

4）淬火加热温度过高，奥氏体晶粒粗大，降低材料强韧性，增加脆性。

5）淬火工件未及时回火和回火不充分的零件。

（3）与机械加工工艺有关的因素

1）面积较大的凹模，中间大面积切除且事先未挖空，因切去框内较大的体积，框形尺寸将产生一定的变形。

2）凡坯料中无外形起点穿丝孔，不得不从坯料外切入的，不论其凸模回火和形状如何，一般容易产生变形，尤其是淬火件变形严重，甚至在切割中产生裂纹。

3）对热处理后的磨削零件，无砂轮粒度、进给量、冷却方式等工艺要求，磨削后表面有烧伤及微裂纹等疵病的零件。

（4）与材料有关的因素

1）原材料存在严重的碳化物偏析。

2）淬透性差、易变形的材料，如T10a、T8a等。

（5）与线切割工艺有关的因素

1）线切割路径选择不当，易产生变形。

2）工件的夹压方式不可靠、夹压点的选择不当，均易产生变形。

3）电参数选择不当，易产生裂纹。

2. 防止冲压模具变形和开裂的措施

选择变形量较小的材料，采用正确的热处理工艺，为了防止和减少变形、开裂，对需要线切割加工的模具，应对材料的选择、热加工、热处理等各个环节都充分关注和重视。

1）严格检查原材料化学成分、金相组织和无损检测，对于不合格原材料和粗晶粒钢材及有害杂质含量超标的钢材不宜选用。

2）尽量选用真空冶炼、炉外精炼或电渣重熔钢。

3）避免选用淬透性差、易变形材料。

4）坯料应合理锻造，遵守镦粗、拔长、锻造比等锻造守则，原材料长度与直径之比（即锻造比）最好选在2~3之间。

5）改进热处理工艺，采用真空加热和充分脱氧盐浴炉加热及分级淬火、等温淬火。

6）选择理想的冷却速度和冷却介质。

7）淬火钢应及时回火，尽量消除淬火内应力，降低脆性。

8）用较长时间回火，提高模具抗断裂韧性值。

9）充分回火，得到稳定组织性能。

10）多次回火使残留奥氏体转变充分和消除新的应力。

11）对于有第二类回火脆性的模具钢，高温回火后应快冷（水冷或油冷），可消除第二类回火脆性。

12）模具钢化学处理之前，进行均匀化退火、球化退火、调质处理，充分细化原始组织。

7.2.4 影响加工表面质量的主要因素

1. 影响线切割加工工件表面质量的人为因素的控制与改善

人为因素的控制与改善主要包括加工工艺的确定和加工方法的选择，这可以通过以下几点来实现：

（1）实施少量多次加工 对于这个量，一般由机床的加工参数决定，除第一次加工外，加工量一般是由几十微米逐渐递减到几个微米，特别是加工次数较多的最后一次，加工量应较小，即几个微米，以致加工次数越多，工件的表面质量越好。由于减少线切割加工时，材料的变形可以有效提高加工工件表面质量，所以尽可能采用少量、多次切割方式。在粗加工或半精加工时可留一定余量，以补偿材料因原应力平衡状态被破坏所产生的变形和最后一次精加工时所需的加工余量，这样在最后精加工时即可获得较为满意的加工效果。少量、多次切割可使加工工件具有单次切割不可比拟的表面质量，是控制和改善加工工件表面质量的简便易行的方法和措施。

（2）合理安排切割路线 尽量避免破坏工件材料原有的内部应力平衡，防止工件材料在切割过程中因在夹具等作用下，由于切割路线安排不合理而产生变形，从而致使切割表面质量下降。

（3）正确选择切割参数 对于不同的粗、精加工，其丝速、丝的张力和喷流压力应以参数表为基础作适当调整，为了保证加工工件具有更高的精度和表面质量，可以适当调高丝速和丝张力。由于工件的材料、加工精度以及其他因素的影响，使得人们不能完全照搬使用说明书上介绍的切割条件，而应以这些条件为基础，根据实际需要做相应的调整。比如，若要加工厚度为 28mm 的工件，则在加工条件表中找不到相当的情况，此时必须根据厚度在 20~30mm 间的切割条件和相应补偿量作出调整，主要办法是加工工件的厚度接近哪一个标准厚度就选择其为应设定的加工厚度，而补偿量则根据加工工件的实际厚度与表中标准厚度的差值，按比例选取。

（4）采用距离密着加工 为了使工件达到高精度和高表面质量，可以采用密着加工，即应使上喷嘴与工件的距离尽量靠近（约 0.05~0.10mm），这样就可以避免因上喷嘴离工件较远而使线电极振幅过大影响加工工件的表面质量。

（5）注意工件的固定 当工件即将切割完毕时，其与母体材料的连接强度势必下降，此时要防止因工作液的冲击使工件发生偏斜，因为一旦发生偏斜，就会改变切割间隙，轻者影响工件表面质量，重者使工件切坏报废，所以要想办法固定好被加工工件。

2. 影响线切割加工工件表面质量的机床因素

机床的维护保养对工件表面质量的影响十分重要，因为工件的精度和高质量是直接建立在机床精度上的，因此在每次加工之前必须检查机床的工作状态，才能为获得高质量的加工工件提供条件。需注意的环节如下：

1）长期暴露在空气中的电极丝不能用于加工高精度的零件，因为电极丝表面若被氧化，就会影响工件的表面质量，所以保管电极丝时，应注意不要损坏电极丝的包装膜，以免电极丝与空气接触而被氧化；在加工前，必须检查电极丝的质量。另外，电极丝的张力对工件的表面质量影响也很大，加工表面质量要求高的工件，应在不断丝的前提下尽可能提高电极丝的张力。

2）高速走丝线切割机一般采用线切割专用工作液。火花放电必须在具有一定绝缘性能的液体介质中进行，工作液的绝缘性能可使击穿后的放电通道压缩，从而局限在较小的通道半径内火花放电，形成瞬时和局部高温来熔化并汽化金属，放电结束后又迅速恢复放电间隙成为绝缘状态。绝缘性能太低，将产生电解而形不成击穿火花放电；绝缘性能太高，则放电间隙小，排屑难，切割速度降低。加工前必须观察电阻率表的显示，特别是机床刚起动时，往往会发现电阻率不在这个范围内，这时不要急于加工，应让机床先运转一段时间，达到所要的电阻率后才正式开始加工。

3）必须检查导电块的磨损情况。线切割机一般在加工了 50~100h 后，就必须考虑改变导电块的切割位置或者更换导电块，有脏污时需用洗涤液清洗。必须注意的是：当变更导电块的位置或者更换导电块时，必须重新校正电极丝的垂直度，以保证加工工件的精度和表面质量。

4）检查滑轮的转动情况，若转动不好则应更换，必须仔细检查上、下喷嘴的损伤和脏污程度，用清洗液清除脏物，有损伤时需及时更换。还应经常检查储丝筒内丝的情况，装得太满会影响丝的畅通运行，使加工精度受到影响。导电块、滑轮和上、下喷嘴的不良状况还会引起线电极的振动，这时即使加工表面能进行良好的放电，但因线电极振动，加工表面也很容易产生波峰或条纹，最终使工件表面质量变差。

5）保持稳定的电源电压。电源电压不稳定会造成电极与工件两端不稳定，从而引起击穿放电过程不稳定，而影响工件的表面质量。

3. 影响线切割加工工件表面质量的材料因素的控制与改善

为了加工出尺寸精度高、表面质量好的线切割产品，必须对工件材料进行细致考虑，这主要应从以下几方面着手：

1）由于工件材料不同，熔点、汽化点、导热系数等都不一样，因而即使按同样方式加工，所获得的工件表面质量也不相同，因此必须根据实际需要的表面质量对工件材料作相应的选择。例如要达到高精度，就必须选择硬质合金类材料，而不应该选不锈钢或未淬火的高碳钢等。

2）由于工件材料内部残余应力对加工的影响较大，所以在对热处理后的材料进行加工时，大面积去除金属和切断加工会使材料内部残余应力的相对平衡受到破坏，从而可能影响零件的加工精度和表面质量。为了避免这些情况，应选择可锻性好、淬透性好、热处理变形小的材料。

3）加工过程中，应将各项参数调到最佳适配状态，以减少断丝现象。因为发生断丝的地方会出现两次放电，使加工工件表面质量下降。另外在加工过程中还应注意倾听机床发出的声音，正常加工的声音是比较光滑的"咻-咻"声。正常加工时的火花应是蓝色的，而不是红色的。此外正常加工时，机床的电流表、电压表的指针应是稳定不动或者振幅很小，此时进给速度均匀且平稳。

7.3　上机操作

1. 绘制弹性压轮支架冲模具图形
操作步骤：

1）单击【基本曲线】模块中的【直线】命令，在立即菜单中选择【两点线】方式，先做两条90°垂直相交辅助线，如图7-5所示。

图7-5　辅助线的建立

2）单击【基本曲线】模块中的【直线】命令，在立即菜单中选择【平行线】方式，画出X轴负方向和Y轴正方向的几条边界线，X轴负方向上的距离分别为3.25、3.75、5、13.85；Y轴正方向上的距离分别为7.5、15、16.5、36.3。最后得到的图形如图7-6所示。

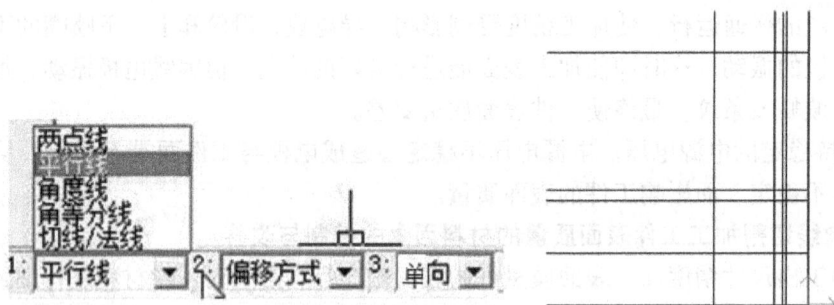

图7-6　创建基本轮廓

3）单击【基本曲线】模块中的【圆】命令，在立即菜单中选择【圆心_半径】方式，画出R5mm的圆，坐标点为Y轴上偏移7.5mm与X左偏移13.85mm的相交点，如图7-7所示。

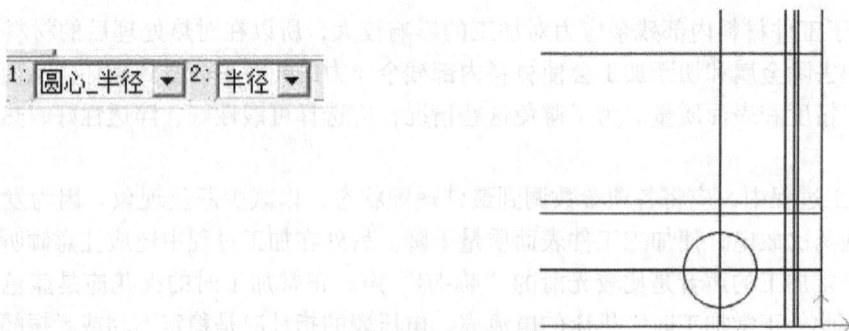

图7-7　创建R5mm的圆

4）单击【曲线编辑】模块，选择【裁剪】命令，对图形进行修改，得到半边图形，如图7-8所示。

5）单击【基本曲线】模块中的【直线】命令，在立即菜单中选择【两点线】方式，作出与圆相切的两条直线，步骤如图7-9所示。

注意：捕捉圆切点时应充分使用点捕捉立即菜单。

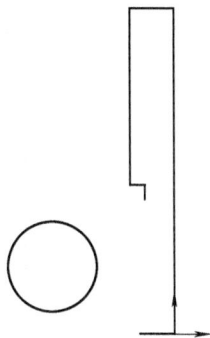

图 7-8   裁剪后的图形

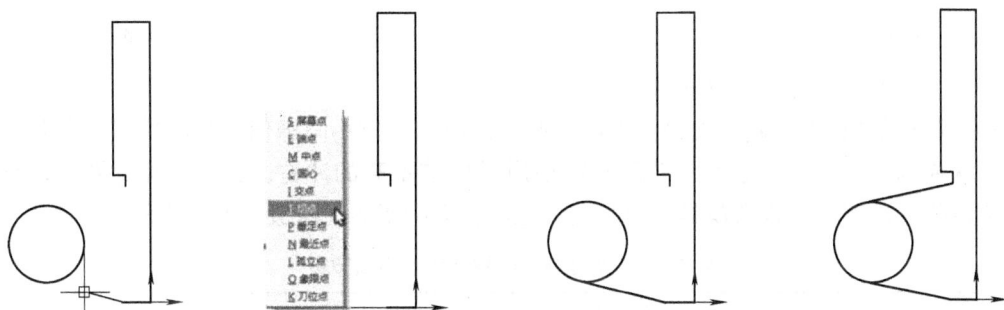

图 7-9   作出与圆相切的两条斜线

6）单击【曲线编辑】模块中的【镜像】命令，对图 7-9 所示的图形进行镜像，结果如图 7-10 所示。

7）单击【曲线编辑】模块，选择【裁剪】命令，对图形进行裁剪并删除多余线条，绘制完成的零件如图 7-11 所示。

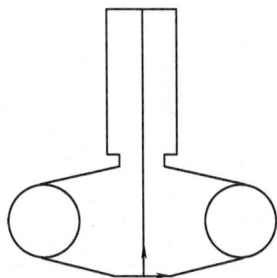

图 7-10   左右镜像

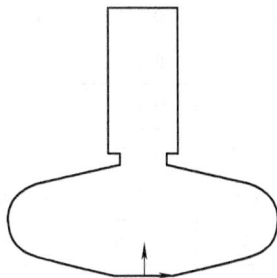

图 7-11   修剪后的图形

2. 弹性压轮支架模线切割工艺参数

（1）加工坯料的确定

1）工件材料：Cr12。

2）毛坯尺寸：凸模 $42 \times 42 \times 60$（1 块）/凹模 $80 \times 80 \times 30$（1 块）。

（2）切割加工路径的确定   图 7-12 和图 7-13 分别为凸模与凹模的加工路径。

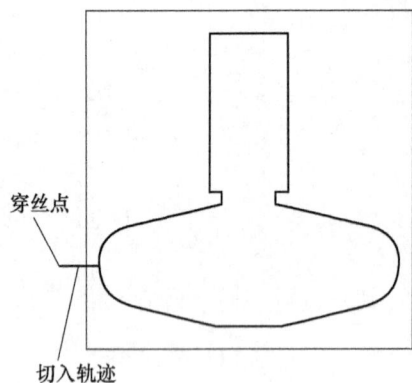

图 7-12　凸模切割路径

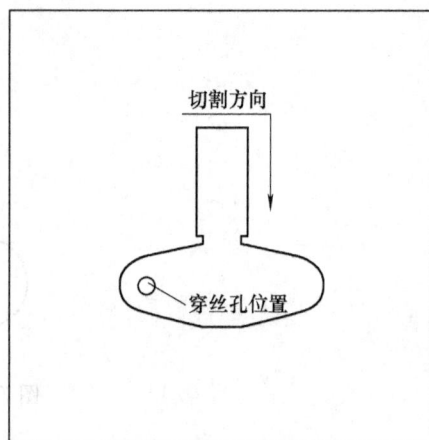

图 7-13　凹模切割路径

（3）弹性压轮支架凸、凹模刃口尺寸的确定

1）对于尺寸精度、断面质量要求高的冲件，应选用较小间隙值，这时冲裁力与模具寿命作为次要因素考虑。对于尺寸精度和断面质量要求不高的冲件，在满足冲件要求的前提下，应以降低冲裁力、提高模具寿命为主，选用较大的双面间隙值，见表 7-5。

表 7-5　冲裁模凸、凹模初始双面间隙表

板料厚度/mm	软　　铝		纯铜、黄铜、硅钢片、含碳量为 0.08% ~ 0.2% 软钢		锻铝、含碳量为 0.3% ~0.4% 的中等硬钢		锻钢、含碳量为 0.5% ~0.6% 的硬钢	
	Z_{min}	Z_{max}	Z_{min}	Z_{max}	Z_{min}	Z_{max}	Z_{min}	Z_{max}
1.0	0.040	0.060	0.050	0.070	0.060	0.080	0.070	0.090
1.2	0.050	0.084	0.072	0.096	0.084	0.108	0.096	0.120
1.5	0.075	0.105	0.090	0.120	0.105	0.135	0.120	0.150
1.8	0.090	0.126	0.108	0.144	0.126	0.162	0.144	0.180
2.0	0.1	0.140	0.120	0.160	0.140	0.180	0.160	0.200
2.2	0.132	0.176	0.154	0.198	0.176	0.220	0.198	0.242
2.5	0.150	0.200	0.175	0.225	0.200	0.250	0.225	0.275
2.8	0.168	0.224	0.196	0.252	0.224	0.280	0.252	0.308
3.0	0.180	0.240	0.210	0.270	0.240	0.300	0.270	0.330

2）冲裁件尺寸精度主要决定于凸模和凹模的刃口尺寸精度，模具的合理间隙的数值也必须靠凸模和凹模的刃口尺寸来保证。因此，正确确定凸模、凹模的刃口尺寸及其公差，是设计冲裁模的主要任务之一，弹性压轮支架为落料模，应先确凹模的刃口尺寸。以凹模为基准，间隙取凸模上，即冲裁间隙通过减小凸模刃口尺寸来取得。图 7-14 所示为凸模刃口尺寸、图 7-15 所示为凹模刃口尺寸。

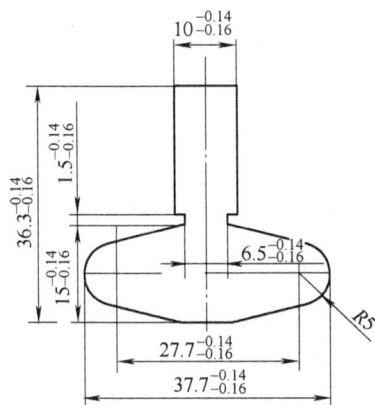

图 7-14　凸模刃口尺寸

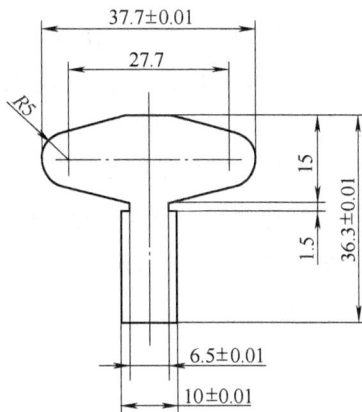

图 7-15　凹模刃口尺寸

（4）确定加工电参数　表 7-6 提供的电参数仅供参考，实际加工中可根据加工条件和机床性能来选择电参数。

表 7-6　切割凸、凹模的电参数

机床类别	高速走丝机床	
切割次数	凸模一次切割成形	凹模一次切割成形
脉冲宽度	20μs	12μs
脉冲间隔	100μs	60μs
加工电流	2.5A	2A
脉冲电压	90V	80V

（5）电极丝的选择　见表 7-7。

表 7-7　电极丝的选择

项　目	高速走丝机床
材料	钼
直径	0.16mm

（6）偏移量/补偿值的确定　见表 7-8。

表 7-8　切割凸、凹模的补偿量　　　　　　　　（单位：mm）

机床类别	高速走丝机床	
切割次数	凸模一次切割成形	凹模一次切割成形
电极丝半径	0.08	0.08
单边放电间隙	0.01	0.01
加工预留量	0	0
偏移量	0.17	0.09
偏移量计算公式	偏移量＝电极丝半径＋单边放电间隙＋加工预留量	偏移量＝电极丝半径＋单边放电间隙＋加工预留量

（7）工作液的选择　采用线切割专用乳化油作为工作液。

3. 生成弹性压轮支架的加工轨迹及轨迹仿真

（1）生成弹性压轮支架的加工轨迹　操作步骤：

1）打开弹性压轮支架的图形文件。

2）单击【轨迹生成】图标按钮 ，系统弹出【线切割轨迹生成参数表】对话框。

3）按图 7-16 和图 7-17 所示填写弹性压轮支架凸模各参数。

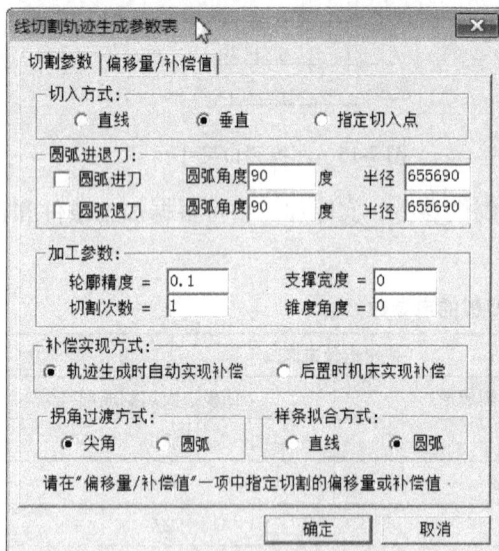

图 7-16　凸模切割参数选项卡

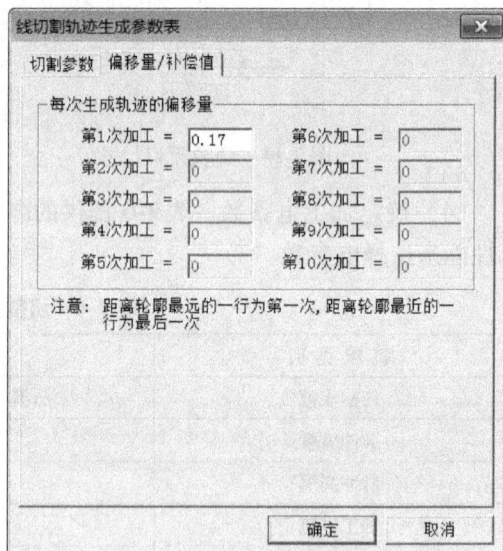

图 7-17　凸模偏移量/补偿值选项卡

在【切入方式】选项中，单击【垂直】选项。在加工参数一栏中，因为轮廓中不存在样条曲线，也没有锥度加工，所以轮廓精度可以是任意值，锥度角度为零。由于在高速走丝机床上切削无需进行多次切割，所以在切割次数文本框中输入"1"，【支撑宽度】选项失效。在【补偿实现方式】选项中单击【轨迹生成时自动实现补偿】选项。【拐角过渡方式】可任定。因为轮廓无样条线，所以【样条拟合方式】可忽略。在【偏移量/补偿值】凹模切割参数选项卡中，输入第 1 次补偿值 0.09，在【偏移量/补偿值】凸模切割参数选项卡中输入第 1 次补偿值 0.17。

选择好各参数后，单击【确定】按钮，系统提示"拾取轮廓"。

4）按空格键，在弹出的拾取工具菜单中选择【链拾取】，然后用鼠标单击凸模引线相近的边，此时出现一对反向的箭头（绿色），如图 7-18 所示。

5）用鼠标单击顺时针方向的箭头，选择搜索方向后，在轮廓的法线方向上出现一对反向的箭头（绿色）（见图 7-19），并在状态栏显示"选择切割的侧边或补偿方向"。

6）选择轮廓外侧的箭头，表示补偿量的方向指向轮廓外侧。

7）输入穿丝点（-23.85，7），回车。

8）右击，使穿丝点与退回点重合，系统自动生成加工轨迹。

9）凹模的轨迹同凸模一样，但补偿量的方向指向轮廓内侧。

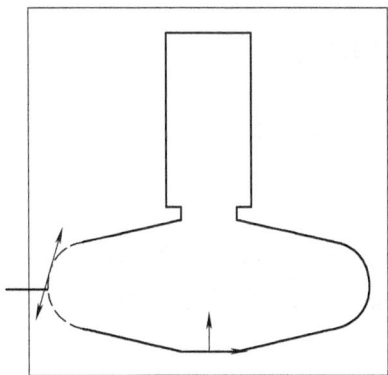

图 7-18　选择切割方向

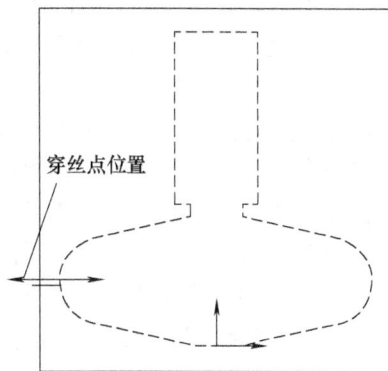

图 7-19　选择补偿量的方向

（2）弹性压轮支架轨迹仿真　操作步骤：

1）打开弹性压轮支架的轨迹文件。

2）单击屏幕左侧的【轨迹仿真】图标菜单，弹出仿真立即菜单。

3）选择立即菜单【1：】为【静态】或【连续】。

4）选择高速走丝机床的加工轨迹，系统生成静态仿真图和动态仿真图，各轨迹线段如图 7-20 和图 7-21 所示。

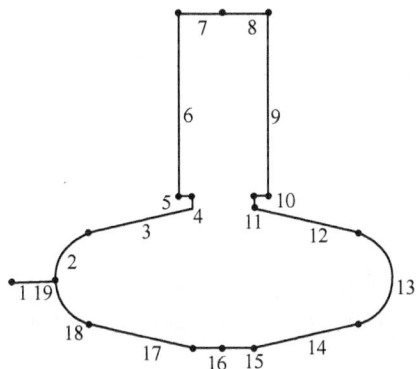

图 7-20　生成静态仿真图

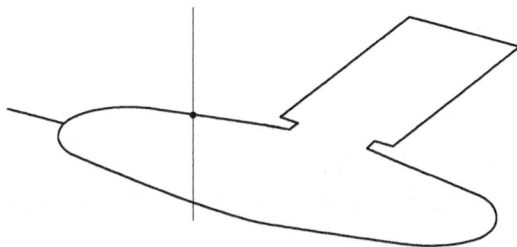

图 7-21　生成动态仿真图

4. 生成弹性压轮支架模程序及传输程序

（1）生成加工 3B 代码　操作步骤：

1）打开凸模的轨迹文件。

2）单击主菜单【线切割】→【生成 3B 代码】。

3）在【生成 3B 代码】对话框中输入 3B 代码的文件名，然后单击【保存】按钮。

4）填写立即菜单各参数为

5）拾取弹性压轮支架凸模的切割轨迹。

6）右击鼠标，结束轨迹拾取，系统自动生成 3B 代码。

7）凹模 3B 代码的生成与凸模操作方法一致。

（2）运用同步方式传输弹性压轮支架 3B 代码　操作步骤：

1）单击主菜单【线切割】→【代码传输】→【同步传输】。

2）选择要传输的文件。

3）操作机床控制器使其处于收信状态，并确定通信电缆连接无误。

4）按回车键或单击鼠标键，开始传输 3B 代码文件。

5）传输完毕，系统显示"传输结束"。

6）将机床控制器复位，并在控制器上检查程序的条数与程序中的条数是否一致。

注意：用于连接计算机与机床控制器的通信电缆的长度最好不超过 5m。

5. 弹性压轮支架模的切割加工与检验

（1）工件的装夹　由于加工弹性压轮支架的材料一般选择钢板或不锈钢片，其厚度一般为 2mm，考虑到加工刚性的问题，建议按图 7-22、图 7-23 所示进行装夹。

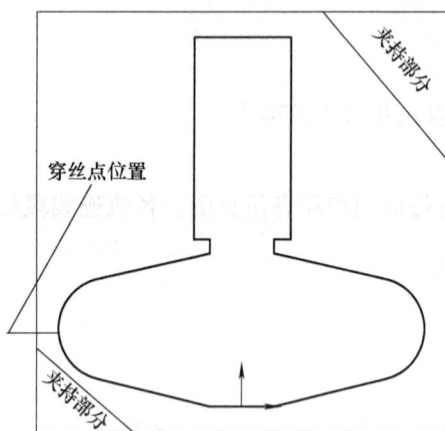

图 7-22　凸模装夹

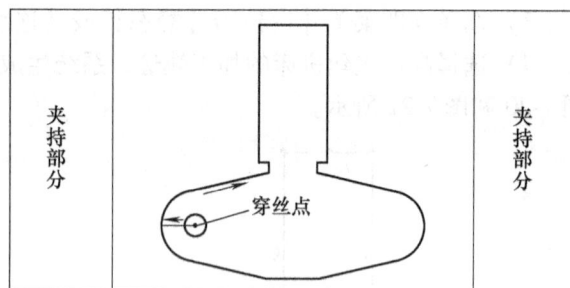

图 7-23　凹模装夹

（2）将电极丝移至穿丝点

1）加工凸模时，在接近穿丝点处作个标记，然后开启机床运丝电动机和高频电源（注意：电压幅值、脉冲宽度和峰值电流均打到最小，且不开工作液），手动移动电极丝使电极丝靠近工件的标记点，当出现火花时，使电极丝后退 0.5mm。

2）加工凹模时，首先将钼丝穿入预打的穿丝孔内，然后通过控制器的自动找圆心功能找到穿丝孔的圆心。

（3）切割　调整好电极丝的张紧力，准备切割。首先打开脉冲电源，选择合理的电参数，开启控制器，确定运丝机构和冷却系统工作正常，操作控制器，执行程序。观察加工中火花的状态，确保工作液正确喷射到加工区域。

（4）加工完毕　将工件取下，清洗干净，然后用外径千分尺、内径千分尺及带表游标卡尺测量相关尺寸，并将结果填写在表 7-1、表 7-2 中。

巩固练习

1. 基础题

1）冲压模具有哪些切割加工要求？

2）影响工件表面质量的因素有哪些?

3）对以下三个上机题拟定冲裁工艺路线及切割加工顺序。

2. 上机题

1）完成图 7-24 点钞机支架工件的绘制与切割加工。

2）完成图 7-25 挡圈工件的绘制与切割加工。

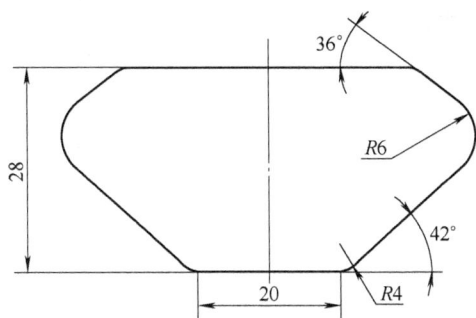

图 7-24　点钞机支架

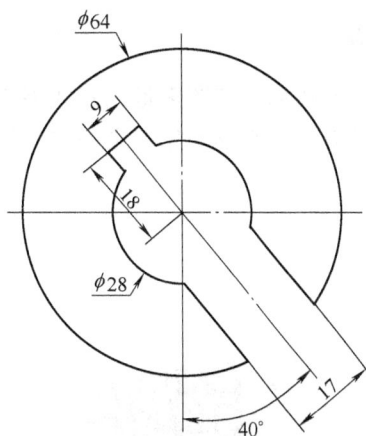

图 7-25　挡圈

3）完成图 7-26 多用样板工件的绘制与切割加工。

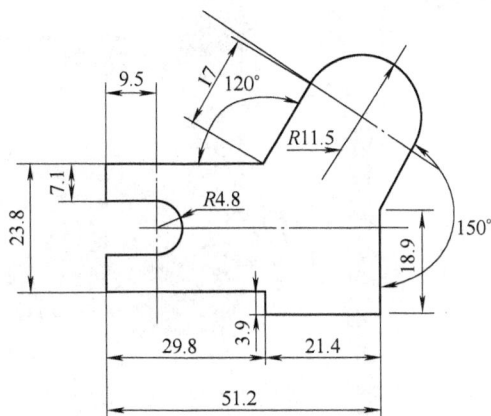

图 7-26　多用样板

任务8　线切割"马"图像

学习指南

1. 掌握线切割位图矢量化立即菜单中各选项菜单的使用方法。
2. 掌握造成断丝现象的主要原因与解决方法。

8.1　"马"图像矢量化加工任务书

1）对图 8-1 所示的"马"图像进行位图矢量化操作。
2）生成马图形的切割轨迹和 3B 代码。
3）完成"马"的切割加工。

制图			马图像矢量化	1:3
校核				
材料：45钢				

图 8-1　"马"矢量化图像

8.2　知识摘要

8.2.1　位图矢量化

在线切割加工中，有时需要对于复杂图案进行设计，这时可采用位图矢量化功能，将其图像的边界转变为可用于生成加工轨迹的轮廓线。

　　计算机中显示的图形一般可以分为矢量图和位图两大类。

　　矢量图使用直线和曲线来描述图形，这些图形的元素是点、线、矩形、多边形、圆和弧线等，它们都是通过数学公式计算获得的。矢量图形最大的优点是无论放大、缩小或旋转等，它都不会失真。如常用的 AutoCAD 文件、CAXA 电子图板文件等均是矢量图文件。

　　矢量图与位图最大的区别是矢量图不受分辨率的影响。因此在印刷时，可以任意放大或缩小图形而不会影响出图的清晰度，即可以无限放大，所以矢量图的特点是放大后图像不会失真，与分辨率无关，文件占用空间较小，适用于图形设计、文字设计和一些标志设计、版式设计等。

　　（1）功能说明　CAXA 线切割 XP 的位图矢量化功能可将 BMP、GIF、JPG、PNG、PCX格式的图像文件进行矢量化处理，生成可用于加工编程的轮廓线。该功能解决了实物、美术画、美术字等各种图案的加工编程难题，原先一些难以加工甚至不能加工的零件，如今可通过扫描仪等图像采集工具输入，然后利用位图矢量化功能，便能极为方便地对其进行编程加工。图 8-2 是位图图像，图 8-3 是矢量化后的图形。

图 8-2　位图图像（矢量化前的图像）

图 8-3　矢量化后的图形轮廓

　　（2）键盘命令　VERTEX。

　　（3）操作参数说明

　　1）单击【高级曲线】图标按钮 𝒞，在弹出的【高级曲线】工具栏中选择【矢量化】图标按钮 ⬤ 或者单击主菜单【绘制】→【高级曲线】→【位图矢量化】→【矢量化】，系统弹出【选择图像文件】对话框，如图 8-4 所示。

　　2）【选择图像文件】对话框是选择要进行位图矢量化的图像文件，其格式可以是 BMP 文件、GIF文件、JPG 文件、PNG 文件和 PCX

图 8-4　【选择图像文件】对话框

文件，其他格式的文件可转换为以上五种格式文件后再进行矢量化。

　　3）背景选择。选择好图像文件后，单击【打开】按钮，系统弹出矢量化立即菜单，如

图 8-5 所示。

图 8-5　矢量化立即菜单

矢量化的参数有四个选项：背景选择、拟合方式、图像大小设置和拟合精度。

背景选择有描暗色域边界、描亮色域边界、指定临界灰度值三个选项，三种情况下生成的轮廓会有些差别，下面对图 8-6 所示图形进行矢量化来说明三个选项的区别。

① 描暗色域边界。当图像颜色较深而背景颜色较浅，且背景颜色较均匀时，选择描暗色域边界，如图 8-7 所示。

图 8-6　示例图形

图 8-7　描暗色域边界

② 描亮色域边界。当图像颜色较浅而背景颜色较深，且图像颜色较均匀时，选择描亮色域边界，如图 8-8 所示。

③ 指定临界灰度值是指用灰度值来区分亮区域和暗区域，在边界部位生成轮廓。系统通过计算位图灰度值的最大值、最小值，然后取其平均值作为临界灰度值。所谓灰度值就是用于表示图像明暗程度或亮度的一个数值，其范围从 1～254。指定临界灰度值后，系统将自动描出亮度等于该临界灰度值的图像区域的边界。当背景灰度较为均匀且与图形灰度对比较为明显时，将临界灰度值设为背景的灰度值效果较好。反之，当图形灰度较为均匀，且与背景灰度对比较为明显时，将临界灰度值设为图像的灰度值效果较好，如图 8-9 所示。

图 8-8　描亮色域边界

图 8-9　指定临界灰度值

4）拟合方式选择。可以选择直线和圆弧两种方式对图像边界进行拟合，下面对图 8-10

所示图形进行拟合来说明直线拟合与圆弧拟合的区别。

① 直线拟合所生成的轮廓只包含直线段，如图 8-11 所示。

图 8-10　示例图形　　　　　　　　图 8-11　直线拟合

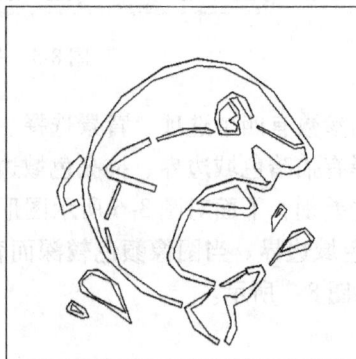

② 圆弧拟合所产生的轮廓则由圆弧和直线段组成，如图 8-12 所示。

两种拟合方式均能保证拟合精度，圆弧拟合优点在于生成的图形比较光滑、线段少，因此生成的加工代码也较少。

5）图像大小设置方式选择。图像大小设置可以调整矢量化后图形的大小，有指定宽度和指定分辨率两个选项。

① 指定宽度：直接输入矢量化后图形的宽度值，单位为 mm。

② 指定分辨率：输入图像分辨率，单位为 dpi。

众所周知，图像是由许许多多个像素组成，相同尺寸的图像，像素越多，其清晰度就越高，精度也就越精细。人们常以 1in 长像素点的数目来表示图像精度，即分辨率。例如扫描精度为 300dpi，就表示 1in 长的图像由 300 个像素点组成。

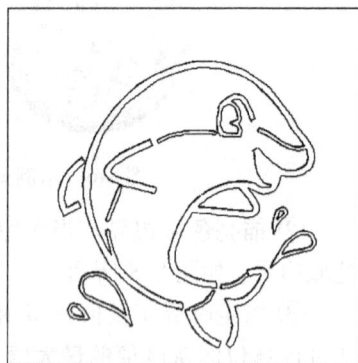

图 8-12　圆弧拟合

6）拟合精度。拟合精度有【精细】、【正常】、【较粗略】、【粗略】四个选项，级别越高，轮廓形状就越精细，但不是说精度越高就越好，选择拟合精度要根据使用情况的精度要求等方面来选择，精度选得过低，会使轮廓形状出现较大偏差，精度选得过高，生成的轮廓可能会出现较多的锯齿。

7）选择好矢量化参数后，右击鼠标确认，此时系统提示输入"图像实际宽度"或"图像分辨率"，输入相应的值后完成位图矢量化功能。

在缺省状态下，屏幕上会显示被矢量化的原图，参照它可以对矢量化后的轮廓进行修改、调整。

通过下拉菜单【位图矢量化】中的【显示位图】、【隐藏位置】和【清除位图】命令，可实现对原图的显示、隐藏和清除功能。

为了获得较理想的轮廓，可对比原图像和生成结果，调整参数，多试几次。

（4）举例

例：试对图 8-13 所示"花"图像进行位图矢量化处理。

操作步骤：

将图8-13的花图像放到扫描仪中，选择扫描精度为300dpi，扫描完毕，将图像保存。

① 单击主菜单【绘制】→【高级曲线】→【位图矢量化】→【矢量化】。

② 单击【选择图像文件】对话框中【搜寻】下三角按钮，选择花图像文件所在的文件夹。

③ 单击【文件类型】下三角按钮，并在弹出的下拉列表中选择。

④ 选择图像文件，然后单击【打开】按钮，如图8-14所示。

图 8-13　"花"的图像

图 8-14　【选择图像文件】对话框

⑤ 系统弹出的矢量化立即菜单如图8-15所示。

图 8-15　矢量化立即菜单

因为花图像的背景色（白色）较浅，而图像的颜色较深，所以选择立即菜单【1:】为【描暗色域边界】；由于图像轮廓较简单，可选择立即菜单【2:】为【直线拟合】方式。计算机图像实际宽度：系统在立即菜单【3:指定分辨率】中自动生成的数值，单击立即菜单【4:】选择【精细】项。

⑥ 右击鼠标，完成"花"图像的矢量化，如图8-16所示。

⑦ 单击主菜单【文件】→【存储文件】。

⑧ 在弹出文件保存对话框中输出文件名，然后单击【保存】按钮。

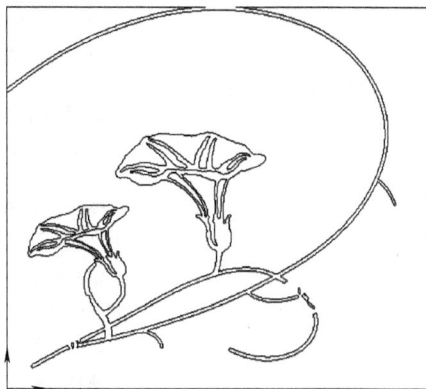

图 8-16　矢量化处理后的花轮廓

8.2.2　断丝的主要原因和排除方法

在电火花线切割加工过程中经常会发生断丝现象，断丝不仅会消耗大量的电极丝，增加生产成本，而且还会严重影响切割速度和表面质量，甚至还会出现因断丝造成整个加工工件报废的严重后果。引导断丝的原因很多，表8-1所示为断丝的常见原因和排除方法。

表8-1　断丝原因及排除方法

断 丝 现 象	原 因	排除方法
储丝筒空转时断丝	电极丝排列时叠丝	检查钼丝是否在导轮V形槽里，检查排丝机构的丝杠螺母是否间隙过大，检查储丝筒轴线是否与线架垂直，检查挡丝块位置是否妥当
	丝筒转动不灵活	检查储丝筒夹缝中是否进入异物
	电极丝卡在进电块槽中	更换或调整进电块位置
刚开始切割时即断丝	加工电流过大，进给不稳定	调整电参数，减小电流（注意：刚切入时应适当减小加工电流，切入3～5mm后再增大加工电流）
	钼丝抖动厉害	检查走丝系统部分，如导轮、轴承、储丝筒是否有异常跳动、振动
	工件表面有毛刺，有不导电氧化皮	清除氧化皮、毛刺
有规律断丝，多在一边或两边换向时断丝	储丝筒换向时，未能及时切断高频电源，使钼丝烧断	调整换向断高频挡块位置。如果还不能排除，则需检测高频控制电路部分。要保证先关高频再切换转向
切割过程中突然断丝	电参数设置不当，电流过大	将脉冲间隔调大或减少功率管个数，使加工电流减小
	进给调节不当，忽快忽慢，开路短路频繁	提高操作水平，合理调整进给速度，实施过跟踪控制，使进给加工稳定
	工作液使用不当（如错误使用普通机床乳化液），乳化液太稀，使用时间长，太脏	使用线切割专用工作液，并控制工作液浓度，保持工作液清洁
	管道堵塞，工作液流量大减	清洗管道
	导电块未能与钼丝接触或已被钼丝拉出凹痕，造成接触不良	更换或将导电块移一个位置
	切割厚件时，脉冲间隔过小、电流太大或使用不适合切厚件的工作液	适当增大脉宽、减小脉冲间隔和加工电流，使用合适厚件切割的工作液；切割原工件适当选粗一点的电极丝
	脉冲电源削波二极管性能变差，加工中负波加大，使钼丝短时间内损耗加大	更换削波二极管
	钼丝质量差或保管不善，产生氧化，或上丝时用小铁棒等不恰当工具张丝，使丝产生损伤	更换钼丝，使用上丝轮上丝
	储丝筒转速太慢，使钼丝在工作区停留时间过长	合理选择丝速挡
	切割工件时钼丝直径选择不当	按使用说明书的推荐选择钼丝直径

（续）

断 丝 现 象	原　　因	排 除 方 法
工件临近切割完时断丝	工件材料变形，夹断钼丝	选择合适的切割路线、材料及热处理工艺，使变形尽量小
	工件跌落时，卡断或撞断钼丝	快割完时，用小磁铁吸住工件或用工具托住工件，使其不致下落

8.3　上机操作

1."马"图像位图矢量化

操作步骤：

1）单击主菜单【绘制】→【高级曲线】→【位图矢量化】→【矢量化】，系统弹出【选择图像文件】对话框，如图8-17所示。

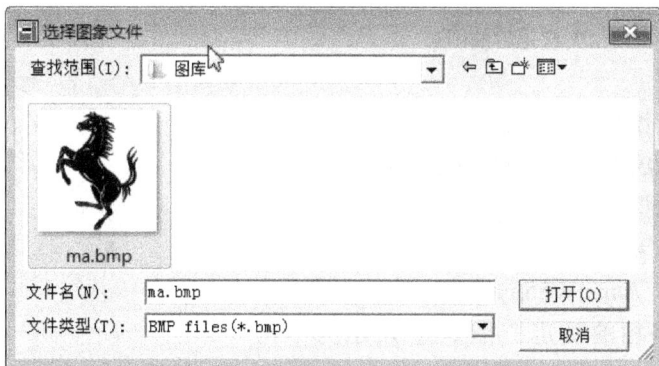

图8-17　【选择图像文件】对话框

2）选择"马"图像文件，然后单击【打开】按钮，此时屏幕上出现"马"的图像，并弹出矢量化立即菜单。

3）选择立即菜单【1:】为【描暗色域边界】，因为"马"的图形为黑色（颜色较深），而背景为白色（颜色较浅）。

4）选择立即菜单【2:】为【直线拟合】。因为图形中轮廓边界不是特别复杂，用直线拟合产生的线段不会太多，因此没必要选择圆弧拟合。

5）计算图像实际宽度。系统在立即菜单【3:】为【指定宽度】。

6）选择立即菜单【4:】为【精细】。

7）右击鼠标，在立即菜单【1:图像实际宽度】中输入尺寸为50mm，系统对马的图像进矢量化处理，生成图像的外形轮廓。

8）通过PageUp（放大）、PageDown（缩小）、←（图像右移）、→（图像右移）、↑（图像下移），及↓（图像上移）按键，将生成的"马"外形轮廓线放大，参照"马"的图像来调整不符合要求的轮廓线。

9）单击主菜单【绘制】→【高级曲线】→【位图矢量化】→【隐藏位图】，"马"图像被隐藏，如图 8-18 所示。

10）"马"图像矢量化以后，通过【裁剪】或【删除】命令，对图形进行修改，如图 8-19 所示。

图 8-18　矢量化后的图形

图 8-19　修改后的图形

11）将"马"图形文件保存。

2. "马"图像线切割工艺参数的确定

（1）坯料的选择

1）毛坯材料：45 钢。

2）坯料尺寸：70mm×55mm×2mm。

（2）线切割路径的确定　图 8-20 所示为"马"的切割路线。

（3）确定加工电参数　表 8-2 提供的电参数仅供参考，实际加工中可根据加工条件和机床性能来选择电参数。

图 8-20　"马"的切割路线

表 8-2　切割"马"图像的电参数

机 床 类 别	高速走丝机床
切割次数	一次切割成形
脉冲宽度	12μs
脉冲间隔	60μs
加工电流	2A
脉冲电压	80V

（4）电极丝的选择　见表 8-3。

表 8-3　电极丝的选择

项　　目	电　极　丝
材料	钼
直径	0.16mm

（5）偏移量/补偿值的确定　见表 8-4。

表 8-4　线切割"马"的补偿量　　　　　　　　　　　（单位：mm）

机 床 类 别	高速走丝机床
切割次数	一次切割成形
电极丝半径	0.08
单边放电间隙	0.01
加工预留量	0
偏移量	0.09
偏移量计算公式	偏移量 = 电极丝半径 + 单边放电间隙 + 加工预留量

（6）工作液的选择　高速走丝机床采用线切割专用乳化液作为工作液。

3. 生成"马"轨迹

操作步骤：

1）打开"马"轮廓文件。

2）单击主菜单【线切割】→【轨迹生成】。

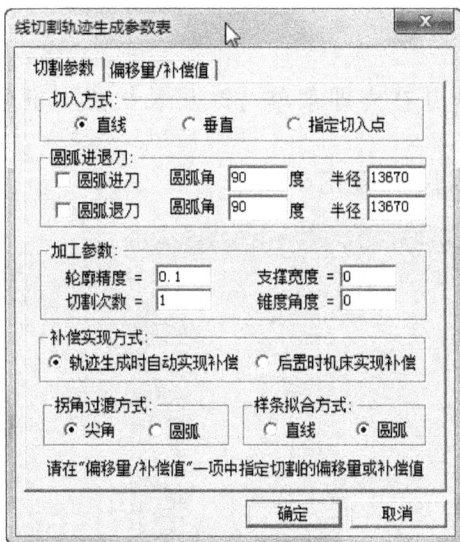

3）按图 8-21 所示填写【切割参数】选项卡。

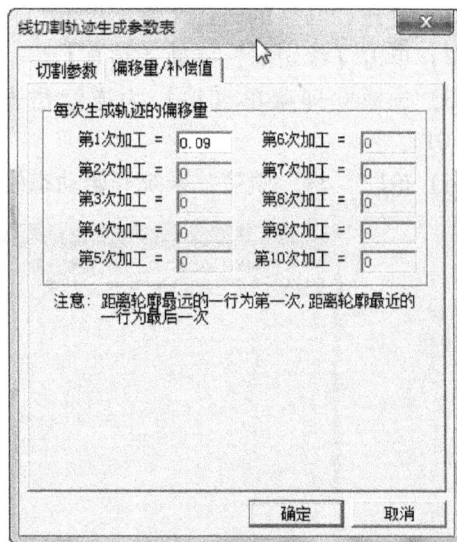

按图 8-22 所示填写【偏移量/补偿值】选项卡。

图 8-21　【切割参数】选项卡　　　　　　图 8-22　【偏移量/补偿值】选项卡

填写完毕，单击【确定】按钮。

4）如图 8-23 所示，单击 P 点，系统拾取"马"外形轮廓，并在沿轮廓线的方向出现一对反向的箭头，要求选择切割的方向。

5）选择逆时针方向的箭头作为切割的方向，系统又提示选择补偿的方向（见图 8-24）。

图 8-23   选择切割的方向   图 8-24   选择补偿的方向

6）选择轮廓外侧的箭头作为补偿方向。

7）输入穿丝点（25，-5），回车。

8）回车，使穿丝点与退出点重合。完成切割轨迹的生成。

9）将轨迹文件保存。

4. "马"轨迹的动态仿真

操作步骤：

1）打开"马"的轨迹文件。

2）单击【线切割】→【轨迹仿真】。

3）选择立即菜单【1：】为连续仿真方式，并在立即菜单【2：步长】文本框中输入 0.01。

4）拾取"马"轨迹，系统开始动态模拟加工过程（见图 8-25）。

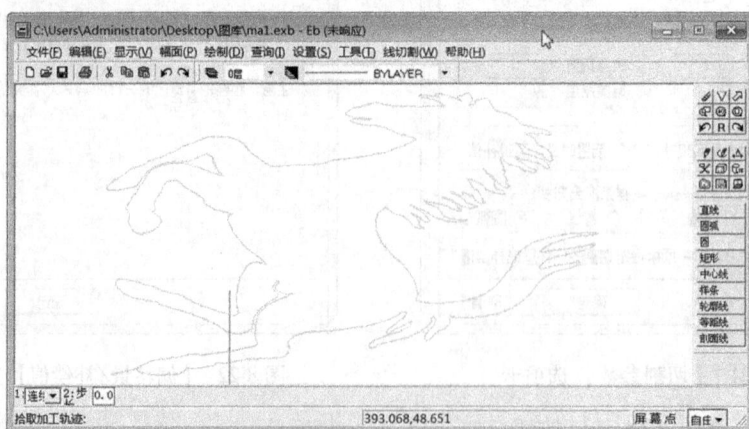

图 8-25   轨迹的动态仿真图

5. 查询"马"轨迹的切割面积

操作步骤：

1）打开"马"的轨迹文件。

2）单击【查询切割面积】图标按钮 ，系统提示"拾取加工轨迹"。

3）拾取切割轨迹后，系统提示输入工件厚度。

4）输入2，回车，系统弹出查询结果窗口（见图8-26）。

CAXA_EB

⚠ 轨迹长度为： 460.000 mm
工件厚度为： 2.000 mm
切割面积为： 920.000 mm*mm

确定

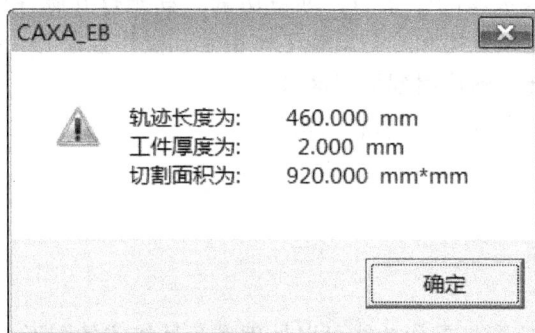

图 8-26 查询结果窗口

6. 生成"马"加工代码及传输程序

操作步骤：

1）打开"马"的轨迹文件。

2）单击主菜单【线切割】→【生成3B代码】。

3）在【生成3B代码】对话框中输入3B代码的文件名，然后单击【保存】按钮。

4）填写立即菜单各参数为

1:指令校验格▼ 2:显示代码▼ 3:停机 DD 4:暂停 D 5:应答传输▼ 。

5）拾取"马"的切割轨迹。

6）右击鼠标，结束轨迹拾取，系统自动生成3B代码。

7. "马"的线切割加工

（1）工件的装夹 由于加工"马"图像工件的材料一般选择钢板或不锈钢片，其厚度一般为1～2mm，考虑到加工刚性的问题，建议按图8-27所示进行装夹。

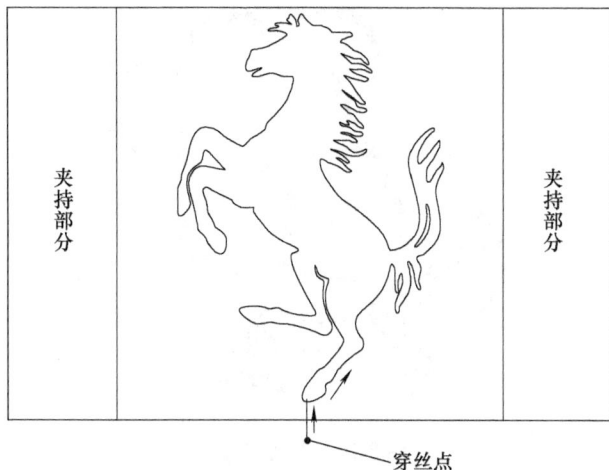

图 8-27 "马"工件切割装夹

（2）将电极丝移至穿丝点　首先工件近穿丝点处作个标记，然后开启机床走丝电动机和高频电源（注意：电压幅值、脉冲宽度和峰值电流均打到最小，且不开工作液），手动移动电极丝使电极丝靠近工件的标记点，在出现火花的瞬时，后退 0.5mm。

（3）切割　调整好电极丝的张紧力，准备切割。首先打开脉冲电源，选择合理的电参数，开启控制器，确定运丝机构和冷却系统工作正常，操作控制器，执行程序。观察加工中火花的状态，确保工作液正确喷射到加工区域。

（4）加工完毕　将工件取下，清洗干净。

巩固练习

1. 基础题

1）CAXA 线切割的位图矢量化功能可以处理哪几种格式的图形文件？

2）位图矢量化功能中的背景选择参数有哪几个选项？各选项有何差别？

2. 上机题

1）完成图 8-28 所示熊图像矢量化操作及生成 3B 代码，并在线切割机床上完成加工。

图 8-28　熊图像

2）完成图 8-29 卡通图像矢量化操作及生成 3B 代码，并在线切割机床上完成加工。

图 8-29　卡通图像

3）完成图 8-30 火焰图像矢量化操作及生成 3B 代码，并在线切割机床上完成加工。

4）完成图 8-31 海豚图像矢量化操作及生成 3B 代码，并在线切割机床上完成加工。

图 8-30　火焰图像

图 8-31　海豚图像

任务 9　锥度零件的线切割

学习指南

1. 掌握电火花线切割锥度加工原理。
2. 掌握电火花线切割锥度零件切割编程方法。
3. 掌握一次同时切割凹、凸模的方法。
4. 巩固线切割加工零件操作方法。

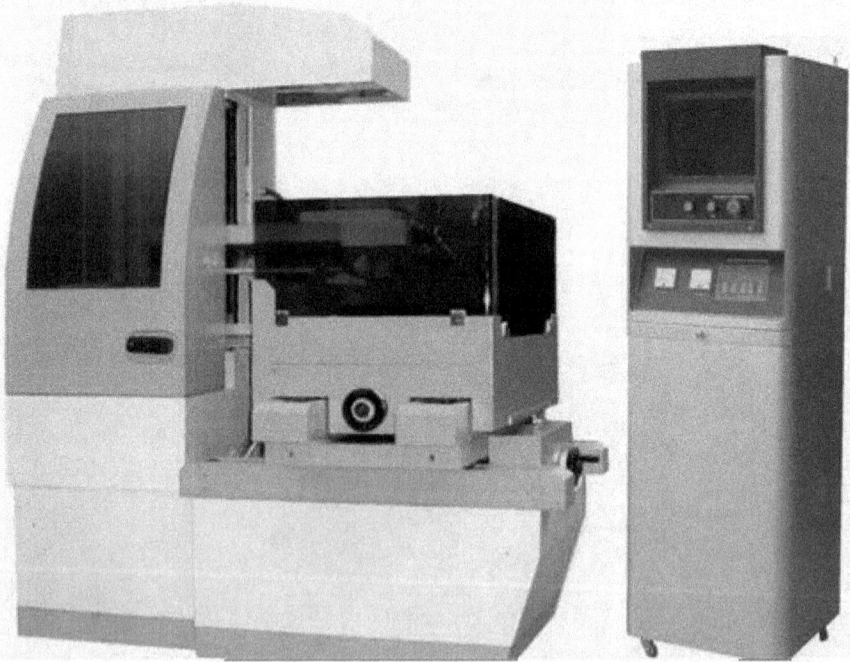

9.1　锥度零件加工任务书

切割图 9-1 所示产品的凹模和凸模，产品的厚度 $t=1\mathrm{mm}$。为节省模具材料，提高切割效率，请用锥度线切割的方法在一块厚度为 30mm 的模具坯料上，同时切割出凹、凸模。电极丝直径 $d=0.18\mathrm{mm}$，单边放电间隙 $\delta=0.01\mathrm{mm}$。

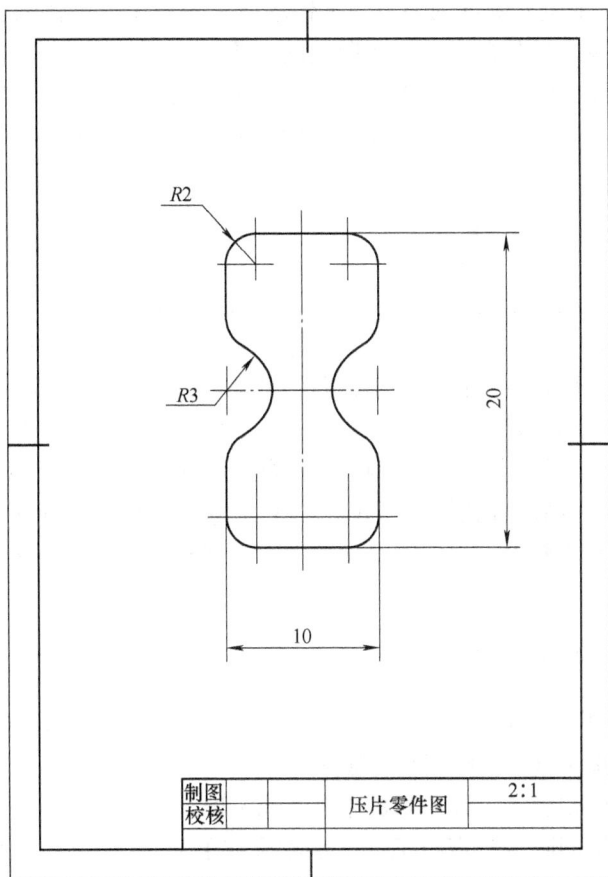

图 9-1　压片零件图

9.2　知识摘要

9.2.1　锥度线切割加工要点

对于电火花线切割机床而言，带锥度切割机的加工尺寸往往难以控制，且切割效率要比无锥度切割机的低很多，尤其是在锥度很大的情况下，二者差别更大。这主要是由于锥度加工时，排屑困难、工作液的环境不理想及电参数不合理等多方面的原因造成的。从实践中，锥度切割应注意以下加工要点。

1）由于锥度切割时排屑困难，钼丝模导轮头部的钼丝拖动力较大，容易断丝，因此必须降低加工能量，增大放电间隔时间，增加加工过程中的平均电压。

2）改善工作液喷流状况，使用专用工作液喷嘴，采取大开口朝上增加工作液喷流流量，采用闭合加工法，减小 Z 轴高度，尽量使两喷嘴之间的距离最小。

3）由于在锥度加工的过程中，各个断面层上的加工周长不同，放电间隙也不同，因此精加工时应采用比无锥度加工更多的切削量。

4）由于钼丝自身的刚性等原因，上、下钼丝模导轮与钼丝的倾斜会产生误差，改旧丝为新丝进行加工，可减小因钼丝老化引起断丝的现象。

5）由于线切割机床加工的数控程序补偿是在 XY 平面内进行的，对于锥度加工，其补偿量与实际的补偿值会产生误差，所以在大锥度切割时，对程序补偿进行修正也是提高其切割精度的有效措施之一。

9.2.2　锥度线切割加工原理

电火花数控四轴联动锥度切割机的装置，主要依靠上部导向器作 U、V 轴的驱动，与工作台坐标 X、Y 轴的驱动构成数控四轴联动，能以机床设定最大切割锥度度数加工；使电极丝倾斜一定的角度，从而切割工件上各个方向的截面和加工上、下截面形状异形的扭转体；工作液的上、下喷嘴分别设置在连杆上，构成了 U、V 轴和 X、Y 轴两个联动的四连杆机构实现同轴冲液；如果将丝架上、下臂的两个导向器设在四连杆机构上导向器中心点和下导向器中心点上，四连杆机构锥度切割装置则由 U、V 轴电动机驱动所组成的四连杆机构实现锥度切割。线切割在锥度切割时，保持电极丝与上、下部导向器的两个接触点之间的直线距离为定值。

9.2.3　锥度线切割加工工艺分析

（1）上下同形件切割分析　上下同形件是上、下端轮廓形状相同的工件。上、下同形切割是利用线切割下拖板（X、Y）和上拖板（U、V）的同步移动，同时完成底部轮廓和顶部轮廓的切割，在四轴联动的线切割机床上才能实现。

进行上、下同形切割时，只需将工件上端轮廓或下端轮廓的切割程序输入到控制器的地址中，程序的指令数目要一致且每条指令必须一一对应。也就是说，工件上轮廓的每条边都应与工件下轮廓的每条边对应。为保证切割尺寸符合图样要求，切割前要设置参数 H1、H2、H3、H4、H5（见图 9-2）。

H1——上、下导轮之间的垂直中心距；

H2——工件厚度；

H3——等圆弧加工数值；

H4——下导轮中心与工件底面的垂直距离；

H5——导轮半径。

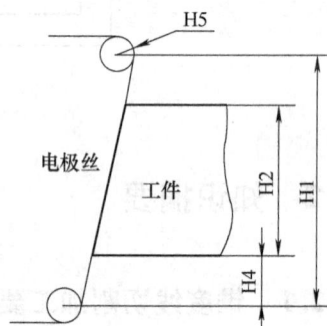

图 9-2　上、下同形切割相关参数

上述参数的数值单位均为 μm。其中参数 H3 等圆弧加工数值只在切割中需作等圆弧处理（即上、下轮廓的某条对应边为钼丝半径相等、弧长相等的圆弧）时输入，其他情况下，输入 0 即可。

（2）上下异形件切割分析 切割图 9-3 所示的上下异形工件。工件的高度为 30mm，底部轮廓为 ϕ12mm 的圆，顶部轮廓为 8mm × 8mm 的正方形。

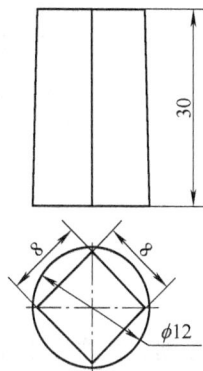
图 9-3 上下异形工件

上、下异形件是上、下端轮廓形状不相同的工件。上、下异形切割是利用线切割下拖板（X、Y）和上拖板（U、V）的同步移动，同时完成底部轮廓和顶部轮廓的切割，在四轴联动的线切割机床上才能实现。

进行上、下异形切割时，需将工件上端轮廓与下端轮廓的切割程序分别输入到控制器的不同地址中，两个程序的指令数目要一致且每条指令必须一一对应。也就是说，工件上轮廓的每条边都应与工件下轮廓的每条边对应。如果有的边对应的仅仅是一个点，那么应输入一个长度为 1μm 的直线来与之对应。为保证切割尺寸符合图样要求，切割前要设置参数 H1、H2、H3、H4、H5（见图 9-2）。

（3）凹、凸模一次同时切割 通常冲裁模具是分别加工出来的，但若是线切割机床有了锥度切割功能，则可以考虑将凹、凸模一次同时切割出来。通过合理地设定倾斜角度，使凸模的大头部分和凹模的小头部分正好处于所需的配合间隙，从而达到一次同时切割凹、凸模的目的。这种生产工艺的优点是快捷、简便和节约材料；其缺点是使用寿命短，每次修正刃口都将导致配合间隙的增大，凸模的固定相对比较麻烦，且不能起导向作用，因此一般应用于冲裁精度要求不高、冲裁量少、冲裁速度较低的开放性冲裁场合。

一次同时加工出凸模和凹模的基本方法有两种：

1）倾斜式加工法。图 9-4 是采用倾斜式加工法一次加工出凸模和凹模的方法。这种方法切出的凸模的刀口刃面上，基本上没有切缝的缺陷。具体方法是下料→钻倾斜的穿丝孔→热处理→磨上、下面→穿丝→线切割至设定的倾斜角→根据产品外形进行锥度线切割。

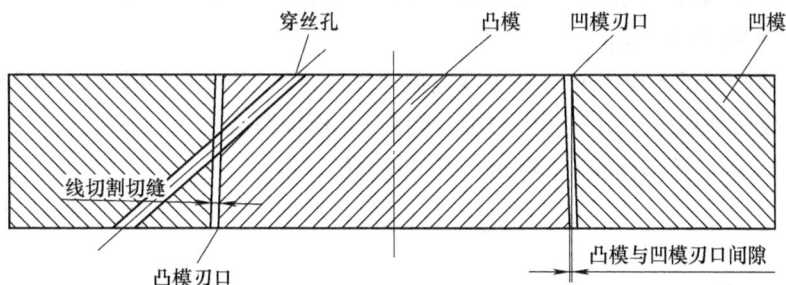
图 9-4 倾斜法一次切割凸凹模

2）简易加工法。简易加工法如图 9-5 所示，具体方法是下料→在凸模或凹模的非加工区钻一个穿丝孔→热处理→磨上、下面→穿丝→线切割至设定的倾斜角和位置→根据产品外形进行锥度线切割。这种加工方法操作简便，其缺点在于如果在凹模外边打孔，凹模上则不仅有一条切缝，而且影响模具寿命，反之在凸模上也有一条缝。因此孔的位置最好选择在非重要位置一侧。

（4）计算切割锥度数据 实现一次同时加工出凸模和凹模的关键是计算所要切割的锥

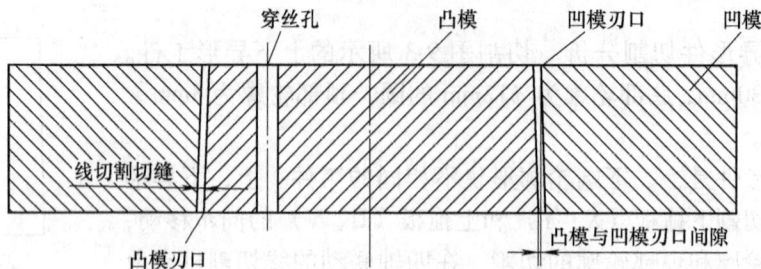

图 9-5　简易法一次切割凸凹模

度数据，现通过下面的实例加以说明。

　　例：图 9-6 所示为落料模具，模坯材料厚度为 30mm，凸、凹模的配合间隙为单侧 0.03mm。为节省材料，要求一次切割同时完成凸、凹模的制作。电极丝采用直径为 0.18mm 的钼丝，试计算切割锥度 α。

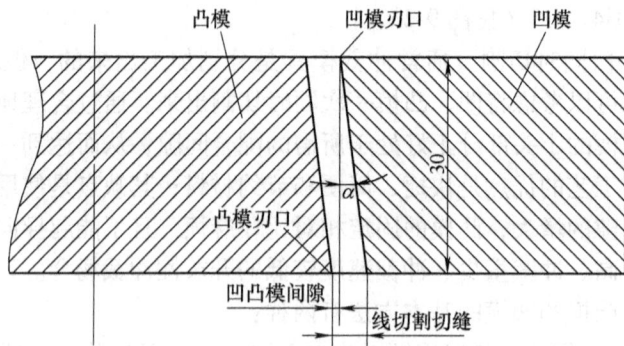

图 9-6　上、下模同时切割斜度的计算方法

　　计算的要点是确定切割锥度，使切割后的型芯下面的大头部分和型腔上部的小头的配合间隙符合设计冲裁间隙要求。

　　线切割切缝的宽度 ＝ 电极丝直径 ＋ 双边放电间隙 ＝ 0.18mm ＋ 0.02mm ＝ 0.2mm

　　$\tan\alpha$ ＝ （线切割切缝 － 凸、凹模的配合间隙）/模板厚度

　　$\tan\alpha$ ＝ （0.2mm － 0.03mm）/30mm ＝ 0.005667

　　α ＝ 0.3247°

9.3　上机操作

1. 绘制压片零件图

（1）矩形的绘制

1）单击主菜单【绘制】→【基本曲线】→【矩形】，系统弹出【矩形】立即菜单。

2）设置立即菜单为

1: 长度和宽度 ▼	2: 中心定位 ▼	3: 角度 0	4: 长度 20	5: 宽度 10	6: 有中心线 ▼	7: 中心线延长长度 3

。

3）输入定位点坐标（0，0），回车，完成矩形的绘制，如图 9-7 所示。

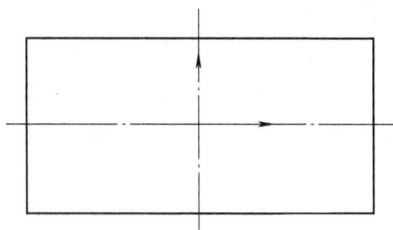

图 9-7 矩形的绘制

（2）圆弧的绘制

1）单击主菜单【绘制】→【基本曲线】→【圆弧形】，系统弹出【圆弧】立即菜单。

2）设置【圆弧】立即菜单为

1:｜圆心_半径_起终角 ▼｜2:半径=3 ｜3:起始角=180 ｜4:终止角=0 ｜。

3）输入圆心点坐标（0，5），回车，完成第一段圆弧的绘制。

4）修改【圆弧】立即菜单为

1:｜圆心_半径_起终角 ▼｜2:半径=3 ｜3:起始角=0 ｜4:终止角=180 ｜。

5）输入圆心点坐标（0，-5），回车，完成第二段圆弧的绘制，如图 9-8 所示。

（3）修剪两个圆弧

1）单击主菜单【绘制】→【曲线编辑】→【裁剪】，系统弹出【裁剪】立即菜单。

2）设置裁剪立即菜单为

1:｜快速裁剪 ▼｜
拾取要裁剪的曲线｜

3）用修剪的方法完成两个圆弧的裁剪绘制，如图 9-9 所示。

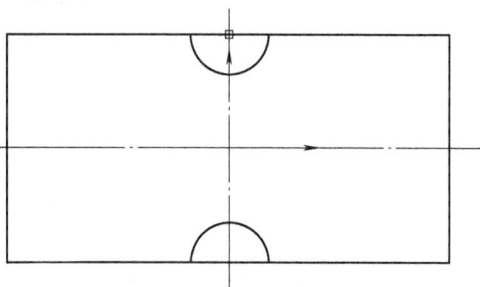

图 9-8 圆弧的绘制

（4）倒八处 R2mm 的圆角

1）单击主菜单【绘制】→【曲线编辑】→【过渡】，系统弹出【过渡】立即菜单。

2）设置【过渡】立即菜单为 1:｜圆角 ▼｜2:｜裁剪 ▼｜3:半径=2 ｜。

3）完成矩形的倒圆角（见图 9-10）。

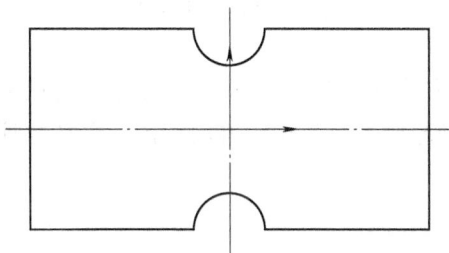

图 9-9 裁剪圆弧的绘制

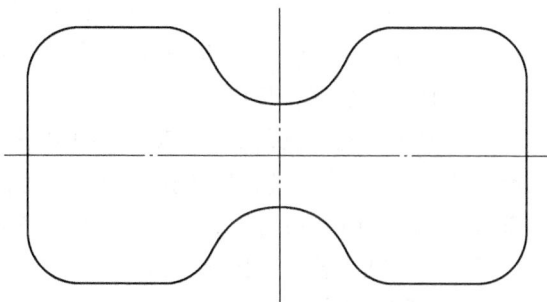

图 9-10 完成八处倒圆角

（5）保存文件

2. 线切割锥度零件工艺参数的分析

产品的厚度 $t = 1mm$，凹、凸模的工作间隙 $\Delta = (t \times 8\%)/2 = (1mm \times 8\%)/2 = 0.04mm$，电极丝直径 $d = 0.18mm$，单边放电间隙 $\delta = 0.01mm$。线切割加工的切缝远大于凹、凸模间的工作间隙，因此可采用倾斜式切割方法，借助倾斜的"穿丝孔"同时切割出凹、凸模。工艺实施原理如图9-11所示。

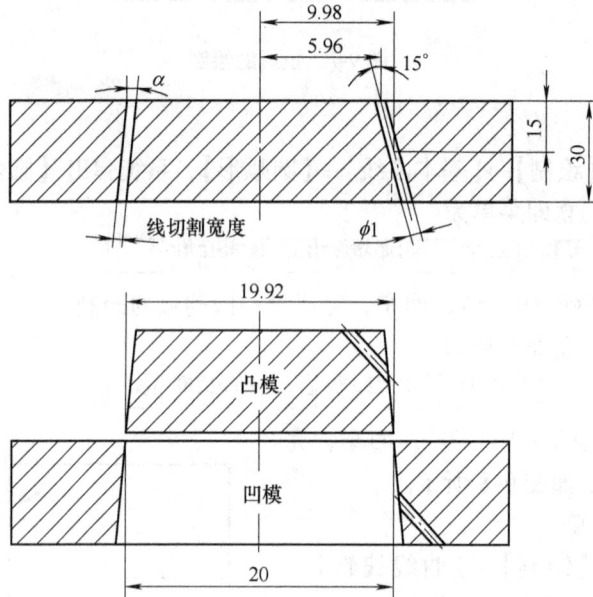

图9-11　工艺实施原理图

切割过程中，电极丝倾斜的角度 θ 根据凹、凸模间的工作间隙及模具坯料的高度 H 确定。它们之间应满足如下关系：

$$\alpha = \arctan[(2f - \Delta)/H]$$

式中　H——模具坯料的厚度（mm）；

　　$2f$——电极丝的切割宽度（mm）；

　　Δ——凹、凸模单侧工作间隙（mm）。

所以，用线切割锥度零件工艺参数确定锥度角大小的计算值为：

$$f = d/2 + \delta = 0.18mm/2 + 0.01mm = 0.10mm$$

$$\alpha = \arctan[(2f - \Delta)/H] = \arctan[(2 \times 0.10mm - 0.04mm)/30mm] = 0.3056°$$

3. 生成加工轨迹和程序

（1）确定穿丝孔位置及切割轨迹　用电火花穿孔方法在图9-11所示位置加工一直径为 $\phi1mm$ 的斜孔作为穿丝孔，以该孔的中心作为程序切割起始点，逆时针方向切割。以坯料顶面作为切割轮廓面（顶面轮廓大小为凹模工作尺寸）。

（2）生成加工轨迹　操作步骤：

1）打开零件图。

2）单击主菜单【线切割】→【轨迹生成】，系统自动弹出线切割轨迹生成参数表对话框。按图9-12所示填写【线切割轨迹生成参数表】对话框，填写完毕，单击【确定】。

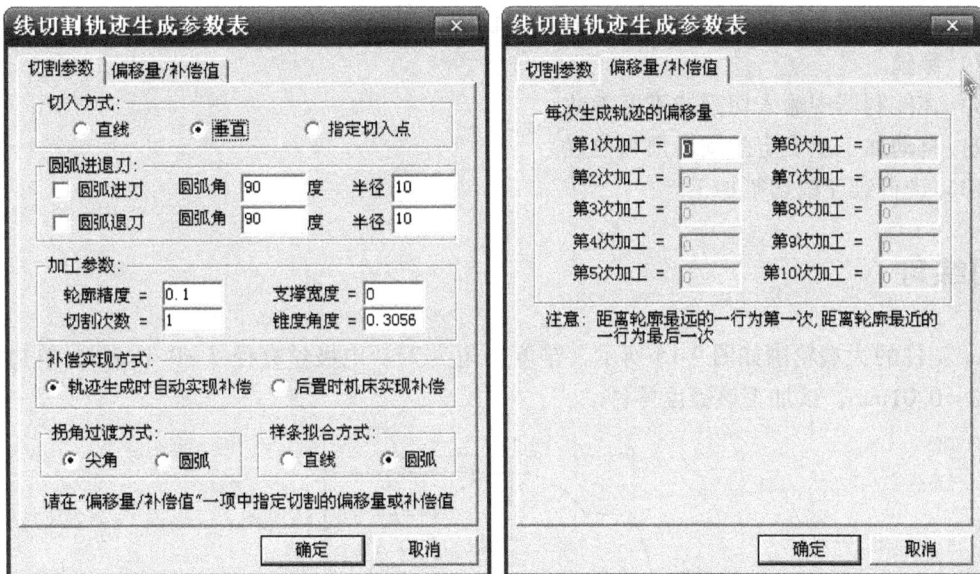

图 9-12　【线切割轨迹生成参数表】对话框

注意：因为是一次同时切割出凸模和凹模，所在【偏移量/补偿值】选项卡中输入的偏移量值为零。

3）在弹出立即菜单中选择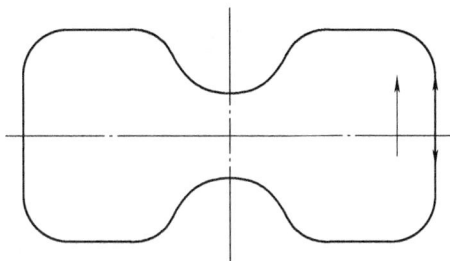。

4）选择逆时针方向为切割方向，如图 9-13 所示。

5）输入穿丝孔的坐标（5.96，0），回车。

（3）生成加工程序参考前文所述。

4. "压片"凹、凸模线切割加工

1）下料。

2）钻倾斜的穿丝孔。

3）热处理。

4）磨上、下面。

5）工件的装夹。按图 9-14 所示对模料进行装夹。

图 9-13　选择切割方向

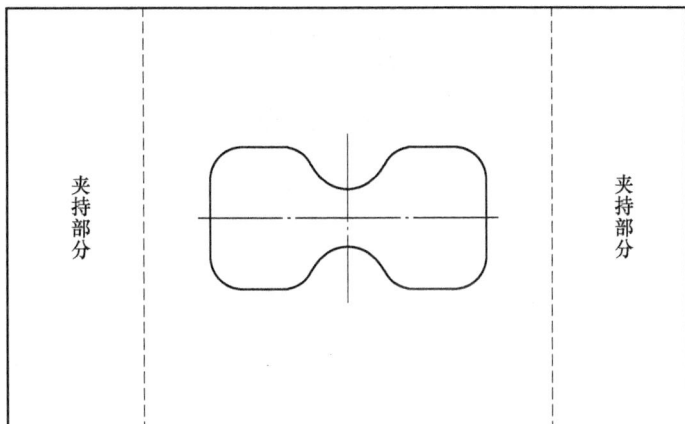

图 9-14　模料的装夹

6）在控制器上执行程序，使 U 轴移动至设置的坐标值。

7）穿丝。

8）在控制器中输入切割的锥度参数。

9）自动加工至设定的倾斜角和位置。

10）进行锥度线切割加工。

巩固练习

1. 工件的大端轮廓如图 9-15 所示，锥度半角为 2°。电极丝直径 $d = 0.18\mathrm{mm}$，单边放电间隙 $\delta = 0.01\mathrm{mm}$，试加工该锥度零件。

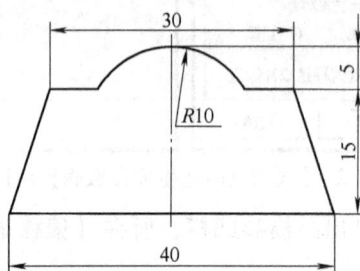

图 9-15　工件的大端轮廓

2. 试切割图 9-16 所示的凸模工件，电极丝直径 $d = 0.18\mathrm{mm}$，单边放电间隙 $\delta = 0.01$。

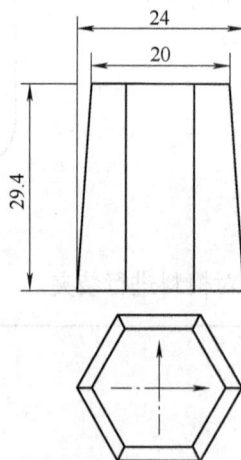

图 9-16　凸模工件

附　　录

附录 A　CAXA 线切割快捷键

文件操作

快　捷　键	功　　能
Ctrl + N	新建文件
Ctrl + O	打开已有文件
Ctrl + P	绘图输出
Ctrl + S	保存文件
Alt + X	退出
Alt + F4	关闭窗口

界面操作

快　捷　键	功　　能
Ctrl + M	显示/隐藏主菜单
Ctrl + B	显示/隐藏标准工具栏
Ctrl + A	显示/隐藏属性工具栏
Ctrl + U	显示/隐藏常用工具栏
Ctrl + D	显示/隐藏绘制工具栏
Ctrl + R	显示/隐藏当前绘制工具栏
Ctrl + I	显示/隐藏立即菜单
Ctrl + T	显示/隐藏状态栏
Ctrl + 1	启用基本曲线工具栏
Ctrl + 2	启用高级曲线工具栏
Ctrl + 3	启用曲线编辑工具栏
Ctrl + 4	启用工程标注工具栏
Ctrl + 5	启用块操作工具栏
Ctrl + 6	启用库操作工具栏

编辑操作

快 捷 键	功 能
Ctrl + C	图形复制
Ctrl + V	图形粘贴
Alt + BackSpace	取消操作（undo）
Delete	删除
Shift + Delete	图形剪切
Shift + Esc	退出 Ole 对象的在位编辑
Ctrl + Insert	复制
Shift + Insert	粘贴
Ctrl + X	剪切
Ctrl + Y	恢复操作（redo）
Ctrl + Z	取消操作（undo）
Shift + 鼠标左键	动态平移
Shift + 鼠标右键	动态缩放

显示操作

快 捷 键	功 能
F2	切换显示当前坐标/显示相对移动距离
F3	显示全部
F4	使用参考点
F5	切换坐标系
F6	点捕捉方式切换开关，它的功能是进行捕捉方式的切换
F7	三视图导航
F8	启用/关闭鹰眼
F9	全屏显示和窗口显示切换开关
Home	显示还原
PageUp	显示放大（1.25 倍）
PageDown	显示缩小（0.8 倍）
↑	上移
↓	下移
←	左移
→	右移

附录 B　数控线切割操作工应知、应会习题库和参考答案

一、是非题

1. 脉冲宽度及脉冲能量越大,则放电间隙越小。　　　　　　　　　　　(　)

2. 目前线切割加工中应用较普遍的工作液是煤油。　　　　　　　　　(　)

3. 数控电火花线切割机床的控制系统不仅对轨迹进行控制,还对进给速度等进行控制。

　　　　　　　　　　　　　　　　　　　　　　　　　　　　　　　(　)

4. 在线切割加工中不能使用煤油作为工作液。　　　　　　　　　　　(　)

5. 在高速走丝线切割加工中不能使用煤油作为工作液。　　　　　　　(　)

6. 如果线切割单边放电间隙为 0.01mm,钼丝直径为 0.18mm,则加工圆孔时的电极丝补偿量为 0.19mm。　　　　　　　　　　　　　　　　　　　　　　(　)

7. 目前线切割加工中应用较普遍的工作液是乳化液,其成分和磨床使用的乳化液成分相同。　　　　　　　　　　　　　　　　　　　　　　　　　　　　(　)

8. 利用电火花线切割机床可以加工不通孔。　　　　　　　　　　　　(　)

9. 利用电火花线切割机床可以加工任何形状的通孔。　　　　　　　　(　)

10. 利用电火花线切割机床可以加工任何导电的材料。　　　　　　　　(　)

11. 利用电火花线切割机床不仅可以加工导电材料,还可以加工不导电材料。　(　)

12. 电火花线切割加工通常采用正极性加工。　　　　　　　　　　　　(　)

13. 电火花线切割加工通常用于粗加工。　　　　　　　　　　　　　　(　)

14. 电火花线切割在加工过程中,总的材料蚀除量比较小,使用电火花线切割加工比较节省材料,因此电火花线切割加工是零件加工时首先考虑选择的加工方法。　　(　)

15. 在低速走丝线切割加工中不存在损耗,所以加工精度高。　　　　　(　)

16. 在低速走丝线切割加工中,由于采用单向连续供丝的方式,在加工区总是保持新电极丝加工,所以加工精度高。　　　　　　　　　　　　　　　　　　　(　)

17. 在设备维修中,利用电火花线切割加工齿轮,其主要目的是为了节省材料,提高材料的利用率。　　　　　　　　　　　　　　　　　　　　　　　　　　(　)

18. 目前,由于电火花线切割加工费用比较高,所以电火花线切割一般只用于普通机械加工不能完成的工作。　　　　　　　　　　　　　　　　　　　　　　(　)

19. 由于电火花线切割加工的材料蚀除量比电火花成形加工的要少很多,所以电火花线切割加工速度比电火花成形加工要快许多。　　　　　　　　　　　　　(　)

20. 由于电火花线切割加工速度比电火花成形加工要快许多,所以电火花线切割加工零件的周期就比较短。　　　　　　　　　　　　　　　　　　　　　　(　)

21. 由于电火花线切割加工是利用电极丝作为工具电极,而电火花成形加工需要制造成形电极,所以用电火花线切割加工零件的周期比电火花成形加工要短。　　(　)

22. 由于高速走丝线切割加工中电极丝的损耗比低速走丝线切割的要大,所以低速走丝线切割加工精度比高速走丝要高。　　　　　　　　　　　　　　　　(　)

23. 因为高速走丝线切割加工中电极丝的损耗大,加工零件精度低,所以高速走丝线切

割一般用于零件的粗加工。　　　　　　　　　　　　　　　　　　　　　　（　　）

24. 在电火花线切割加工中，用水基液作为工作液时，在开路状态下，加工间隙的工作液中不存在电流。　　　　　　　　　　　　　　　　　　　　　　　　　　（　　）

25. 由于使用煤油作为电火花线切割加工工作液时很容易发生火灾，所以为了安全，一般不用煤油作为电火花线切割加工工作液。　　　　　　　　　　　　　　　　（　　）

26. 在高速走丝线切割加工中，由于电极丝走丝速度比较快，所以电极丝和工件间不会发生电弧放电。　　　　　　　　　　　　　　　　　　　　　　　　　　　（　　）

27. 电火花线切割不能加工半导体材料。　　　　　　　　　　　　　　　（　　）

28. 在电火花线切割加工过程中，工件与电极丝之间会发生互相飞溅镀覆及吸附的现象，这种现象只会对线切割加工精度造成影响，所以属于不利的影响。　　　　（　　）

29. 在型号为 DK7732 的数控电火花线切割机床中，其字母 K 属于机床特性代号，是数控的意思。　　　　　　　　　　　　　　　　　　　　　　　　　　　　　（　　）

30. 在型号为 DK7732 的数控电火花线切割机床中，其字母 D 属于机床类别代号，是指电加工机床的意思。　　　　　　　　　　　　　　　　　　　　　　　　　　（　　）

31. 在型号为 DK7632 的数控电火花线切割机床中，数字 32 是机床基本参数，它代表该线切割机床使用的电极丝最大直径为 0.32mm。　　　　　　　　　　　　　　（　　）

32. 高速走丝线切割机床中只使用 B 代码格式编程，而不使用 ISO 代码编程。　（　　）

33. B 代码格式分为 3B 格式、4B 格式、5B 格式等，其中 3B、4B、5B 的含义是指编程时使用指令参数的个数，它们分别为 3 个、4 个、5 个指令参数。　　　　　（　　）

34. 在利用 3B 代码编程加工直线时，程序格式中的 X、Y 是指直线的终点坐标值，其单位为 μm。　　　　　　　　　　　　　　　　　　　　　　　　　　　　　（　　）

35. 在利用 3B 代码编程加工圆弧时，程序格式中的 X、Y 是指圆弧的终点坐标值，其单位为 μm。　　　　　　　　　　　　　　　　　　　　　　　　　　　　　（　　）

36. 在利用 3B 代码编程加工圆弧时，程序格式中的 X、Y 是指圆弧的起点坐标值，其单位为 μm。　　　　　　　　　　　　　　　　　　　　　　　　　　　　　（　　）

37. 在使用 3B 代码编程中，B 称为分隔符，它的作用是将 X、Y、J 的数值分隔开，如果 B 后的数字为 0，则 0 可以省略不写。　　　　　　　　　　　　　　　　　（　　）

38. 在利用 3B 代码编程加工直线时，为了看上去简单、方便，可以用公约数将 X、Y的数值同时缩小相同的倍数。　　　　　　　　　　　　　　　　　　　　　　（　　）

39. 在利用 3B 代码编程加工圆弧时，为了看上去简单、方便，可以用公约数将 X、Y的数值同时缩小相同的倍数。　　　　　　　　　　　　　　　　　　　　　　（　　）

40. 在加工冲孔模具时，为了保证孔的尺寸，应将配合间隙加在凸模上。　（　　）

41. 在加工落料模具时，为了保证冲下零件的尺寸，应将配合间隙加在凹模上。（　　）

42. ISO 代码编程是一种通用的编程方法，由于其控制功能强大，使用广泛，它将是数控编程的发展方向。　　　　　　　　　　　　　　　　　　　　　　　　　（　　）

43. B 代码编程是高速走丝线切割通用的编程方法，由于其使用广泛，它将是高速走丝线切割机床数控编程的发展方向。　　　　　　　　　　　　　　　　　　　（　　）

44. 程序中只要出现一次 G01，以后便可以不再写 G01 了。　　　　　　　（　　）

45. 上一程序段中有了 G02 指令，下一程序段如果仍是 G02 指令，则 G02 可略。（　　）

46. 上一程序段中有了 G04 指令，下一程序段如果仍是 G04 指令，则 G04 可略。　（　）

47. 机床在执行 G01 指令时，电极丝所走的轨迹在宏观上一定是一条直线段。　（　）

48. 机床在执行 G00 指令时，电极丝所走的轨迹在宏观上一定是一条直线段。　（　）

49. 机床在执行 G00 指令时，电极丝所走的轨迹在宏观上可能是一条直线段，也可能是折线，即由两个直线段组成。　（　）

50. G01 指令和 G00 指令的作用相同。　（　）

51. 电极丝补偿初始建立段的距离可以为任意值。　（　）

52. 电极丝补偿取消段的距离可以为任意值。　（　）

53. 机床数控精度的稳定性决定着加工零件质量的稳定性和误差的一致性。　（　）

54. 线切割机床在精度检验前，必须让机床各个坐标往复移动几次，储丝筒运转十多分钟，即在机床处于热稳定状态下进行检测。　（　）

55. 线切割机床在精度检验中，检测工具的精度必须比所测的几何精度高一个等级。　（　）

56. 轴的定位误差可以反映机床的加工精度能力，是数控机床最关键的技术指标。（　）

57. 机床的定位精度应与该机床的几何精度相匹配，定位精度要求较高的机床，其几何精度相应的也较高。　（　）

58. 工作台直线运动重复定位精度是反映轴运动稳定性的一个基本指标。　（　）

59. 工作台各坐标轴直线运动的失动量是坐标轴在进给传动链上的驱动元件反向死区和各机械传动副的反向间隙、弹性变形等误差的综合反映。　（　）

60. 工作台各坐标轴直线运动的失动量一般是由于进给传动链刚性不足、滚珠丝杠预紧力不够、导轨副过紧或松动等原因造成的。　（　）

61. 通常数控系统都具有失动量的补偿功能，这种功能又称为反向间隙补偿功能。（　）

62. 数控线切割机床的工作精度又称为动态精度，是在放电加工情况下，对机床的几何精度和数控精度的一项综合考核。　（　）

63. 在一定的工艺条件下，脉冲间隔的变化对切割速度的影响比较明显，对表面粗糙度的影响比较小。　（　）

64. 电流波形的前沿上升比较缓慢时，加工中电极丝损耗较少；而电流波形的前沿上升比较快时，加工中电极丝损耗就比较大。　（　）

65. 在线切割加工中，当电压表、电流表的表针稳定不动，此时进给速度均匀、平稳，是线切割加工速度和表面粗糙度均好的最佳状态。　（　）

66. 在型号为 DK7632 的数控电火花线切割机床中，数字 32 是机床基本参数，它代表该线切割机床的工作台宽度为 320mm。　（　）

67. 在型号为 DK7632 的数控电火花线切割机床中，数字 32 是机床基本参数，它代表该线切割机床工作台的横向行程为 320mm。　（　）

68. 在高速走丝线切割加工中，工件材料的硬度越小，越容易加工。　（　）

69. 悬臂式支撑是高速走丝线切割比较常用的装夹方法，其特点是通用性强，装夹方便，但装夹后工件容易出现倾斜现象。　（　）

70. 桥式支撑是高速走丝线切割最常用的装夹方法，其特点是通用性强，装夹方便，装夹后稳定，平面定位精度高，适用于装夹各类工件。　（　）

71. 数控高速走丝线切割加工机床主要由机床本体、脉冲电源、控制系统、工作液循环系统和机床附件等几部分组成。（　　）

72. 由于低速走丝线切割加工机床与高速走丝线切割加工机床的组成基本相似，所以二者在整体布局、机械结构及机床外观等各方面都比较相似。（　　）

73. 高速走丝线切割机床的本体主要包括工作台、运丝机构、丝架和床身四个部分。（　　）

74. 自封式滚动导轨具有较好的工艺性，制造、装配、调整都比较方便，受力较均匀，润滑良好；其缺点是外力的作用下可能会向上抬起，而破坏传动。这种结构的导轨通常用在小型线切割机床上。（　　）

75. 自封式滚动导轨具有运动不易受外力影响，防尘条件好等优点；其缺点是结构复杂，工艺性较差。这种结构的导轨通常用在大、中型线切割机床上。（　　）

76. 由于滚珠丝杠螺母副的制造精度高，所以丝杠与螺母间不存在传动间隙。（　　）

77. 虽然线切割机床型号不同，但它们所能使用的电极丝直径都相同。（　　）

二、选择题

1. 下列说法中不正确的是（　　）
   A. 电火花线切割加工属于特种加工的方法
   B. 电火花线切割加工属于放电加工
   C. 电火花线切割加工属于电弧放电加工
   D. 电火花线切割加工属于成形电极加工

2. 第一台实用的电火花加工装置的发明时间是（　　）
   A. 1952 年　　　　B. 1943 年　　　　C. 1940 年　　　　D. 1963 年

3. 发明了世界上第一台实用的电火花加工装置的是（　　）
   A. 美国的爱迪生　　　　　　　　B. 中国科学院电工研究所
   C. 美国的麻省理工学院　　　　　D. 前苏联的拉扎连柯夫妇

4. 第一台高速走丝简易数控线切割样机是由（　　）研制出来。
   A. 中国的张维良　　　　　　　　B. 复旦大学与上海交通电器厂联合
   C. 前苏联的拉扎连柯夫妇　　　　D. 瑞士阿奇公司

5. 目前我国主要生产的电火花线切割机床是（　　）
   A. 普通的高速走丝电火花线切割机床　　B. 普通的低速走丝电火花线切割机床
   C. 高档的高速走丝电火花线切割机床　　D. 高档的低速走丝电火花线切割机床

6. 下列中不是电火花线切割机床采用过的控制方式是（　　）
   A. 靠模仿形　　　B. 光电跟踪　　　C. 数字控制　　　D. 声电跟踪

7. 对于铣削和电火花线切割都能加工的材料，下列说法中正确的是（　　）
   A. 铣削平面一定比线切割加工平面粗糙
   B. 加工面积相同的平面，线切割加工比铣削快
   C. 线切割加工平面一定比铣削平面粗糙
   D. 加工面积相同的平面，线切割加工比铣削慢

8. 关于电火花线切割加工，下列说法中正确的是（　　）

A. 高速走丝线切割由于电极丝反复使用，电极丝损耗大，所以与低速走丝相比加工精度低

B. 高速走丝线切割电极丝运行速度快，丝运行不平稳，所以与低速走丝相比加工精度低

C. 高速走丝线切割使用的电极丝直径比低速走丝线切割大，所以加工精度比低速走丝低

D. 高速走丝线切割使用的电极丝材料比低速走丝线切割差，所以加工精度比低速走丝低

9. 对于数控快走丝电火花线切割机床，影响其加工质量和加工稳定性的关键部件是（　　）

    A. 走丝机构　　　　　　　　　　　B. 工作液循环系统

    C. 脉冲电源　　　　　　　　　　　D. 伺服控制系统

10. 有关线切割加工对材料可加工性和结构工艺性的影响，下列说法中正确的是（　　）

    A. 线切割加工提高了材料的可加工性，不管材料硬度、强度、韧性、脆性及其是否导电都可以加工

    B. 线切割加工影响了零件的结构设计，不管什么形状的孔如方孔、小孔、阶梯孔、窄缝等，都可以加工

    C. 线切割加工速度的提高为一些零件小批量加工提供了方法

    D. 线切割加工改变了零件的典型加工工艺路线，工件必须先淬火然后才能进行电火花线切割加工

11. 有关电火花线切割机床使用电极丝情况，下列说法中不正确的是（　　）

    A. 钼、钨钼合金电极丝常用于高速走丝线切割加工

    B. 铜丝也可用于高速走丝线切割加工

    C. 铜丝只能用于低速走丝线切割加工

    D. 钼丝也可用于低速走丝线切割加工

12. 电火花线切割加工过程中，电极丝与工件间存在的状态有（　　）

    A. 开路　　　　　　　　　　　　　B. 短路

    C. 火花放电　　　　　　　　　　　D. 电弧放电

13. 通过电火花线切割的微观过程，可以发现在放电间隙中存在的作用力有（　　）

    A. 电场力　　　　　　　　　　　　B. 磁力

    C. 热力　　　　　　　　　　　　　D. 流体动力

14. 电火花线切割的微观过程可分为四个连续阶段：a) 电极材料的抛出；b) 极间介质的电离、击穿，形成放电通道；c) 极间介质的消电离；d) 介质热分解、电极材料熔化、气化热膨胀；这四个阶段的排列顺序为（　　）

    A. abcd　　　　　　　　　　　　　B. bdac

    C. acdb　　　　　　　　　　　　　D. cbad

15. 在电火花线切割加工过程中，放电通道中心温度最高可达（　　）左右。

    A. 1000℃　　　　　B. 10000℃　　　　　C. 100000℃　　　　　D. 5000℃

16. 在电火花线切割加工过程中如果产生的电蚀产物（如金属微粒、气泡等）来不及排

除、扩散出去，可能产生的影响有（　　）。

A. 改变间隙介质的成分，并降低绝缘强度

B. 使放电时产生的热量不能及时传出，消电离过程不能充分

C. 使金属局部表面过热而使毛坯产生变形

D. 使火花放电转变为电弧放电

17. 对于高速走丝线切割机床，在切割加工过程中电极丝运行速度一般为（　　）。

A. 3～5m/s
B. 8～10m/s

C. 11～15m/s
D. 4～8m/s

18. 对于低速走丝线切割机床，在切割加工过程中电极丝运行速度一般不大于（　　）。

A. 1m/s
B. 2m/s

C. 0.25m/s
D. 0.6m/s

19. 在利用3B代码编程加工斜线时，如果斜线的加工指令为L3，则该斜线与X轴正方向的夹角为（　　）。

A. $180° < \alpha < 270°$
B. $180° < \alpha \leq 270°$

C. $180° \leq \alpha < 270°$
D. $180° \leq \alpha \leq 270°$

20. 关于机床坐标系，下列说法正确的是（　　）

A. 数控线切割机床采用的坐标系为右手直角笛卡儿坐标系

B. 数控线切割机床规定以工作台为基准，按照右手直角笛卡儿坐标系来判断坐标方向

C. 数控线切割机床规定以电极丝为基准，按照右手直角笛卡儿坐标系来判断坐标方向

D. 以工作台为基准和以电极丝为基准判断出的坐标方向相同

21. 电火花线切割加工的特点有（　　）

A. 不必考虑电极丝损耗

B. 不能加工精密细小、形状复杂的工件

C. 不需要制造电极

D. 不能加工不通孔类和阶梯形面类工件

22. 电火花线切割加工的对象有（　　）

A. 任何硬度、高熔点包括经热处理的钢和合金

B. 成形刀、样板

C. 阶梯孔、阶梯轴

D. 塑料模中的型腔

23. 如果线切割单边放电间隙为0.02mm，钼丝直径为0.18mm，则加工圆孔时的电极丝补偿量为（　　）。

A. 0.10mm
B. 0.11mm

C. 0.20mm
D. 0.21mm

24. 用线切割机床加工直径为10mm的圆孔，在加工中当电极丝的补偿量设置为0.12mm时，加工孔的实际直径为10.02mm。如果要使加工的孔径为10mm，则采用的补偿量应为（　　）。

A. 0.10mm　　　　　　　　　　　　　B. 0.11mm

C. 0.12mm　　　　　　　　　　　　　D. 0.13mm

25. 对于线切割加工，下列说法正确的有（　　）

　　A. 使用步进电动机驱动的线切割机床在线切割加工圆弧时，其运动轨迹是折线

　　B. 使用步进电动机驱动的线切割机床在线切割加工斜线时，其运动轨迹是一条斜线

　　C. 在利用3B代码编程加工斜线时，取加工的终点为编程坐标系的原点

　　D. 在利用3B代码编程加工圆弧时，取圆心为线切割加工坐标系的原点

26. 线切割加工中，当使用3B代码进行数控程序编制时，下列关于计数方向的说法正确的有（　　）

　　A. 斜线终点坐标（Xe，Ye），当|Ye| > |Xe|时，计数方向取GY

　　B. 斜线终点坐标（Xe，Ye），当|Xe| > |Ye|时，计数方向取GY

　　C. 圆弧终点坐标（Xe，Ye），当|Xe| > |Ye|时，计数方向取GY

　　D. 圆弧终点坐标（Xe，Ye），当|Xe| < |Ye|时，计数方向取GY

27. 线切割加工编程时，计数长度的单位应为（　　）

　　A. 以 μm 为单位　　　　　　　　　　B. 以 mm 为单位

　　C. 以 cm 为单位　　　　　　　　　　D. 以 m 为单位

28. 电火花线切割加工过程中，工作液必须具有的性能是（　　）

　　A. 绝缘性能　　　　　　　　　　　　B. 洗涤性能

　　C. 冷却性能　　　　　　　　　　　　D. 润滑性能

29. 利用3B代码编程加工斜线 OA，设起点 O 在切割坐标原点，终点 A 的坐标为 Xe = 17mm，Ye = 5mm，其加工程序为（　　）

　　A. B17　B5　B17　GX　L1

　　B. B17000　B5000　B017000　GX　L1

　　C. B17000　B5000　B017000　GY　L1

　　D. B17000　B5000　B005000　GY　L1

　　E. B17　B5　B017000　GX　L1

30. 利用3B代码编程加工半圆 AB，切割方向从 A 到 B，起点坐标 A（-5，0），终点坐标 B（5，0），其加工程序为（　　）

　　A. B5000　BB010000　GX　SR2　　　B. B5　BB010000　GY　SR2

　　C. B5000　BB010000　GY　SR2　　　D. BB5000　B010000　GY　SR2

31. 使用ISO代码编程时，关于圆弧插补指令，下列说法正确的是（　　）

　　A. 整圆只能用圆心坐标来编程

　　B. 圆心坐标必须是绝对坐标

　　C. 所有圆弧或圆都可以使用圆心坐标来编程

　　D. 从线切割机床工作台上方看 G03 为顺时针加工，G02 为逆时针加工

32. 使用ISO代码编程，以下说法中（　　）是正确的

　　A. 只有 G92 是工件坐标系设定指令

　　B. 所有数控机床加工时都必须返回参考点

C. 根据需要，一个工件可以设置几个工件坐标系

D. 执行程序前必须将电极丝移动到程序原点

33. M00 是线切割机床使用 ISO 代码编程时经常使用的辅助功能字，其含义是（　　）

A. 起动丝筒电动机　　　　　　　　　　B. 关闭丝筒电动机

C. 起动工作液泵　　　　　　　　　　　D. 程序暂停

34. M02 是线切割机床使用 ISO 代码编程时经常使用的辅助功能字，其含义是（　　）

A. 程序开始　　　　　　　　　　　　　B. 关闭丝筒电动机

C. 关闭工作液泵　　　　　　　　　　　D. 程序结束

35. 使用 ISO 代码编程时，在下列有关圆弧插补中利用半径 R 编程说法正确的是（　　）

A. 因为 R 代表圆弧半径，所以 R 一定为非负数

B. R 可以取正数，也可以取负数，它们的作用相同

C. R 可以取正数，也可以取负数，但它们的作用不同

D. 利用半径 R 编程比利用圆心坐标编程方便

36. 关于建立和取消电极丝半径补偿功能，下列说法中正确的是（　　）

A. 在用 G41、G42 建立电极丝补偿时，该程序段可以使用 G00、G01 和 G02、G03 四个指令来建立

B. 在用 G40 取消电极丝补偿时，该程序段可以使用 G00、G01 和 G02、G03 四个指令来取消

C. 在用 G41、G42 建立电极丝补偿时，该程序段必须使用 G00 和 G01 两个指令来建立

D. 在用 G40 取消电极丝补偿时，该程序段必须使用 G00 和 G01 两个指令来取消

37. 下列关于使用 G41、G42 指令建立电极丝补偿功能的有关叙述，正确的有（　　）

A. 当电极丝位于工件的左边时，使用 G41 指令

B. 当电极丝位于工件的右边时，使用 G42 指令

C. G41 为电极丝右补偿指令，G42 为电极丝左补偿指令

D. 沿着电极丝前进方向看，当电极丝位于工件的左边时，使用 G41 左补偿指令；当电极丝位于工件的右边时，使用 G42 右补偿指令

38. 关于电极丝半径补偿初始建立段和补偿取消段，下列说法中正确的是（　　）

A. 电极丝补偿初始建立段可以是加工工件的轮廓轨迹

B. 电极丝补偿取消段可以是加工工件的轮廓轨迹

C. 电极丝补偿初始建立段不能利用工件的轮廓轨迹

D. 电极丝补偿取消段也不能利用工件的轮廓轨迹

39. 数控线切割机床的工作精度检测中，有关尺寸精度与最佳表面粗糙度的检测对象应是（　　）

A. 与机床坐标轴平行的表面　　　　　　B. 与机床坐标轴垂直的表面

C. 任意表面，无特殊要求　　　　　　　D. 与机床坐标轴夹角为 45°的表面

40. 有关线切割机床安全操作方面，下列说法正确的是（　　）

A. 当机床电器发生火灾时，应用四氯化碳灭火器灭火

B. 当机床电器发生火灾时，可以用水对其进行灭火

C. 线切割机床在加工过程中产生的气体对操作者的健康没有影响

D. 由于线切割机床在加工过程中的放电电压不高，所以加工中可以用手接触工件或机床工作台

41. 在线切割加工中，关于工件装夹问题，下列说法正确的是（　　）

A. 由于线切割加工中工件几乎不受力，所以加工中工件不需要夹紧

B. 虽然线切割加工中工件受力很小，但为了防止工件应力变化产生变形，对工件应施加较大的夹紧力

C. 由于线切割加工中工件受力很小，所以加工中工件只需要较小的夹紧力

D. 线切割加工中，对工件夹紧力大小没有要求

42. 电火花线切割机床一般的维护保养的方法是（　　）

A. 定期润滑　　　　　B. 定期调整　　　　　C. 定期更换　　　　　D. 定期检查

43. 电火花线切割机床使用的脉冲电源输出的是（　　）

A. 固定频率的单向直流脉冲　　　　　　　　B. 固定频率的交变脉冲电源

C. 频率可变的单向直流脉冲　　　　　　　　D. 频率可变的交变脉冲电源

44. 在高速走丝线切割加工中，当其他工艺条件不变时，增大短路峰值电流，可以（　　）

A. 提高切割速度　　　　　　　　　　　　　B. 表面粗糙度会变好

C. 降低电极丝的损耗　　　　　　　　　　　D. 增大单个脉冲能量

45. 在高速走丝线切割加工中，当其他工艺条件不变时，增大开路电压，可以（　　）

A. 提高切割速度　　　　　　　　　　　　　B. 表面粗糙度变差

C. 增大放电间隙　　　　　　　　　　　　　D. 降低电极丝的损耗

46. 在高速走丝线切割加工中，当其他工艺条件不变时，增大脉冲宽度，可以（　　）

A. 提高切割速度　　　　　　　　　　　　　B. 表面粗糙度会变好

C. 增大电极丝的损耗　　　　　　　　　　　D. 增大单个脉冲能量

47. 在加工工件较厚时，要保证加工的稳定，放电间隙要大，所以（　　）

A. 脉冲宽度和脉冲间隔都取较大值

B. 脉冲宽度和脉冲间隔都取较小值

C. 脉冲宽度取较大值，脉冲间隔取较小值

D. 脉冲宽度取较小值，脉冲间隔取较大值

48. 高速走丝线切割最常用的加工波形是（　　）

A. 锯齿波　　　　　B. 矩形波　　　　　C. 分组脉冲波　　　　　D. 前阶梯波

49. 在电火花线切割加工中，下列说法正确的有（　　）

A. 因为只有正极发生电蚀，负极不发生电蚀，所以工件接正极，电极丝接负极

B. 正极和负极，都会发生不同程度的电蚀

C. 正极蚀除量大，负极蚀除量小

D. 正极蚀除量小，负极蚀除量大

50. 在电火花加工中，下列说法正确的有（　　）

A. 正极蚀除量大，负极蚀除量小

B. 正极蚀除量小，负极蚀除量大

  C. 采用长脉冲加工时，负极的蚀除速度大于正极的蚀除速度

  D. 采用短脉冲加工时，正极的蚀除速度大于负极的蚀除速度

51. 在电火花线切割加工中，采用正极性接法的目的有（ ）

  A. 提高加工速度   B. 减少电极丝的损耗

  C. 提高加工精度   D. 表面粗糙度变好

52. 高速走丝线切割加工中可以使用的电极丝有（ ）

  A. 黄铜丝   B. 纯铜丝   C. 钨丝

  D. 钼丝   E. 钨钼丝

53. 下列关于电极丝直径对线切割加工的影响，说法正确的有（ ）

  A. 电极丝直径越小，其承受电流小，所以切割速度低

  B. 电极丝直径越小，其切缝也窄，所以切割速度高

  C. 电极丝直径越大，其承受电流大，所以切割速度高

  D. 在一定范围内，电极丝的直径加大可以提高切割速度；但电极丝的直径超过一
   定程度时，反而又降低切割速度

54. 下列关于电极丝的张紧力对线切割加工的影响，说法正确的有（ ）

  A. 电极丝张紧力越大，其切割速度越大

  B. 电极丝张紧力越小，其切割速度越大

  C. 电极丝的张紧力过大，电极丝有可能发生疲劳而造成断丝

  D. 在一定范围内，电极丝的张紧力增大，切割速度增大；当电极丝张紧力增加到
   一定程度后，其切割速度随张紧力增大而减小

55. 在高速走丝线切割加工中，电极丝张紧力的大小应根据（ ）的情况来确定。

  A. 电极丝的直径   B. 加工工件的厚度

  C. 电极丝的材料   D. 加工工件的精度要求

56. 在高速走丝线切割加工过程中，如果电极丝的位置精度较低，电极丝就会发生抖
  动，从而导致（ ）

  A. 电极丝与工件间瞬时短路，开路次数增多

  B. 切缝变宽

  C. 切割速度降低

  D. 提高了加工精度

57. 常用的电极丝垂直度校正方法有（ ）

  A. 利用找正器校正   B. 利用校直仪校正

  C. 利用目测法校正   D. 利用直角尺校正

58. 高速走丝线切割在加工钢件时，在切割表面的进出口两端附近，往往有黑白相间交
  错的条纹，关于这些条纹下列说法中正确的是（ ）

  A. 黑色条纹微凹，白色条纹微凸；黑色条纹处为入口，白色条纹处为出口

  B. 黑色条纹微凸，白色条纹微凹；黑色条纹处为入口，白色条纹处为出口

  C. 黑色条纹微凹，白色条纹微凸；黑色条纹处为出口，白色条纹处为入口

  D. 黑色条纹微凸，白色条纹微凹；黑色条纹处为出口，白色条纹处为入口

59. 在高速走丝线切割加工中，关于不同厚度工件的加工，下列说法正确的是（ ）

A. 工件厚度越大，其切割速度越慢

B. 工件厚度越小，其切割速度越大

C. 工件厚度越小，线切割加工的精度越高；工件厚度越大，线切割加工的精度越低

D. 在一定范围内，工件厚度增大，切割速度增大；当工件厚度增加到某一值后，其切割速度随厚度的增大而减小

60. 在高速走丝线切割加工中，关于工作液的陈述正确的有（　　）

A. 纯净工作液的加工效果最好

B. 煤油工作液切割速度低，但不易断丝

C. 乳化型工作液比非乳化型工作液的切割速度高

D. 水类工作液冷却效果好，所以切割速度高，同时使用水类工作液不易断丝

61. 在线切割加工中，加工穿丝孔的目的有（　　）

A. 保证零件的完整性　　　　　　　　B. 减小零件在切割中的变形

C. 容易找到加工起点　　　　　　　　D. 提高加工速度

62. 在线切割加工中，当穿丝孔靠近装夹位置时，开始切割时电极丝的走向应（　　）

A. 沿离开夹具的方向进行加工

B. 沿与夹具平行的方向进行加工

C. 沿离开夹具的方向或与夹具平行的方向

D. 无特殊要求

63. 线切割加工时，工件的装夹方式一般采用（　　）

A. 悬臂式支撑　　　　　　　　　　　B. V形夹具装夹

C. 桥式支撑　　　　　　　　　　　　D. 分度夹具装夹

64. 线切割加工中，在工件装夹时一般要对工件进行找正，常用的找正方法有（　　）

A. 拉表法　　　　　　　　　　　　　B. 划线法

C. 电极丝找正法　　　　　　　　　　D. 固定基面找正法

65. 下列关于使用拉表法对工件进行找正的说法，其中不正确的是（　　）

A. 使用拉表法可以对工件的上表面进行找正

B. 使用拉表法还可以对工件的侧面进行找正

C. 使用拉表法的找正精度比较高

D. 使用拉表法的找正效率比较高

66. 下列关于使用固定基面找正法对工件进行找正的说法，其中正确的有（　　）

A. 使用固定基面找正法是对工件上的基准直接进行找正

B. 使用固定基面找正法是利用通用或专用夹具的基准面进行找正

C. 使用固定基面找正法比拉表法的找正精度高

D. 使用固定基面找正法其找正效率比较高

67. 高速走丝线切割加工厚度较大工件时，对于工作液的使用下列说法正确的是（　　）

A. 工作液的浓度要大些，流量要略小

B. 工作液的浓度要大些，流量也要大些

C. 工作液的浓度要小些，流量也要略小

D. 工作液的浓度要小些，流量要大些

68. 电火花线切割加工的主要工艺指标有（　）
　　A. 切割速度　　　　　　　　　　　B. 加工工件的表面粗糙度
　　C. 电极丝损耗量　　　　　　　　　D. 加工工件的精度

69. 下列不属于滚珠丝杠副传动优点的是（　）
　　A. 传动效率高　　　B. 摩擦力小　　　C. 使用寿命长　　　D. 自锁性能好

70. 内循环式结构的滚珠丝杠螺母副有（　）
　　A. 丝杠　　　　　　B. 螺母与滚珠　　C. 反向器　　　　　D. 回珠管

71. 外循环式结构的滚珠丝杠螺母副有（　）
　　A. 丝杠　　　　　　B. 螺母与滚珠　　C. 反向器　　　　　D. 回珠管

72. 高速走丝线切割机床的走丝机构中，电动机轴与储丝筒中心轴一般利用联轴器将二者联在一起，这个联轴器是（　）
　　A. 刚性联轴器　　　　　　　　　　B. 弹性联轴器
　　C. 摩擦锥式联轴器　　　　　　　　D. 它们都可以用

三、名词解释

1. 放电加工
2. 电火花加工
3. 电火花穿孔成形加工
4. 电火花线切割加工
5. 脉冲放电
6. 电弧放电
7. 放电通道
8. 放电间隙
9. 电蚀
10. 金属转移
11. 开路电压
12. 放电电压
13. 加工电压
14. 短路峰值电流
15. 短路电流
16. 加工电流
17. 击穿电压
18. 击穿延时
19. 脉冲宽度
20. 放电时间
21. 脉冲间隔
22. 停歇时间
23. 脉冲周期

24. 脉冲频率
25. 电参数
26. 开路脉冲
27. 工作脉冲
28. 短路脉冲
29. 短路
30. 开路
31. 极性效应
32. 正极性接法和负极性接法
33. 切割速度
34. 高速走丝线切割
35. 低速走丝线切割
36. 偏移
37. 左偏和右偏
38. 多次切割
39. 锥度切割
40. 左锥和右锥
41. 条纹
42. 伺服控制
43. 表面粗糙度 Ra
44. 电火花加工表层
45. 热影响层
46. 基体金属

四、简答题

1. 电火花加工的物理本质是什么?

2. 电火花成形加工与电火花线切割加工有什么不同?

3. 电火花线切割加工特点有哪些? 其主要应用在哪些方面?

4. 电火花线切割加工的主要工艺指标有哪些? 影响表面粗糙度的主要因素有哪些?

5. 电火花线切割中常采用哪些措施来提高加工质量?

6. 电火花线切割加工中对工件装夹有哪些要求?

7. 高速走丝线切割与低速走丝线切割哪个加工精度高? 为什么?

8. 线切割加工电极丝的选择原则是什么?

9. 电火花线切割机床有哪些常用的功能?

10. 什么是极性效应? 在电火花线切割加工中如何利用极性效应?

11. 分析影响电火花线切割加工速度的因素。

12. 电火花线切割的微观过程包括哪几个阶段? 在每个阶段表现出什么主要现象?

五、工艺编程题

1. 加工图 B-1 所示斜线段，终点 A 的坐标为 Xe = 14mm，Ye = 5mm，分别用 3B 和 ISO 格式编制其线切割程序。

2. 加工图 B-2 所示与正 Y 轴重合的直线线段，长度为 22.4mm。分别用 3B 和 ISO 格式编制其线切割程序。

3. 加工图 B-3 所示圆弧，A 为此逆圆弧的起点，B 为终点。分别用 3B 和 ISO 格式编制线切割程序。

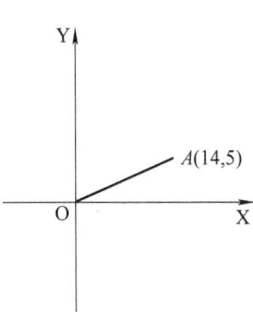

图　B-1

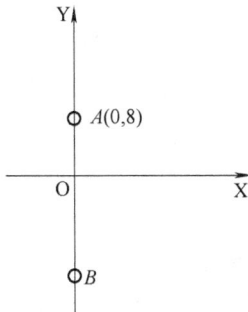

图　B-2

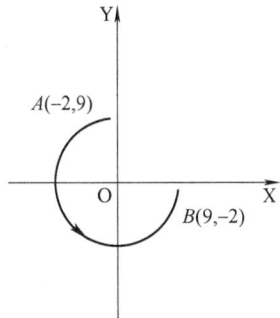

图　B-3

4. 利用 ISO 格式编制图 B-4 所示凹模的线切割程序，电极丝为 ϕ0.2mm 的钼丝，单边放电间隙为 0.01mm。

5. 电火花线切割加工图 B-5 所示零件，零件材料为 GCr15，厚度为 40mm，试制订其线切割加工工艺。

6. 电火花线切割加工图 B-6 所示内花键扳手，花键为内花键，模数为 1.5mm，压力角为 30°，齿数为 12，材料为 GCr15，材料厚度为 6mm，试制订其线切割加工工艺。

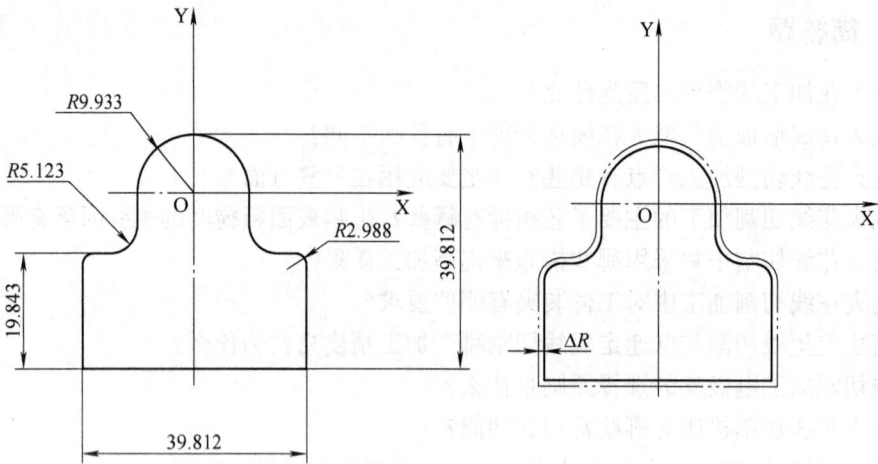

图 B-4

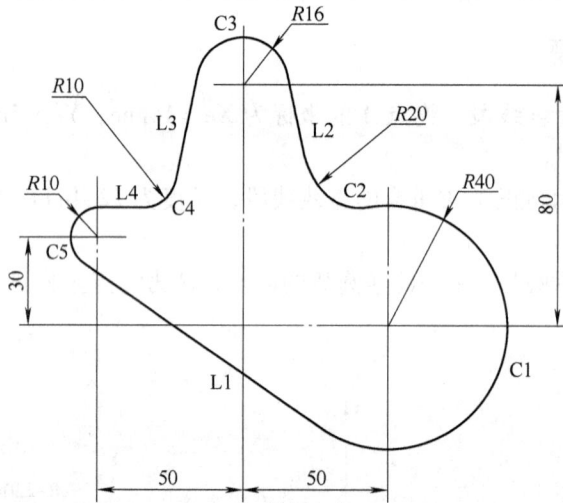

图 B-5

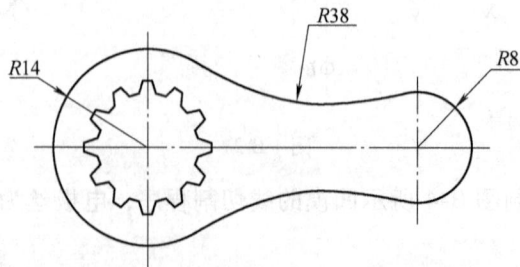

图 B-6

7. 加工图 B-7 所示零件，试分析说明图示穿丝点位置选择的优缺点。

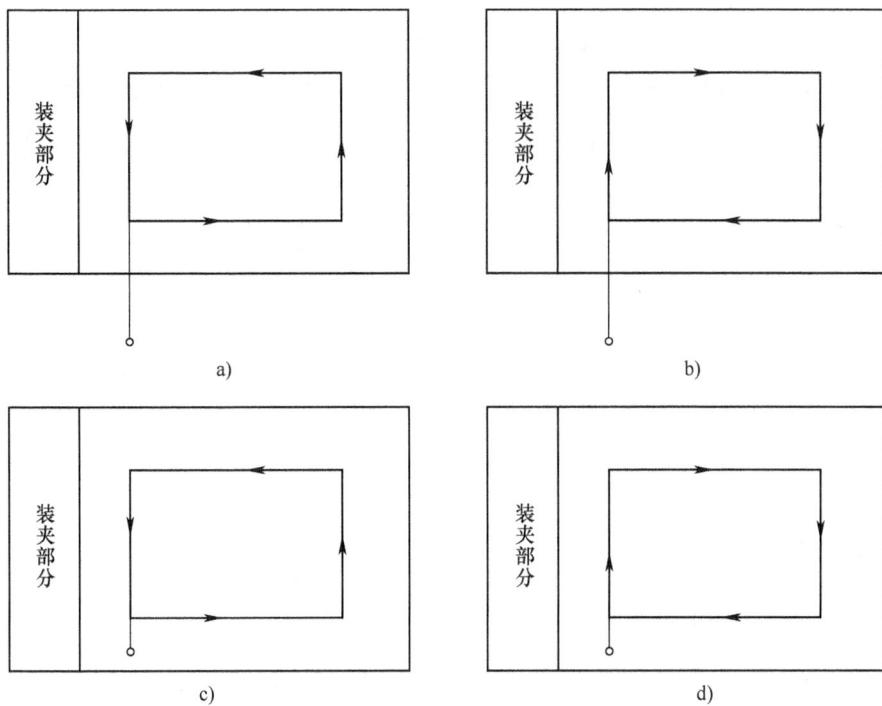

图 B-7

六、CAD 绘图练习

1.

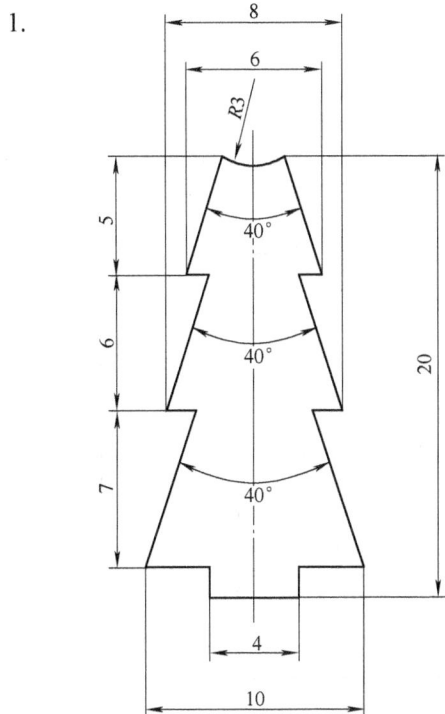

2.

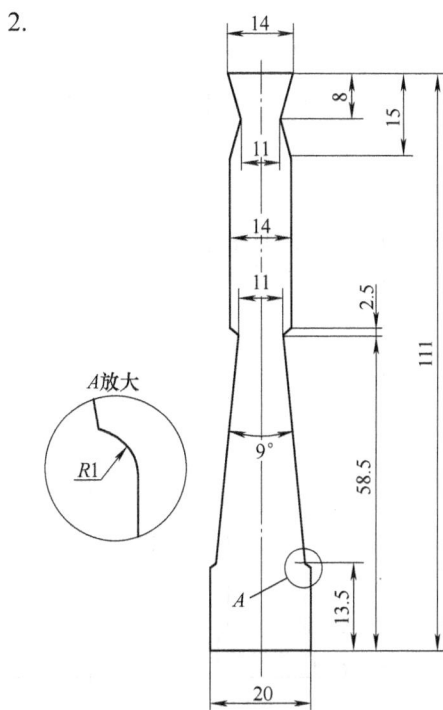

3.

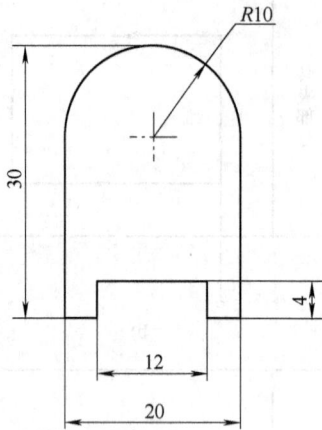

4.

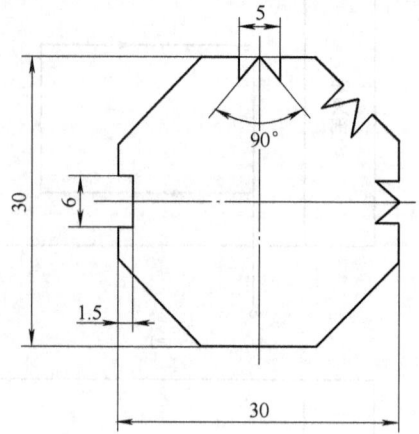

5.

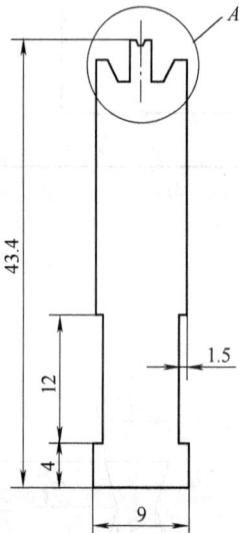

*A*放大

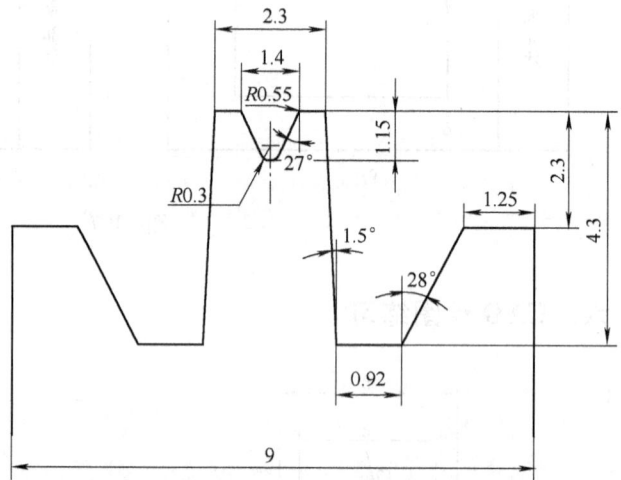

6.

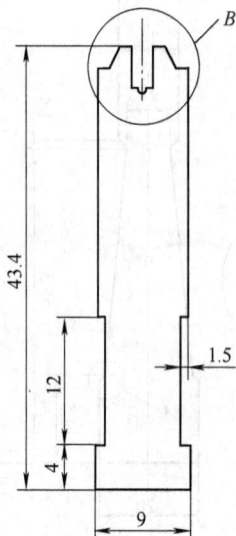

*B*放大

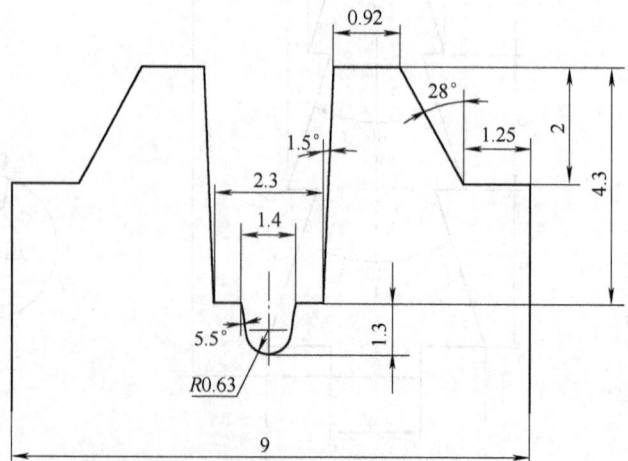

7.

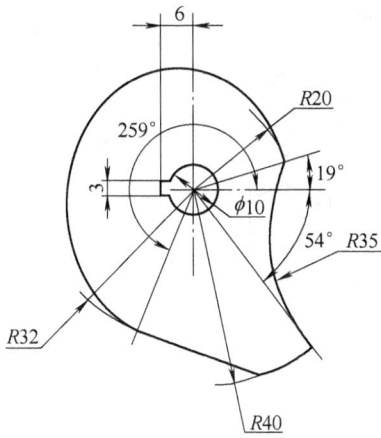

8.

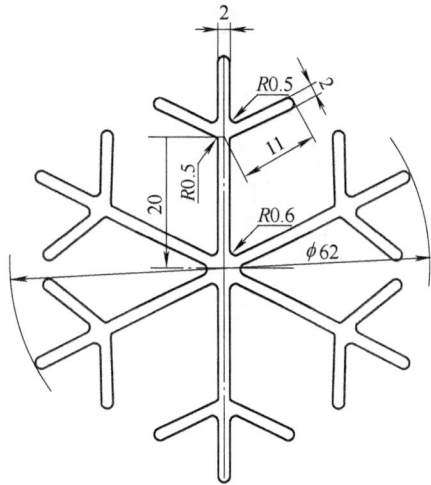

9.

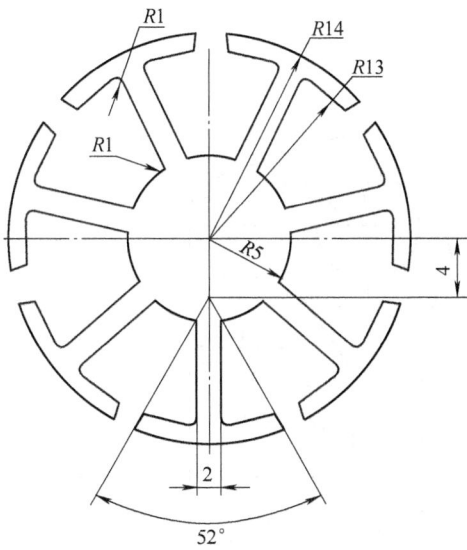

10.

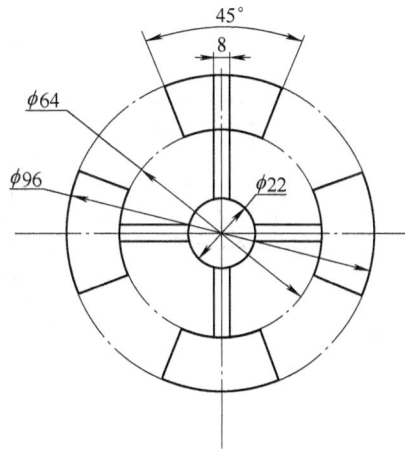

11.

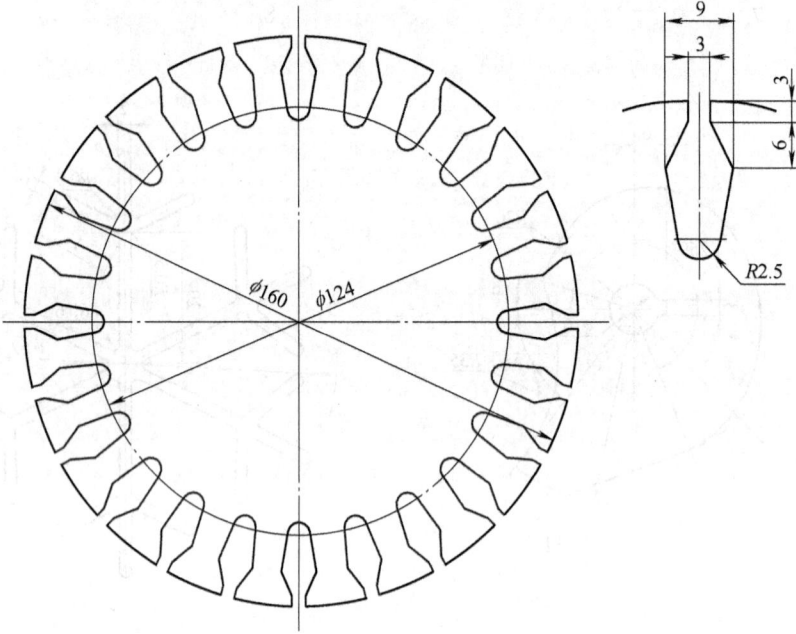

12.

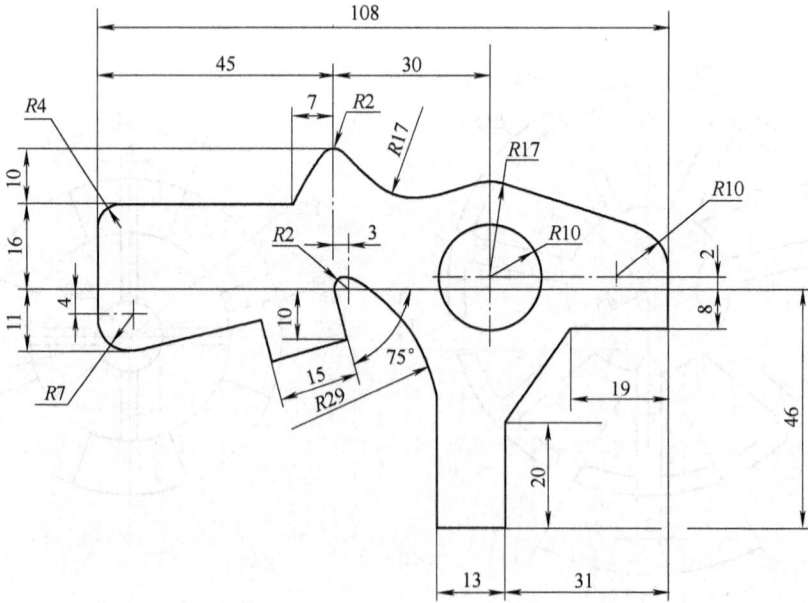

13.

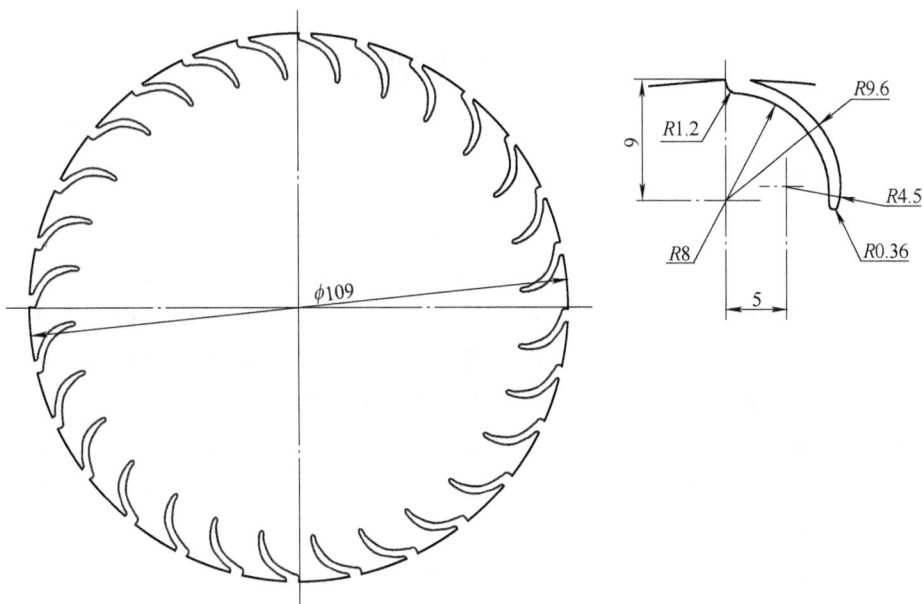

$\phi 109$

$R9.6$

$R1.2$

$R8$

$R4.5$

$R0.36$

9

5

14.

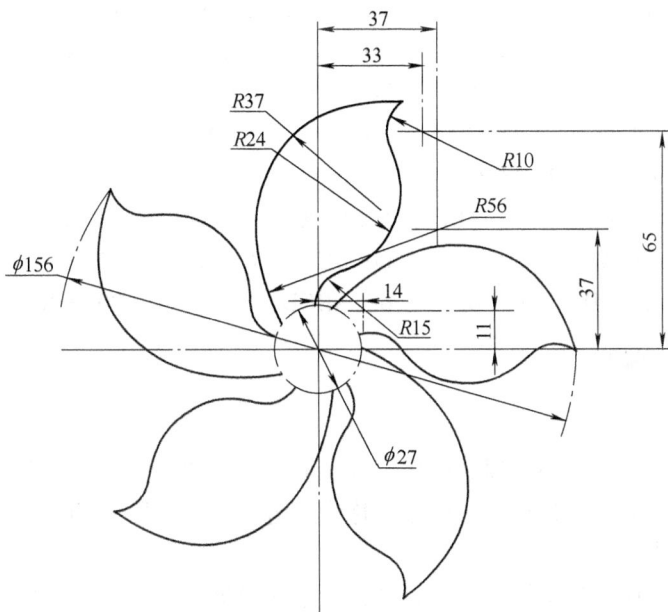

37

33

$R37$

$R24$

$R10$

$R56$

$\phi 156$

14

$R15$

65

37

11

$\phi 27$

参 考 答 案

一、是非题

1. ×	2. ×	3. √	4. ×	5. ×	6. ×	7. ×	8. ×	9. √
10. √	11. ×	12. √	13. ×	14. ×	15. ×	16. √	17. ×	18. ×
19. ×	20. ×	21. √	22. ×	23. ×	24. ×	25. ×	26. ×	27. ×
28. ×	29. √	30. √	31. ×	32. ×	33. ×	34. ×	35. ×	36. ×
37. √	38. √	39. ×	40. ×	41. ×	42. √	43. ×	44. ×	45. √
46. ×	47. √	48. ×	49. √	50. ×	51. ×	52. ×	53. ×	54. √
55. √	56. √	57. √	58. √	59. √	60. √	61. √	62. √	63. √
64. √	65. √	66. ×	67. √	68. ×	69. √	70. √	71. √	72. √
73. √	74. ×	75. ×	76. ×	77. ×				

二、选择题

1. CD	2. B	3. D	4. A	5. A	6. D	7. D	8. AB
9. A	10. C	11. B	12. ABCD	13. ABCD	14. B	15. B	16. ABD
17. B	18. C	19. C	20. AC	21. AD	22. ABD	23. B	24. D
25. AD	26. AC	27. A	28. ABC	29. BE	30. C	31. AC	32. C
33. D	34. D	35. CD	36. CD	37. D	38. CD	39. D	40. A
41. C	42. ABCD	43. C	44. AD	45. ABC	46. ACD	47. A	48. B
49. B	50. CD	51. ABC	52. CDE	53. AD	54. CD	55. ABC	56. ABC
57. AB	58. A	59. D	60. BC	61. AB	62. A	63. AC	64. ABCD
65. D	66. BD	67. D	68. ABCD	69. D	70. ABC	71. ABD	72. BC

三、名词解释

1. 放电加工

在一定的加工介质中，通过两极（工具电极和工件电极）之间的火花放电或短电弧放电的电蚀作用来对材料进行加工的方法称为放电加工，简称为 EDM。

2. 电火花加工

在放电加工中，当采用电火花脉冲放电形式来进行加工时，称为电火花加工。

3. 电火花穿孔成形加工

在成形的工具电极与工件电极间，当它们作相对的伺服进给运动时，通过放电介质在它们之间发生火花放电，最终使工件表面具有与成形电极表面相同的截面和相应的形状。

4. 电火花线切割加工

用一根移动着的金属线（电极丝）作为工具电极与工件之间产生火花放电对工件进行切割，其特点是电极丝作单向低速或双向高速走丝运动，工件相对电极丝作 X、Y 向的任意轨迹运动，工件的移动可以采用靠模、光电或数字等方式控制。

5. 脉冲放电

脉冲放电属于脉冲性的放电，这种放电在时间上是断续的，在空间上放电点是分散的，它是电火花加工采用的放电形式。

6. 电弧放电

电弧放电是一种渐趋稳定的放电，这种放电在时间上是连续的，在空间上是完全集中在一点或一点的附近。在电火花加工中，当发生电弧放电时，常会引起电极和工件的烧伤，当放电间隙中排屑不良或脉冲间隔过小时，会使放电介质来不及消电离恢复绝缘；在脉冲电源损坏变成直流放电等情况下，常会发生电弧放电。

7. 放电通道

放电通道又称为电离通道或等离子通道，是在电火花加工中当介质击穿后电极间形成的导电的等离子体通道。

8. 放电间隙

放电间隙是指放电发生时电极丝与工件间的距离。这个间隙存在于电极丝的周围，因此侧面的间隙会影响成形尺寸，确定加工尺寸时应予考虑。高速走丝线切割加工钢件时放电间隙一般在 0.01mm 左右，加工硬质合金时放电间隙约为 0.005mm，加工纯铜时放电间隙约为 0.02mm。

9. 电蚀

在火花放电作用下，电极材料被蚀除的现象称为电蚀。

10. 金属转移

在火花放电过程中，一个电极的金属材料转移到另一个电极上的现象称为金属转移。在用高速走丝线切割机床切割纯铜材料时，钼丝表面的颜色逐渐转变成紫红色，就是因为部分铜转移到钼丝上。

11. 开路电压

在电火花加工中，当间隙开路或在间隙击穿之前的极间峰值电压，称为开路电压。

12. 放电电压

在电火花加工中，当间隙击穿后形成放电电流时，间隙两端的瞬时电压称为放电电压。

13. 加工电压

在电火花加工中，当加工正在进行时，间隙两端电压的平均值称为加工电压，也就是电压表上显示的电压值。

14. 短路峰值电流

在电火花加工中，当两个电极发生短路时，此时的最大瞬时电流称为短路峰值电流。也就是功率放大管导通而负载发生短路时的最大瞬时电流。

15. 短路电流

短路电流又称为平均短路脉冲电流，即在发生连续短路情况下，电流表上指示的电流平均值。

16. 加工电流

在电火花加工中，正常火花放电时，通过加工间隙电流的平均值称为加工电流，也就是电流表上显示的电流大小。

17. 击穿电压

在电火花加工中，在放电开始或介质击穿时极间电压称为击穿电压。

18. 击穿延时

在电火花加工中，从间隙两端加上电压脉冲到介质击穿之前的一段时间称为击穿延时。

19. 脉冲宽度

在电火花加工中，加到间隙两端的电压脉冲的持续时间称为脉冲宽度。对于矩形波脉冲，它的值等于击穿延时时间加上放电时间。

20. 放电时间

在电火花加工中，当介质击穿后，间隙中通过放电电流的时间称为放电时间，这个时间也就是电流脉宽。

21. 脉冲间隔

在电火花加工中，连接两个脉冲电压之间的时间称为脉冲间隔。

22. 停歇时间

在电火花加工中，停歇时间又称为放电间隔时间，它是指相邻两次放电之间的时间间隔。对于矩形波脉冲，它的值等于击穿延时时间加上脉冲间隔时间。

23. 脉冲周期

在电火花加工中，从一个电压脉冲开始到相邻电压脉冲开始之间的时间。它等于脉冲宽度加脉冲间隔，也等于放电时间加停歇时间。

24. 脉冲频率

单位时间内，电源发出电压脉冲的个数。它等于脉冲周期的倒数。

25. 电参数

在电火花加工过程中，脉冲波形、电压、电流、脉冲宽度、脉冲间隔、放电峰值电流、极性等参数称为电参数。

26. 开路脉冲

在电火花加工中，间隙未被击穿时的电压脉冲称为开路脉冲，此时没有形成放电通道，所以不存在电流脉冲。

27. 工作脉冲

在电火花加工中，在正常加工时既存在电压脉冲又有电流脉冲，二者称为工作脉冲，又称为有效放电脉冲或正常放电脉冲。

28. 短路脉冲

在电火花加工中，两个电极发生短路时的脉冲称为短路脉冲。由于发生短路现象，所以此时没有电压脉冲或电压脉冲值很小，而电流脉冲值很大。

29. 短路

电极丝的进给速度大于材料的蚀除速度，致使电极丝与工件接触，不能正常放电，称为短路。它使放电加工不能连续进行，严重时还会在工件表面留下明显条纹。短路发生后，伺服控制系统会作出判断，并让电极丝沿原路回退，以形成放电间隙，保证加工顺利进行。

30. 开路

电极丝的进给速度小于材料的蚀除速度，称为开路。开路不但影响加工速度，而且会形成二次放电，影响已加工面精度，还会使加工状态变得不稳定。开路状态可从加工电流表上反映出来，即加工电流间断性回落。

31. 极性效应

电火花加工中，即使两个电极使用相同的材料，在正、负两个电极还是存在电极蚀除量不同的现象，这种现象与电极和脉冲电源的极性连接有关，所以称之为极性效应。一般在采用短脉冲加工时，正极的蚀除量较大；反之采用长脉冲加工时，负极的蚀除量较大。

32. 正极性接法和负极性接法

电火花加工中，当工件接脉冲电源的正极，工具电极接脉冲电源的负极时，这种接法称为正极性接法；反之，当工件接脉冲电源的负极，工具电极接脉冲电源的正极时，称为负极性接法，又称为反极性接法。电火花线切割加工属于短脉冲加工，为了提高切割速度和减少电极丝的损耗，采用正极性接法加工。

33. 切割速度

在电火花线切割加工中，在保持一定表面粗糙度的前提下，单位时间内电极丝中心线在工件上切割的面积总和称为切割速度，其单位为 mm^2/min。

34. 高速走丝线切割

高速走丝线切割又称为快走丝线切割。在电火花线切割加工过程中，它的电极丝以高速往复的方式运动，其电极丝走丝速度一般为 $8 \sim 10m/s$。

35. 低速走丝线切割

低速走丝线切割又称为慢走丝线切割。在电火花线切割加工过程中，它的电极丝以低速单向的方式运动，其电极丝走丝速度一般在 $0.001 \sim 0.25m/s$ 之间。

36. 偏移

线切割加工时电极丝中心的运动轨迹与零件的轮廓有一个平行位移量，也就是说电极丝中心相对于理论轨迹要偏在一边，这就是偏移，其中平行位移量称为偏移量。在电火花线切割加工中，为了保证理论轨迹的正确，偏移量应等于电极丝半径与放电间隙之和。

37. 左偏和右偏

在电火花线切割加工中，电极丝的偏移根据实际需要又分为左偏和右偏，而是左偏还是右偏要根据成形尺寸的需要来确定。沿着电极丝的前进方向看，当电极丝位于理论轨迹的左边时称为左偏，当电极丝位于理论轨迹的右边时称为右偏。

38. 多次切割

在电火花线切割加工中，为了改善表面质量和提高加工精度，对同一个表面先后进行两次或两次以上的切割称为多次切割。一般高速走丝线切割只切割一次，不采用多次切割的加工方法。

39. 锥度切割

在电火花线切割加工中，电极丝不仅可以进行二维切割，还能按一定的规律进行偏摆，形成一定的倾斜角，加工出带锥度的工件。

40. 左锥和右锥

电火花线切割加工具有锥度的零件，当加工方向确定时，电极丝的倾斜方向不同，加工出的工件锥度方向也就不同，反映在工件上就是上大还是下大，所以锥度也有左锥、右锥之分，沿着电极丝的前进方向看，当电极丝向左倾斜时称为左锥，当电极丝向右倾斜时称为右锥，如下图所示。

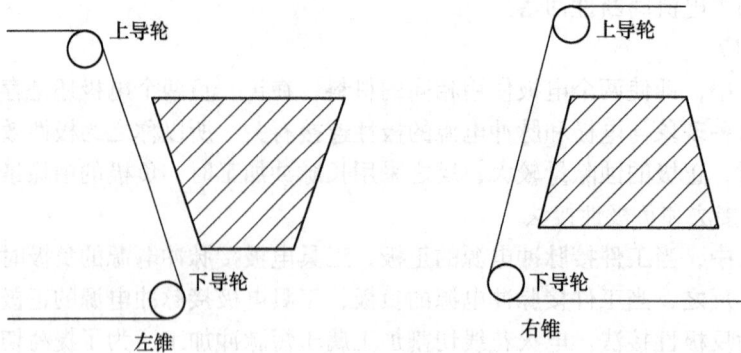

41. 条纹

在电火花线切割加工中，被切割工件的表面上出现的相互间隔的凸凹不平或颜色不同的痕迹，称为条纹。当导轮、导轮轴承等的精度不良时，条纹更加明显。

42. 伺服控制

电火花线切割加工过程中，电极丝的进给速度是由材料的蚀除速度和极间放电状况的好坏决定的。伺服控制系统能自动调节电极丝的进给速度，使电极丝根据工件的蚀除速度和极间放电状态进给或后退，保证加工顺利进行。电极丝的进给速度与材料的蚀除速度一致时，加工状态最好，加工效率和表面粗糙度均较好。

43. 表面粗糙度 Ra

Ra 是机械加工中衡量表面粗糙度的一个通用参数，其含义是工件表面轮廓的算术平均偏差，单位为 μm。Ra 是衡量线切割加工表面质量的一个重要指标。

44. 电火花加工表层

电火花加工表层包括熔化层和热影响层。

45. 热影响层

在电火花加工的零件表层中，热影响层位于熔化层的下面，它是由于热作用而改变了基体金属金相组织和性能的一层金属。

46. 基体金属

基体金属位于热影响层的下面，其金属的金相组织和性能都未因线切割加工而发生变化。

四、简答题

1. 电火花加工的物理本质是什么？

答：电火花线切割加工是用电极丝作为工具电极与工件之间产生火花放电对工件进行切割加工。火花放电的微观过程是电场力、磁力、热力、流体动力、电化学和胶体化学等综合作用的过程。这一过程大致可分为以下四个连续阶段：极间介质的电离、击穿，形成放电通道；介质热分解、电极材料熔化、气化热膨胀；电极材料的抛出；极间介质的消电离。该微观物理过程又称为电火花加工的物理本质。

2. 电火花成形加工与电火花线切割加工有什么不同？

答：与电火花成形加工相比，电火花线切割加工的特点：

1）不需要制造成形电极，工件材料的预加工量小。

2）能方便地加工出复杂形状的工件、小孔、窄缝等。

3）脉冲电源的加工电流小，脉冲宽度较窄，属中、精加工范畴，一般采用正极性接法加工，即脉冲电源的正极接工件，负极接电极丝。

4）由于电极丝是运动着的长金属丝，单位长度电极损耗较小，所以对切割面积不大的工件，因电极损耗带来的误差较小。

5）只对工件进行平面轮廓加工，故材料的蚀除量小，余料还可利用。

6）工作液选用乳化液，而不是煤油，成本低且安全。

3. 电火花线切割加工特点有哪些？其主要应用在哪些方面？

答：电火花线切割加工有以下一些特点：

1）它以直径为 0.03~0.35mm 的金属线为工具电极，与电火花成形加工相比，它不需制造特定形状的电极，省去了成形电极的设计和制造，缩短了生产准备时间，加工周期短。

2）电火花线切割加工是用直径较小的电极丝作为工具电极，与电火花成形加工相比，电火花线切割加工的脉冲宽度、平均电流等都比较小，加工工艺参数的范围也较小，属于中、精电火花加工，一般情况下工件常接电源的正极，称为正极性接法加工。

3）电火花线切割加工的主要对象是平面形状，除了在加工零件的内侧形状拐角处有最小圆弧半径的限制，其他任何复杂的形状都可以加工。

4）电火花线切割加工中，总的材料蚀除量比较小，所以使用电火花线切割加工比较节省材料，特别在加工贵重材料时，能有效地节约贵重材料，提高材料的利用率。

5）在加工过程中可以不考虑电极丝的损耗。

6）电火花线切割在加工过程中的工作液一般为水基液或去离子水，因此不必担心发生火灾，可以实现安全无人加工。

7）一般没有稳定电弧放电状态。

8）电极丝与工件之间存在着"疏松接触"式轻压放电现象。

9）现在的电火花线切割机床一般都是依靠微型计算机来控制电极丝的轨迹和间隙补偿功能，所以在加工凸模与凹模时，它们的配合间隙可任意调节。

10）电火花线切割加工是依靠电极丝与工件之间产生火花放电对工件进行加工，所以无论被加工工件的硬度如何，只要是导体或半导体的材料都能实现加工。

11）现在有的电火花线切割机床具有四轴联动功能，可以加工上、下面异形体，形状扭曲曲面体、变锥度和球形体等零件。

电火花线切割加工主要应用在以下几个方面：

1）试制新产品。

2）加工特殊材料。

3）加工模具零件。

4. 电火花线切割加工的主要工艺指标有哪些？影响表面粗糙度的主要因素有哪些？

答：电火花线切割加工的主要工艺指标：

1）切割速度。

2）表面粗糙度。

3）电极丝损耗量。

4）加工精度。

影响表面粗糙度的主要电参数有短路峰值电流、开路电压、脉冲宽度、脉冲间隔、放电波形、电源的极性以及进给速度。

影响表面粗糙度的非电参数有电极丝、工件厚度及材料、工作液等。

5. 电火花线切割中常采用哪些措施来提高加工质量？

答：电火花线切割常在以下几个方面采取措施来提高加工质量：

1）正确地理解图样的各项技术要求，合理地制定加工工艺路线，编程时要仔细，尽可能减少编程的错误。

2）工作液要及时更换，保持一定的清洁度，保证上、下喷嘴不阻塞、流量合适。

3）电极丝校准精度要适合工件的加工要求，工件定位要合理，夹紧要可靠。

4）合理调整脉冲电源的脉冲宽度、脉冲间隔和功率管个数及电压幅值等电参数，加工不稳定时要及时调整变频进给速度。

5）保证导丝机构必要的精度，经常检查导轮、导电块等的工作情况。导轮槽部的直径应小于电极丝的直径，支撑导轮的轴承间隙要进行严格控制，以免电极丝运转时破坏了稳定的直线性，使工件精度下降，放电间隙变大，导致加工不稳定。导电块应保持接触良好，磨损后要及时调整，不允许在钼丝和导电块间出现火花放电，应使脉冲能量全部送往工件与电极丝之间。

6）控制器必须有较强的抗干扰能力。如果变频进给系统不稳定，则必须对其进行必要的调整。步进电动机进给要平稳，进给过程中不能发生丢步现象。

7）工件材料选择要正确。最好选择锻造的毛坯，材料要尽量使用热处理淬透性好、变形小的合金钢，如 Cr12 及 Cr12MoV 等。对毛坯的热处理要严格按工艺要求进行，最好进行两次回火。回火后的硬度在 58～60HRC 为宜。在电火花线切割加工前，必须将工件被加工区热处理后的残物和氧化物清理干净。

总之，影响电火花线切割加工工件质量的因素很多，而且各种因素是相互影响的。概括起来有机床、材料、工艺参数、操作人员的素质及工艺路线等，若各方面的因素都能控制在最佳状态，就可以有效提高加工工件的质量。

6. 电火花线切割加工中对工件装夹有哪些要求？

答：电火花线切割加工中工件装夹的一般要求是：

1）工件的定位面要有良好的精度，一般以磨削加工过的面定位为好，定位面加工后应保证清洁无毛刺，通常要对棱边进行倒钝处理、孔口进行倒角处理。

2）切入点的导电性能要好，对于热处理工件切入处及扩孔的台阶处都要进行去积盐及氧化皮处理。

3）热处理工件要进行充分回火以便去除应力，经过平面磨削加工后的工件要进行充分退磁。

4）工件装夹的位置应有利于工件找正，并应与机床的行程相适应，夹紧螺钉高度要合适，保证在加工的全程范围内工件、夹具与丝架不发生干涉。

5）对工件的夹紧力要均匀，不得使工件变形和翘起。

6）批量生产时，最好采用专用夹具，以利于提高生产率。夹具应具有必要的精度，并将其稳固地固定在工作台上，拧紧螺钉时用力要均匀。

　　7）细小、精密、薄壁的工件应先固定在不易变形的辅助夹具上再进行装夹，否则将无法加工。

　　8）加工精度要求较高时，工件装夹后，还必须拉表找正。

　　7. 高速走丝线切割与低速走丝线切割哪个加工精度高？为什么？

　　答：低速走丝线切割加工精度高。因为在低速走丝线切割加工中电极丝为单向运行，一次性使用，电极丝的损耗可以忽略不计；另外，电极丝运行速度低，振动小。而在高速走丝线切割加工中，电极丝为往复供丝，反复使用，电极丝损耗较大；另外，电极丝运行速度快，振动比较大。

　　8. 线切割电极丝的选择原则是什么？

　　答：现有的线切割机床分高速走丝和低速走丝两类。高速走丝机床的电极丝是快速往复运行的，电极丝在加工过程中反复使用。这类电极丝主要有钼丝、钨丝和钨钼丝（W20Mo、W50Mo）。常用的电极丝为钼丝，其直径在 0.1~0.25mm 之间，在满足机床要求的情况下，当加工工件厚度较大时，电极丝直径取较大，当需要切割较小的圆角或缝槽时选择较小直径的电极丝。钨丝耐腐蚀，抗拉强度高，但脆而不耐弯曲，且因价格昂贵，仅在特殊情况下使用。

　　低速走丝线切割机床一般用黄铜丝作电极丝。电极丝作单向低速运行，用一次就弃掉，因此一般不用高强度的钼丝。

　　9. 电火花线切割机床有哪些常用的功能？

　　答：电火花线切割机床的常用功能：

　　1）轨迹控制。

　　2）加工控制。它其中主要包括对伺服进给速度、电源装置、走丝机构、工作液系统以及其他的机床操作控制。此外，还有断电保护、安全控制及自诊断功能等，也是比较重要的方面。

　　3）其他的还有电极丝半径补偿功能，图形的缩放、对称、旋转和平移功能，锥度加工功能，自动找中心功能，信息显示功能等。

　　10. 什么是极性效应？在电火花线切割加工中如何利用极性效应？

　　答：在线切割加工过程中，不管是正极还是负极，都会发生电蚀，但它们的电蚀程度不同。这种由于正、负极性不同而彼此电蚀量不一样的现象称为极性效应。实践表明，在电火花加工中，当采用短脉冲加工时，正极的蚀除速度大于负极的蚀除速度；当采用长脉冲加工时，负极的蚀除速度大于正极的蚀除速度。由于线切割加工的脉冲宽度较窄，属于短脉冲加工，所以采用工件接电源的正极，电极丝接电源的负极，这种接法称为正极性接法，反之称为负极性接法。电火花线切割采用正极性接法不仅有利于提高加工速度，而且有利于减少电极丝的损耗，从而有利于提高加工精度。

　　11. 分析影响电火花线切割加工速度的因素。

　　答：影响电火花线切割加工速度的因素有电参数和非电参数。其中主要的电参数有短路峰值电流、开路电压、脉冲宽度、脉冲间隔、电源的极性以及进给速度；在这些电参数中，短路峰值电流、开路电压、脉冲宽度这三个参数值的增大都会使线切割加工速度增大。

　　脉冲间隔减小时平均电流增大，切割速度加快，但一般情况下脉冲间隔不能取得太小，如果脉冲间隔太小，则放电产物来不及排出，放电间隙来不及充分消电离，将使加工不稳定，容易发生电弧放电致使工件烧伤和断丝现象；但脉冲间隔也不能太大，否则会使切割速度明显下降，严重时不能连续进给，使加工变得不稳定。

进给速度的调节，对切割速度的影响比较大。调节预置进给速度应紧密跟踪工件蚀除速度，以保持加工间隙恒定在最佳值上。这样当进给速度变大或变小时，都会使线切割加工速度变小。

非电参数有电极丝、工件厚度及材料、工作液等。电极丝的直径对切割速度的影响较大。若电极丝直径过小，则承受电流小，切缝也窄，不利于排屑和稳定加工，显然不可能获得理想的切割速度。因此，在一定的范围内，电极丝的直径加大是对切割速度有利的。但是若电极丝的直径超过一定程度，则造成切缝过大，反而会影响切割速度的提高。因此，电极丝的直径又不宜过大。

切割速度起先随工件厚度的增加而增加，达到某一最大值（一般为 $50 \sim 100mm$）后开始下降，这是因为工件厚度过大时，排屑条件变差。工件材料不同，其熔点、气化点、热导率等都不一样，因而切割速度也不同。

工艺条件相同时，改变工作液的种类或浓度，对线切割加工速度都有较大影响。同时，工作液的脏污程度对线切割加工速度也有一定的影响。

12. 电火花线切割的微观过程包括哪几个阶段？在每个阶段表现出什么主要现象？

答：电火花线切割的微观过程包括四个连续阶段：① 极间介质的电离、击穿，形成放电通道；② 介质热分解、电极材料熔化、气化热膨胀；③ 电极材料的抛出；④ 极间介质的消电离。

第一阶段中，在电场作用下电子高速向正极运动，并撞击工作液介质中的分子或中性原子，产生碰撞电离，形成带负电的粒子和带正电的粒子，导致带电粒子雪崩式增多，使介质击穿而电阻率迅速降低，形成放电通道。放电通道是由数量大体相等的带正电的正离子和带负电的电子以及中性粒子组成的等离子体。正、负带电粒子相向高速运动相互碰撞，产生大量的热，使通道温度相当高，中心温度可高达 $10000℃$ 以上。

第二阶段中，当放电通道形成后，在通道内正极和负极表面分别成为瞬时热源，达到很高的温度。通道高温将工作液介质气化，进而热裂分解气化，如水基工作液热分解为氢气和氧气甚至原子等。正、负极表面的高温除使工作液气化、热分解气化外，也使金属材料熔化甚至沸腾气化。这些汽化后的工作液和金属蒸气，瞬间体积猛增，在放电间隙内成为气泡，迅速热膨胀，并产生爆炸。

第三阶段中，通道和正、负极表面放电点瞬时高温，使工作液气化和金属材料熔化、气化，热膨胀产生很高的瞬时压力；通道中心的压力最高，使气化了的气体体积不断向外膨胀，形成气泡；气泡上下、内外的瞬时压力并不相等，压力高处的熔融金属液体和蒸气就被排挤、抛出而进入工作液中。

第四阶段中，随着脉冲电压的结束，脉冲电流也迅速降为零，标志着一次脉冲放电结束，但此后仍应有一段间隔时间，使间隙介质消除电离，即放电通道中的正、负带电粒子复合为中性粒子，恢复本次放电通道处间隙介质的绝缘强度，以及降低电极表面温度等，以免下次总是重复在同一处电离击穿而导致电弧放电，从而保证在别处按两极相对最近处或电阻率最小处形成下一放电通道。

（编程题由于系统不同，程序会有差别，再加上图形复杂的零件程序比较长。因此编程题不提供答案）

参 考 文 献

[1] 张学仁. 数控电火花线切割加工技术 [M]. 2 版. 哈尔滨：哈尔滨工业大学出版社，2004.

[2] 张学仁. 电火花线切割加工技术工人培训自学教材 [M]. 3 版. 哈尔滨：哈尔滨工业大学出版社，2008.

[3] 王卫兵. CAXA 线切割应用案例教程 [M]. 北京：机械工业出版社，2008.

[4] 康亚鹏. 数控电火花线切割编程应用技术 [M]. 北京：清华大学出版社，2008.

[5] 陈前亮. 数控线切割操作工技能鉴定考核培训教程 [M]. 北京：机械工业出版社，2006.

[6] 段传林. 数控切割操作入门 [M]. 合肥：安徽科学技术出版社，2008.

参考文献